首都一小时美好生活圈：内涵、经验与实践

Capital's One-hour Quality Life Circle

欧阳慧　李智　等著

人民出版社

责任编辑:高晓璐

图书在版编目(CIP)数据

首都一小时美好生活圈:内涵、经验与实践/欧阳慧等 著. —北京:人民出版社,
2021.8
ISBN 978 - 7 - 01 - 022948 - 5

Ⅰ. ①首… Ⅱ. ①欧… Ⅲ. ①城市群-城市规划-研究-北京 Ⅳ. ①TU984.21

中国版本图书馆 CIP 数据核字(2020)第 263013 号

首都一小时美好生活圈:内涵、经验与实践
SHOUDU YIXIAOSHI MEIHAO SHENGHUOQUAN NEIHAN JINGYAN YU SHIJIAN

欧阳慧 李 智 等著

人民出版社 出版发行
(100706 北京市东城区隆福寺街 99 号)

环球东方(北京)印务有限公司印刷 新华书店经销

2021 年 8 月第 1 版 2021 年 8 月北京第 1 次印刷
开本:710 毫米×1000 毫米 1/16 印张:25
字数:418 千字

ISBN 978 - 7 - 01 - 022948 - 5 定价:79.00 元

邮购地址 100706 北京市东城区隆福寺街 99 号
人民东方图书销售中心 电话 (010)65250042 65289539

前　言

在北京生活工作了十多年，一直感觉在北京生活的舒适度远不如南方城市。通过百度查阅发现，持这种观点的大有人在。对比全球其他城市也可以发现，近几年全球城市排名一直位居世界前5位的北京却被国际上多家权威机构在城市宜居性、生活质量等方面排在100位左右，巨大的反差不得不让人深思：北京怎么了？

为了寻找答案，课题组于2018年5–9月对北京市及周边县市开展了多次调研。调研发现，尽管京津冀协同发展战略实施取得巨大成效，但生活品质依然成为制约首都发展的最大短板，首都一小时美好生活圈建设已迫在眉睫。同时也发现，当前京津冀协同发展战略实施已进入需要激发各方力量、增强人民群众获得感、寻求更多突破的重要阶段，顺势而为推进首都一小时美好生活圈建设，顺民意、得民心，成本低、见效大，能满足人民对美好生活的期待，得到广大人民群众的支持；能顺应各地发展意愿，发挥各地的主观能动性和积极性；能顺应市场需求，调动各方面的市场力量。

可喜的是，首都一小时美好生活圈建设与京津冀协同发展的国家战略要求是一脉相承的。2015年党中央国务院发布的《京津冀协同发展规划纲要》立足新时代中国特色社会主义发展实际，结合习近平总书记2.26讲话精神明确提出了打造现代化新型首都圈，促进京津冀协同发展的战略要求。新版北京城市总体规划也明确提出了“建设好伟大社会主义祖国的首都、迈向中华民族伟大复兴的大国首都、国际一流的和谐宜居之都”的战略目标。可见，推进首都一小时美好生活圈建设，补短板，大力塑造生态宜居环境，大力构建高质量的生态游憩空间，大力增强休闲、运动、康养等生活功能，对塑造大国首都宜居形象、推动京津冀协同发展、打造以首都为核心的世界级城市群建设具有重要的战略意义。

为了厘清思路，优化战略，明确路径，在天津市蓟州区的支持下成立了课题组。课题组由国家发改委国土开发与地区经济研究所、社会发展研究所、经济研究所及北京大学、首都经济贸易大学等单位的专家学者组成。课题研究于2018年4月启动，历时一年多，2019年8月完成。本书在课题研究成果基础上编辑完成。

在本书即将付梓之际，课题组要特别感谢天津市蓟州区委区政府对课题研究的经费支持，并在课题研究过程中通过多种方式对课题报告提出了具体意见，感谢北京市、天津市、河北省等有关部门及相关县市区对课题调研给予的大力支持和协助。同时，感谢时任国家发改委国土开发与地区经济研究所所长史育龙作为课题顾问在课题框架设计和观点论证方面提出了建设性指导意见，感谢课题研究征询专家意见时给予大力支持和帮助的专家学者。

本书各章执笔人分别为：总论 欧阳慧、李爱民；第一章 李智 第二章 李智；第三章 李沛霖；第四章 王利伟；第五章 申现杰 林长松；第六章 李智 陈禹铭；第七章 刘敏；第八章 赵鹏军 刘迪；第九章 赵

鹏军 刘云舒。全书由欧阳慧进行结构设计和修改定稿。限于我们的研究水平和工作深度，书中难免有不当和错漏之处，仍有诸多不足有待更深入地思考和论证，敬请读者不吝赐教、批评指正。

本书课题组

二〇二一年二月

目　录

上篇　理论与借鉴

下篇　功能与支撑

总论　首都一小时美好生活圈建设研究

建设一小时美好生活圈是世界城市巩固提升全球竞争力的普遍规律。自上世纪七八十年代可持续发展理念确立以来，国际社会逐渐认识到生活质量提升与经济高质量发展相辅相成，提高生活质量越来越成为世界城市普遍关注的主题。近些年开展的巴黎、芝加哥、温哥华、新加坡等国际大都市的规划中，普遍把生活质量的提升作为核心的发展目标和重要的规划内容。

当前，生活品质成为我国首都圈的最大短板，建设首都一小时美好生活圈自然成为打造现代化新型首都圈、促进京津冀协同发展的重大战略选择。为此，党中央、国务院高度重视适应新时代现代化要求、贯彻新发展理念、满足人民日益增长的美好生活需要的首都圈建设。2014年2月26日，习近平总书记明确提出了“面向未来打造新的首都经济圈”；《京津冀协同发展规划纲要》明确提出“打造现代化新型首都圈”。党的十九大报告关于中国特色社会主义新时代的社会主要矛盾的论断更是为打造现代化新型首都圈明确了方向：建设满足人民日益增长的美好生活需要的首都圈。

当前北京正处于非首都功能快速疏解和人民生活需求快速增长期，顺势而为推进首都一小时美好生活圈建设，不仅符合我国高质量发展的战略要求，而且顺民意、得民心，成本低、见效大，能满足人民对美好生活的期待，得到广大人民群众的支持；能顺应各地发展意愿，发挥各地的主观能动性和积极性；能顺应市场需求，调动各方面的市场力量。

生活圈是指一定交通时间内能够满足居民多样化美好生活需要的地域。结合首都地区发展阶段和居民生活需求特点，本书提出的首都一小时美好生活圈定义为：以满足首都人民日益增长的美好生活需要为目标，以北京市中心城区为中心、以120—130公里为半径（约1小时汽车或轨道交通时长），以满足居民拓展性生活需求和区域性生活需求为核心，以一小时生活休闲圈、一小时生活保障圈、一小时优质公共服务圈等三大功能圈层为建设重点，以高品质的生态环境和高效便捷的交通运输网络为重要支撑，交通联系便捷化、就业生活便利化、休闲服务方便化的生态优美、生活美好、通勤便捷的新型生活圈。范围涵盖北京所有的市辖区，天津的3区以及河北的7区4市17县，共计47个县（市、区），2016年土地面积6.6万平方公里、人口3616万人、GDP3.2万亿元，分别约占京津冀城市群的31%、32%和42%（图1）。

本研究以满足首都人民日益增长的美好生活需要为目标，以提升生活质量为诉求，把握京津冀共建首都一小时美好生活圈的基础条件、识别关键问题和行动方向，在此基础上寻求在目标、策略和各层次行动计划上的多方共识。

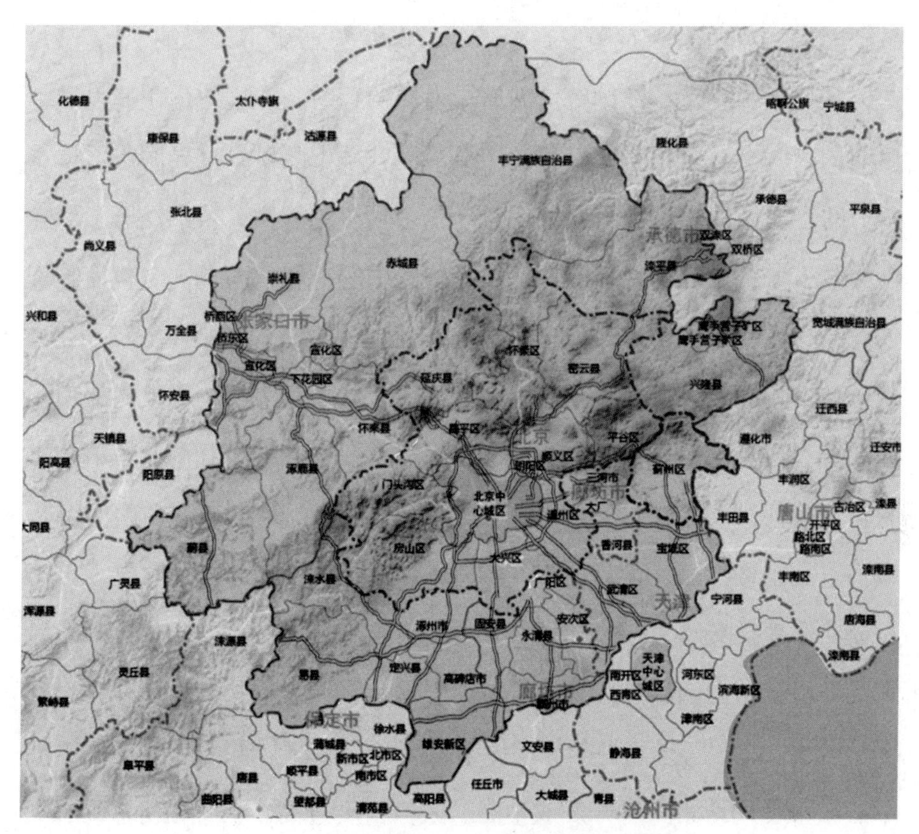

图 1　首都一小时美好生活圈空间范围示意图

图片来源：课题组绘制

第一节　推动一小时美好生活圈建设是大都市巩固提升全球竞争力的普遍规律

大国崛起需要大城崛起。21 世纪是城市的世纪，更是大城市的世纪，其中，世界城市处于全球城市体系顶端，凝聚了一国的核心竞争力和长久发展动力，是国家经济社会发展综合实力的集中体现，也是代表一国参与全球竞争的主力选手。可以说，世界城市的发展直接关系到国家的竞争力，对国家在全球的战略位势产生重要影响。

从伦敦、东京、纽约等世界城市发展历程看，在城镇化快速发展中后期，以一小时美好生活圈建设为抓手提升城市品质是世界城市保持竞争力的普遍做法。这一时期，伦敦、东京、纽约等世界城市经历了消耗性的城市增长过程，逐渐占据世界经济的中心位置；与此同时，面临着人口结构变化、城市空间结构变化和“大城市病”集中凸显等新形势。人口结构方面，大量移民和新生儿导致伦敦、东京、纽约等世界城市人口和家庭数量急剧增加，少儿和老龄人口增多，高学历和高收入群体不断扩大，住房、游憩、康养等生活需求日益呈现多样化、高端化趋势。城市空间结构方面，世界城市开始进入由小汽车的普及、新城开发、高速公路和轨道交通大规模建设驱动的郊区化进程，呈现空间外围扩散特征，人口分布向城市外围地区转移，对城市外围和周边地区的居住、休闲、游憩、康养等生活性功能的供给提出了新要求。居民生活品质方面，中心城市受用地紧张、开发成本高、人口密度过高影响，住房短缺、交通拥堵、环境恶化、公园绿地等休闲游憩空间不足等问题严重影响了世界城市的运行效率和居民生活质量，因此，郊区和周边地区在弥补中心城市功能短板和提升城市品质等方面的作用日益凸显。

随着城市功能复杂化、多样化和规模化的演进，伦敦、东京、纽约等世界城市通过在区域层面进行功能整合与调整，寻求城市生活性功能的完善和提升，逐步与周边地区形成以世界城市为核心，以高效便捷的轨道交通和高速公路网络为连接的一体化生活圈，包括周边 100 公里左右范围内紧密关联的区域。伦敦、东京、纽约分别在 1944 年、1958 年和 1929 年出台了《第一次大伦敦规划》《第一版首都圈整备规划》和《纽约及其周边地区区域规划》，在都市圈层面从居民生活质量提升、生态休闲空间建设、产业发展与布局、交通一体化建设等方面做出统筹安排，有形或无形将建设一小时美好生活圈作为提升城市品质，促进生产生活功能协同互进、保持全球竞争力的重大战略方向。

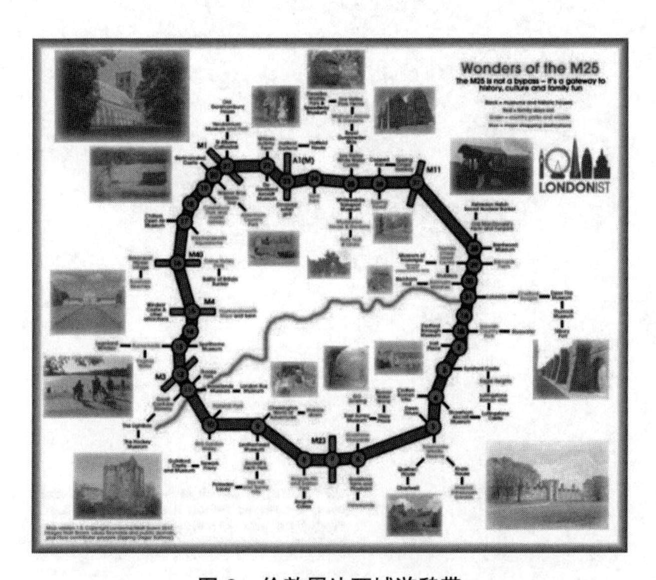

图 2　伦敦周边环城游憩带

来源：https：//londonist.com/london/best-of-london/wonders-of-the-m25

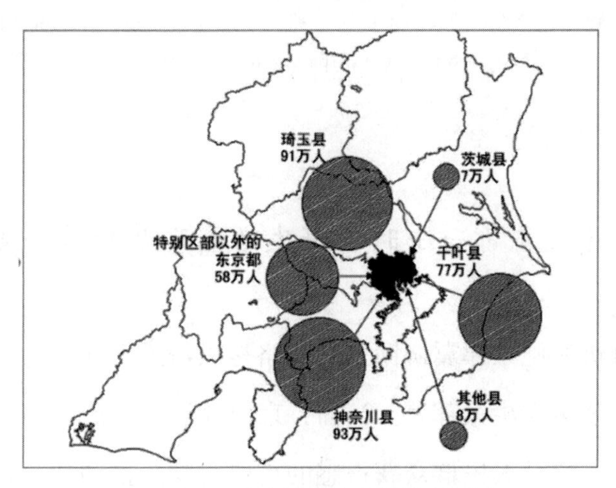

图 3　东京外围地区主要居住空间

资料来源：冯建超：《日本首都圈城市功能分类研究》，吉林大学出版社，2009 年。

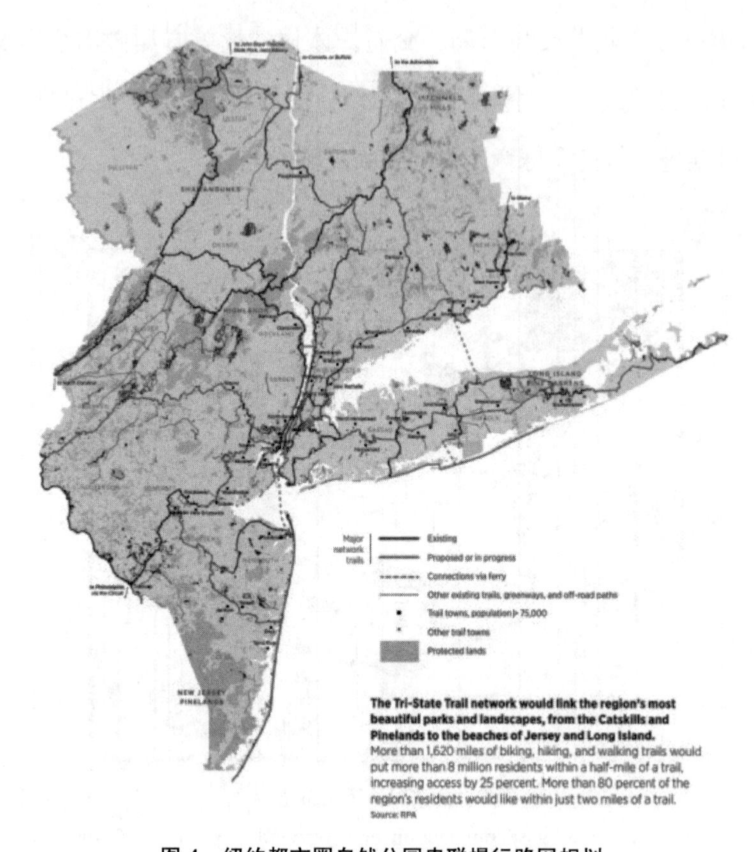

图 4　纽约都市圈自然公园串联慢行路网规划

资料来源：第四次纽约大都市地区规划，RPA. The Fourth Regional Plan，http：//www.rpa.org/node/6803。

第二节　建设首都一小时美好生活圈形势紧迫、意义重大

深入推进实施京津冀协同发展战略是以习近平同志为核心的党中央做出的一项重大决策部署。当前，京津冀协同发展战略实施进入寻求更大突破、提升人民群众获得感的重要时期，推动建设首都一小时美好生活圈形势紧迫、意义重大。

一、促进京津冀协同发展，打造以首都为核心的京津冀世界级城市群的必然要求

从世界级城市群建设经验看，世界级城市群是由若干以核心城市为中心的都市区（圈）构成，在形成阶段首先要围绕做强做实若干相邻的都市区（圈）为抓手，进而连绵形成世界级城市群。如日本太平洋沿岸城市群，面积3.5万平方公里，总人口7000万，主要围绕东京、大阪、名古屋三大都市圈建设展开；美国东北部大西洋沿岸城市群，面积13.8万平方公里，总人口6500万，主要围绕纽约都市圈、波士顿都市圈、费城都市圈建设而展开；英伦城市群，面积4.5万平方公里，总人口3650万，主要围绕伦敦都市圈、伯明翰都市圈、利物浦都市圈建设展开。

《京津冀协同发展规划纲要》明确提出发挥北京的辐射带动作用，打造以首都为核心的世界级城市群。京津冀城市群，面积21.8万平方公里，总人口达1.1亿，囊括北京、天津两大直辖市和河北保定、唐山、石家庄等11个地市，无论是空间范围大小还是人口规模，都远远超过其他世界级城市群。遵循世界级城市群形成规律，以生活圈为切入点，以都市圈建设为抓手，推动首都一小时美好生活圈建设，对于以点促面，走实走正城市群建设，打造京津冀世界级城市群，促进京津冀协同发展具有重要的现实意义。

二、打造新型首都圈，塑造大国首都宜居形象的战略需要

对标世界城市，生活品质是我国首都圈的最大短板。《京津冀协同发展规划纲要》立足新时代中国特色社会主义发展实际，结合习近平总书记2.26讲话精神明确提出了打造现代化新型首都圈，促进京津

冀协同发展的战略要求。然而受我国长期重生产、轻生活的影响，北京生产生活严重失衡。英国拉夫堡大学全球化与世界级城市研究小组基于生产性服务把全球主要城市进行了排名，北京一直排在全球前10；而在英国《经济学人》智库公布的2018年全球宜居城市排名中，北京却位列全球第75位，可见生活品质和城市宜居性明显是我国首都圈的最大短板，也是京津冀协同发展应该着力的方向。新版北京城市总体规划也明确提出了“建设好伟大社会主义祖国的首都、迈向中华民族伟大复兴的大国首都、国际一流的和谐宜居之都”的战略目标。为此，推进首都一小时美好生活圈建设，大力塑造生态宜居环境，大力构建高质量的生态游憩空间，大力增强休闲、运动、康养等生活功能，对建设好大国首都，塑造国际一流宜居形象，打造新型首都圈都具有重要的积极意义。

三、满足首都地区人民日益增长的美好生活需要，增强人民群众在京津冀协同发展战略实施中的获得感的重要途径

党的十九大报告明确指出，我国社会的主要矛盾已转化为人民日益增长的美好生活需要同不平衡不充分的发展之间的矛盾。近年来，我国首都地区人口结构加速变化和居民收入水平不断提高，中等规模收入群体不断扩大，2017年北京月薪资水平超过1万元的达到564万人；同时老龄化趋势明显，60岁以上常住人口占比达到16.5%，首都居民消费休闲需求不断提升，特别是对休闲、文化、康养、运动等拓展性生活需求日趋旺盛。京津冀协同发展战略实施四年多来，在提升生活品质方面做了一些工作，主要集中在以北京中心城区、城市副中心、雄安新区为代表的点域、以“轨道上的京津冀”为导向的线域

和以生态环境为代表的面域，但生活功能建设还远远不能满足人民对美好生活的向往。以供给侧改革为主线，推进首都一小时美好生活圈建设，以生态宜居环境塑造和生活功能建设为重点，全面实施品质提升战略，对改变首都地区重生产轻生活局面，弥补生活服务功能的不足，满足首都人民对美好生活的期待，增强人民群众在京津冀协同发展战略实施中的获得感具有重要的战略意义。

四、顺应北京非首都功能疏解、空间格局重大调整的应对之策

党的十九大报告指出，以疏解北京非首都功能为“牛鼻子”推动京津冀协同发展。在非首都功能疏解的背景下，特别是河北雄安新区和北京城市副中心规划建设的推进，北京的空间结构和人口分布正在发生重大变化，人口和功能向外疏解、人口重心东移的趋势日益明显。目前，约50%左右的北京人口居住在5环以外，1/4居住在6环以外，新版北京城市总体规划计划将进一步疏解北京城六区的200万常住人口；同时，据2018年北京市《建设项目规划使用性质正面和负面清单》显示，北京市未来新增的居住空间、公共服务设施、大型商业和商务办公项目、制造业、物流基地和批发市场等将加快转移至城市外围和周边地区。未来，五环、六环将是人口最为密集、最具发展活力的区域，北京居民的生活空间范围也将不断扩大至环京区域。适应北京空间结构，特别是人口空间分布的重大调整，统筹北京及周边地区的自然生态、历史文化等资源，以人为本优化生产生活空间布局，推进首都一小时美好生活圈建设，有利于更大范围拓展首都人民的休闲休憩空间、增强生活服务功能，积极应对北京非首都功能疏解、空间格局重大调整带来的变化。

五、破解我国首都圈不协调不平衡发展问题，带动环京地区发展的必然选择

长期以来，北京与周边地区发展存在巨大落差，环京周边100公里的区域内长期存在着广受世界关注的环首都贫困带：有25个贫困县、近200个贫困村、154万贫困人口，2017年农民人均纯收入为6364元，仅为北京市的31%。一方面，相比于京津，这些地区自然山水、森林草原、湿地湖泊、冰雪温泉等资源禀赋优势明显；另一方面，这些地区还尚未找到将“绿水青山”转变为“金山银山”的有效措施，发展动力明显不足。建设首都一小时美好生活圈，有助于发挥这些地区的绿水青山优势，对接首都人民巨大的生活需求市场，最大化挖掘释放自身的比较优势，带动环京地区加快发展，缩小北京与周边地区的发展鸿沟，从而解决北京及周边地区不平衡不协调问题。

第三节　基础条件

北京及周边地区自然本底条件较好，历史文化资源丰富，综合交通运输发达，公共服务水平不断提高，打造一小时美好生活圈具有诸多优势和条件。

一、良好的自然生态本底

首都一小时生活圈西部为太行山山脉，北面为燕山山脉，具有山清水秀的自然本底。该地区山区山势俊美、植被茂盛、风景秀丽，拥有国家自然保护区28个、国家森林公园23个、国家地质公园8个、国家级风景名胜区4个；流域众多、河网密布、风光旖旎，拥有官厅

水库、密云水库、于桥水库、怀柔水库、十三陵水库、海子水库（金海湖）等，自然条件十分优越。此外，广阔的乡村田野是生态圈除山体、河流之外重要的生态基础和绿色开敞空间，为生活圈建设也提供了良好生态资源。

二、灿烂的历史文化资源

首都一小时生活圈地处京畿之地，历史文化遗产资源丰富厚重，既有磅礴大气的皇家文化遗产，又有豪爽仗义慷慨悲歌的燕赵文化资源以及扎根于民间土壤的民俗文化资源；既有现代文明孕育的城市文化遗产资源，也有古老文明浇灌的乡土文化资源；既有源远流长的农耕文化资源，也有金戈铁马的游牧文化资源；既有历代军事文化遗产，又有红色革命文化和爱国主义教育资源。区内现有世界文化遗产7项（占全国的24%）、中国历史文化街区4个、国家历史文化名城5个、中国历史文化名镇2个、中国历史文化名村7个，历史文化资源十分丰富。

表1　首都一小时美好生活圈重要历史文化遗产一览表

类型	数量	占全国比例	备注
世界文化遗产	7	24%	周口店北京猿人遗址、故宫、天坛、颐和园、长城、大运河、明清陵寝
中国历史文化街区	4	13%	皇城历史文化街区、天津五大道历史文化街区等
国家历史文化名城	5	3.65%	北京、天津、承德、保定、蔚县
中国历史文化名镇	2	0.80%	古北口镇、杨柳青镇
中国历史文化名村	7	2.50%	爨底下村、灵水村、焦庄户村等

资料来源：课题组整理

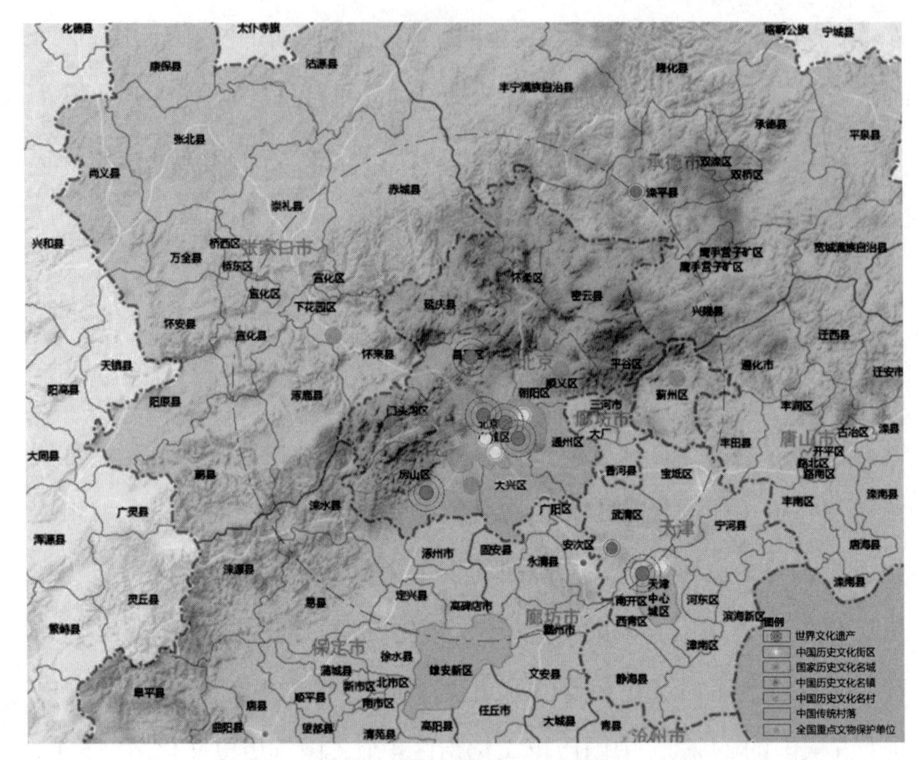

图 5　首都一小时美好生活圈文化历史资源分布

图片来源：课题组绘制

三、丰富的旅游休闲资源

生活圈地处于燕山、太行山、内蒙古高原、华北平原及渤海等大地貌单元的交汇带上，景观类型和旅游资源极其丰富，自然山水、森林草原、冰雪温泉、湿地湖泊、历史遗存等资源禀赋优势明显，涵盖草原、温泉、冰雪、运动、会展、避暑、生态、文化、葡萄酒等休闲旅游类别，拥有 5A 级景区 6 家、4A 级景区 41 家，为首都一小时美好生活圈建设提供了良好的休闲旅游空间。

表 2　首都一小时美好生活圈各区县 A 级景区数量

省份	城市	县（市区）	1A	2A	3A	4A	5A	A 级景区合计
河北	保定	涿州		1				1
		高碑店			1	2		3
		涞水					1	1
		定兴						0
		易县				3		3
		雄安新区					1	1
	廊坊	霸州			3	1		4
		三河						0
		广阳			2	1		3
		安次						0
		固安			4			4
		永清						0
		大厂						0
		香河				2		2
	承德	丰宁		2	1	2		5
		滦平				1		1
		兴隆		2	1	1		4
	张家口	赤城				1		1
		怀来		3	1	1		5
		涿鹿				1		1
		蔚县		1	2	1		4
		宣化			1			1
		崇礼		1	2	1		4
		中心城区			1	3		4
天津		蓟州		2	7	3	1	13
		武清			2	2		4
		宝坻		1				1

续表

省份	城市	县（市区）	1A	2A	3A	4A	5A	A级景区合计
北京		延庆		2	8	6	1	17
		密云		9	9	4		22
		怀柔		3	11	4	1	19
		平谷		5		5		10
		昌平		8	6	6	1	21
		门头沟		4	9	2		15
		房山		5	12	5		22
		大兴		1	6	1		8
		顺义			5	2		7

资料来源：根据网上相关资料整理

四、发达的交通运输支撑

在京津冀协同发展的国家战略背景下，北京及周边地区的交通设施供给持续提升，交通运输能力迅速增长，交通管理水平不断提高，交通环境质量明显改善，初步形成了以首都为中心的国家枢纽体系和交通格局，铁路、公路等均呈现出围绕北京中心城区形成的单中心、放射状、高密度、非均衡交通体系特点。北京市六环内路网密度高达9.97（千米/平方千米）。根据发展改革委、交通运输部联合印发的《京津冀协同发展交通一体化规划》，京津冀交通运输将按照网络化布局、智能化管理和一体化服务的思路，推进“单中心放射状”通道格局向“四纵四横一环”网络化格局转变，首都一小时美好生活圈内的交通基础条件将更加完备。

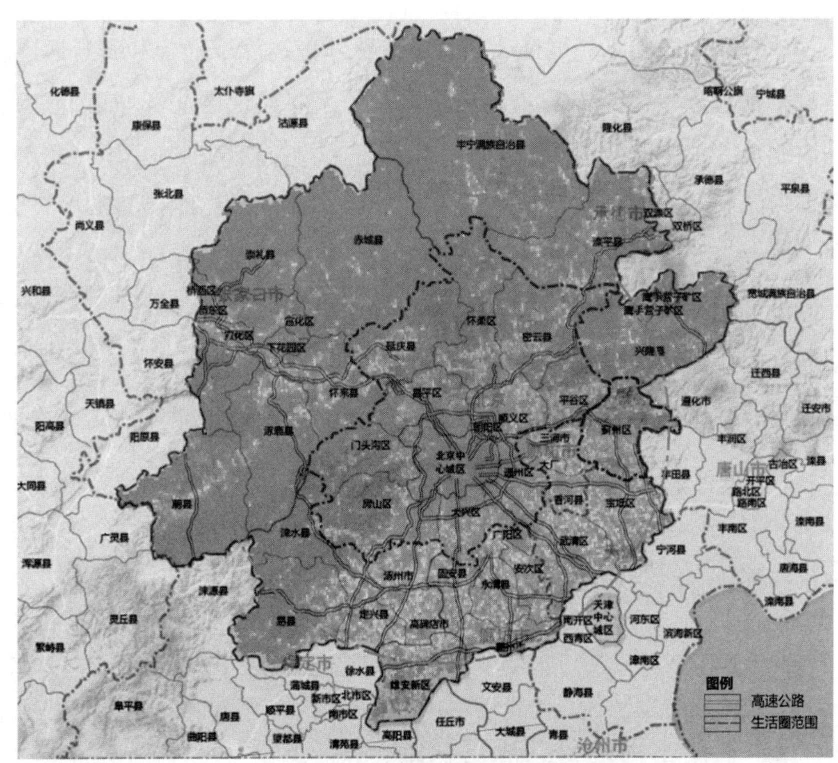

图 6　首都一小时美好生活圈内道路网络图

图片来源：课题组绘制

专栏 1	"四纵四横一环"交通格局
"四纵"，即沿海通道、京沪通道、京九通道、京承—京广通道。沿海通道连接秦皇岛、唐山、天津（滨海新区）、沧州（黄骅）等四个沿海港口城市，是重要的港口集疏运通道，也是环渤海城镇和临港产业发展的重要依托；京沪通道连接北京、廊坊、天津和沧州，是京津同城化发展的主轴，也是北京重要的出海通道；京九通道连接北京、大兴机场、廊坊、衡水，是京津冀沟通华中、华南地区的交通动脉；京承—京广通道纵贯京津冀地区，连接承德、北京、保定、石家庄、邢台、邯郸，是京津冀沟通东北、华中及更远地区的交通动脉。	

“四横”，即秦承张通道、京秦—京张通道、津保通道和石沧通道。秦承张通道连接秦皇岛、承德、张家口等京津冀地区北部城市，是我国西北地区重要出海通道；京秦—京张通道连接秦皇岛、唐山、北京、张家口，是京津冀联系西北、东北地区的交通动脉；津保通道连接天津（滨海新区）、霸州、保定，是京津冀中南部地区的重要通道，也是天津港的重要疏港通道；石沧通道连接石家庄、衡水、沧州（黄骅），沟通京沪、京九、京广三大通道，是黄骅港的重要疏港通道。

“一环”，即首都地区环线通道。首都环线有效连通环绕北京的承德、廊坊、固安、涿州、张家口、崇礼、丰宁等节点城市，缓解北京过境交通压力。其中，以北京新机场开工建设为契机，进一步加强东南半环廊坊、固安、涿州等城市的交通联系。

资料来源：《京津冀协同发展交通一体化规划》

五、较高水平的公共服务供给

近年来，京津冀三地政府坚持在发展中保障和改善民生，在幼有所育、学有所教、劳有所得、病有所医、老有所养、住有所居、弱有所扶上不断取得新进展。政府通过多项措施，着力推进基本公共服务均等化，努力实现惠及全体人民的基本公共服务均等化目标。北京及周边地区在全面实现免费义务教育、劳动就业服务体系建设、社会保险制度改革、城乡基层医疗卫生服务体系建设及实施保障性安居工程等方面均取得了显著成效。特别是东部的宝坻、蓟州，北部的怀来、宣化，南部的涿州、高碑店、容城、雄县、安新、易县、定兴、霸州等地公共服务配置水平较高，与邻近的地市中心城区线性关联程度较强，为生活圈的建设提供了坚实的基础。

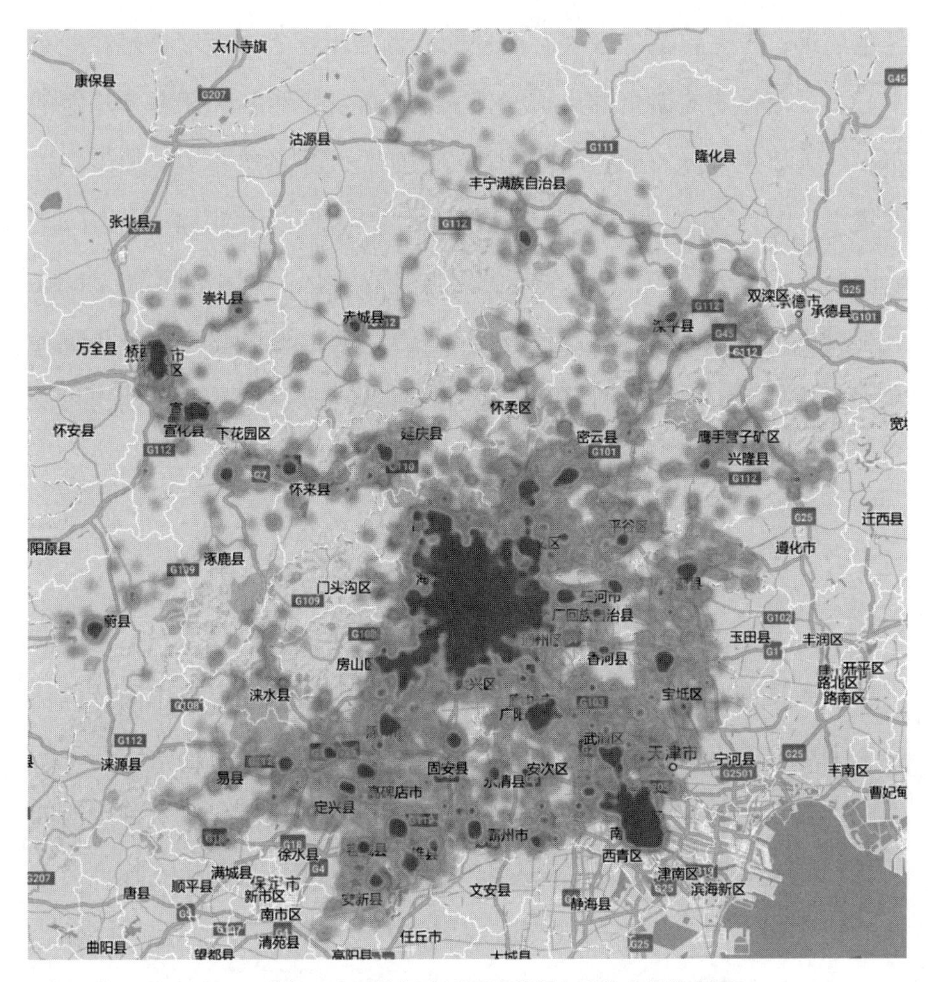

图 7　首都一小时美好生活圈公共服务设施布局热力图

图片来源：课题组绘制

与此同时，推进首都一小时美好生活圈建设也存在诸多突出短板。一是受“重生产轻生活”的影响，首都地区生活服务功能长期供给不足，休闲旅游、运动体育、健康养生、文化娱乐等生活休闲需求受到严重抑制；二是虽然京津冀协同发展战略实施取得较大成效，但大气污染、水污染问题依然较为严重，构建蓝天碧水的宜居环境仍然任重道远；三是首都地区中心—外围问题突出，人口高度集聚在北京中心城区与休闲旅游资源集聚在外围地区并存，生活休闲服务功能的布局与人口空间分布的空间匹配性差；四是北京各级各类交通组织过度集中于中心城区，城区交通拥堵以及北京与周边地区道路“连而不通、通而不畅”的问题较为突出，交通设施布局与生活休闲空间衔接不畅；五是公共服务发展不平衡问题较为突出，河北的相关区县公共服务水平远远低于北京和天津地区，公共服务跨区域协同依然困难重重。

第四节 总体思路

一、目标愿景——建设世界级美好生活圈

深入贯彻落实党的十九大会议精神，以习近平新时代中国特色社会主义思想为指导，抢抓京津冀协同发展战略机遇，贯彻落实新发展理念，以满足首都地区人民对美好生活需要、建设世界级美好生活圈为总目标，激发各方力量，补短板、抓重点，积极改善生态环境，不断优化空间组织，提高区域交通效率，着力推进一小时生活休闲圈、一小时生活保障圈、一小时优质公共服务圈等三大功能圈层建设，不断增强人民群众的获得感，全面打造交通联系便捷化、就业生活便利化、休闲服务方便化的生态优美、生活美好、通勤便捷的世界级美好生活圈，有力推动大国宜居形象塑造和京津冀世界级城市群建设。

二、战略导向

生活圈是一种城市功能地域概念。环境生态是美好生活圈的本底条件，空间组织是美好生活圈的空间基础，交通是美好生活圈的重要

支撑；丰富的生活休闲、高质量的生活保障、优质的公共服务是生活圈最重要、也是最活跃的功能性因素。立足首都一小时美好生活圈基础条件和人民生活需求的阶段性特征，坚持以科学发展为主题、以加快转变经济发展方式为主线，贯彻落实新发展理念，建设世界级美好生活圈，必须着力坚持以下战略导向。

——以满足首都地区人民对美好生活需要为出发点和落脚点。坚持以人为本，牢固树立以人民为中心的思想，适应首都地区人民收入提高和生活需求升级，适应北京市空间结构、人口结构的调整变化，整合首都及周边地区的自然生态、文化历史、公共设施等资源，拓展旅游休闲、健康养生、运动体育、文化娱乐等生活需求，优化生活功能空间布局，着力推进基本公共服务均等化，努力提高人民的生活品质，建设人人向往的美丽幸福家园。

——以提升生活环境品质为先行方向。贯彻“山水林田湖城是生命共同体”的理念，坚持生态优先，严格保护生态红线，构筑生态安全屏障，打造人与自然和谐的生态休闲空间，全面提升生态环境品质，使生活圈成为首都圈高质量发展的主要载体。

——以完善生活休闲、生活保障、公共服务等三大功能圈建设为重要途径。以供给侧改革为主线，以增强生活服务功能的品质供给为基本导向，以拓展旅游休闲、健康养生、运动体育、文化娱乐等生活休闲服务功能，强化生活保障物流功能以及推进基本公共服务均等化为重点，完善功能，提升品质，全面夯实生活圈的核心功能。

——以提升区域交通效率、发展品质交通为基本支撑。坚持机会公平、通达便利、品质引领，构建区域衔接网络完善、客货运能力强大、运输体系高效的生活出行支撑体系，优化交通枢纽布局，打造基础设施均等化、技术手段智慧化、交通系统高效化、规划实施人本化的全民宜居宜业生活圈，全面强化世界级美好生活圈的交通支撑。

三、战略目标

按照“五年见成效、十五年创一流”的总体战略安排，统筹规划、突出重点、扎实有序推进首都一小时美好生活圈建设。

——到2025年，世界级美好生活圈建设取得明显成效，大国首都宜居新形象逐步彰显。首都圈生态环境质量大幅提升，交通出行服务更加便捷舒适，旅游休闲、健康养生、运动体育、文化娱乐等生活休闲功能明显增强，生态的经济、生活、社会价值显现，首都圈生活质量和生活品质大幅提升，人民获得感幸福感明显增强，大国首都宜居新形象逐步彰显。

——到2035年，全面建成世界级美好生活圈。安全可靠的生态系统以及健康洁净的自然环境全面形成，交通联系便捷化、就业生活便利化、休闲服务方便化的生态优美、生活美好、通勤便捷的世界级美好生活圈全面建成，首都圈成为人人向往的美丽幸福家园，成为集聚高端生产要素、吸引高端人才的重要载体。

四、战略布局

遵循世界大国首都一小时美好生活圈的空间演化规律，以促进京津冀协同发展为目标，以非首都功能疏解为契机，以满足人民美好生活为导向，按照“核心带动、三极支撑、组团发展”的布局思路，构建“一核三极四组团”的空间布局结构，形成主题分工明确、功能支撑有力、交通基础完善、协同效应明显的发展格局，打造成为彰显大国首都风范、引领美好生活需求、共筑魅力田园城乡的首都一小时美好生活圈。

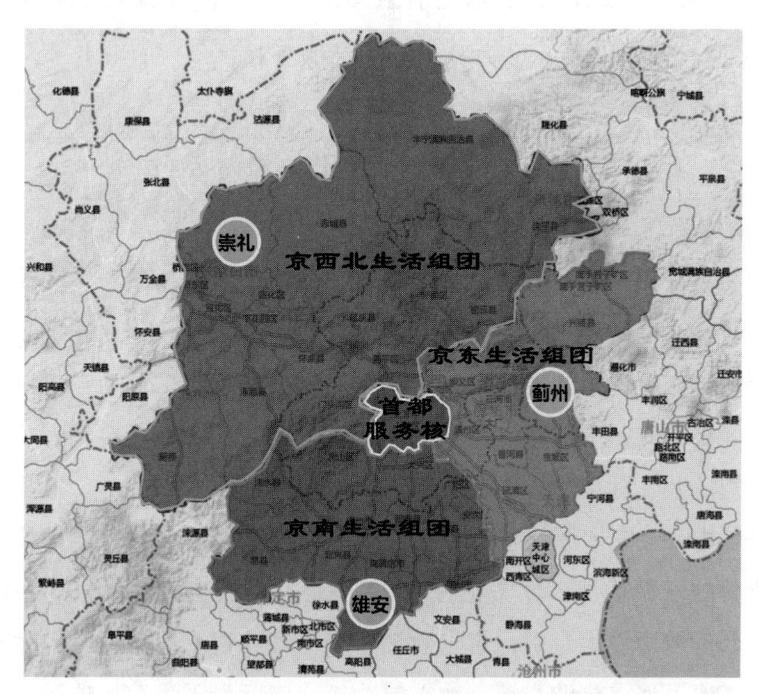

图8　首都一小时美好生活圈空间布局示意图

图片来源：课题组绘制

——一核：首都高端生活服务核

发挥首都核心区的区位优势，面向首都高端消费群体的日常生活需求，以非首都功能疏解为抓手，加大对疏解腾退空间进行改造提升、业态转型和城市修补，重点发展高端居住、时尚购物、文化休闲、科技展览、民生服务等生活服务功能，打造成为服务首都高端消费群体的生活服务核。

——三极：雄安新区、崇礼区、蓟州区

综合考虑资源禀赋、现状基础、未来潜力和交通支撑等条件，选择雄安新区、崇礼区和蓟州区为三大极点，在特色功能引领、交通服务组织、旅游线路协作等方面发挥组织引领功能，推动京南生活组团、京西北生活组团、京东生活组团跃能升级，打造成为主题鲜明、服务完善、辐射引领、魅力突出的生活服务核。

专栏 2	三极在生活圈的发展定位与方向

雄安新区 贯彻落实“千年大计、国家大事”的战略部署，以承接北京非首都功能疏解为动力，以白洋淀湖泊湿地为核心，推动温泉资源的高端化开发，建设优质共享的公共服务设施，建立连接北京的安全便捷智能绿色交通体系，缓解北京人口过度集聚压力，建设成为北京重要一翼，塑造新时代高品质生活的典范城市，打造成为首都一小时美好生活圈的南部发展极核。

崇礼区 发挥原始森林覆盖面积大、长城遗址遗迹多、塞外风情独特美的资源优势，紧紧把握2022年北京冬奥会的建设机遇，以冬奥雪上基地建设为牵引，重点建设冬奥会场馆群、奥运村、滑雪装备生产基地、冰雪旅游小镇、冰雪博物馆、国际滑雪学院等项目，大力开发“春赏花、夏避暑、秋观景、冬滑雪”的全域四季旅游产品体系，加强与张家口市区、承德市区的交通联系和旅游协作，提升与周边地区的联动发展水平，构建与北京联系的多层次交通体系，打造成为首都一小时美好生活圈的西北部发展极核。

蓟州区 充分研判北京通州副中心建设带来发展重心东移的战略机遇，以京津都市消费需求为导向，积极整合山水、古城、湿地等独特资源，重点建设大盘山景区、渔阳古城、于桥水库、青甸洼湿地公园等功能区，引导北京优质公共服务资源向蓟州倾斜布局，完善慢行游步道、旅游厕所、酒店餐饮、商务会展、特色民俗等接待服务设施建设，大力发展旅游休闲、商务休闲、养老休闲等功能，加快推动蓟州与北京及京东区县的交通对接，全面增强对京津都市消费群体的生活吸引力，打造成为首都一小时美好生活圈的东部发展极核。

——四组团：首都核心区生活组团、京东生活组团、京南生活组团、京西北生活组团

根据世界级城市群的生活圈空间分布规律，结合首都一小时生活圈的资源禀赋、区位分布、功能联系和分工要求，从北京都市生活消费需求出发，依托主要交通轴线，打造首都核心区生活组团、京东生活组团、京南生活组团、京西北生活组团四大功能组团，明确不同组团功能分工，制定特色差异化的发展举措，共筑首都一小时美好生活圈。

专栏 3　四大组团的功能定位与发展方向

➢ **首都核心区生活组团**

区域范围：指北京四环以内的功能区域，集中承载了国际交往、科技创新、文化展示、金融服务等职能，是首都功能最为集中的区域，也是高端生活服务需求最大的区域。

主要功能：承担高端居住、时尚购物、文化休闲、科技展览、民生服务等功能。

发展举措：面向首都高端消费群体的日常生活需求，以非首都功能疏解为抓手，加大培育国际交往、高端居住、科技展览、文化休闲、时尚购物等功能，打造高端生活服务功能极核。以疏解腾退区域性商品交易市场、大型医疗机构等非首都功能为抓手，对疏解腾退空间进行改造提升、业态转型和城市修补，疏解腾退空间优先用于保障中央政务功能，还用于发展文化与科技创新功能、增加绿地和公共空间、补充公共服务设施、增加公共租赁住房、改善居民生活条件等生活服务功能。鼓励发展符合核心区功能定位、适应老城整体保护要求、高品质的特色文化产业，调整优化传统商业街区，促进其向高品质、综合化发展，突出文化特征与古都特色。做好商业网点布局规划，打造规范化、品牌化、连锁化、便利化的社区商业服务网络。加强城市修

补，坚持“留白增绿”，创造优良人居环境。开展生态修复，建设绿道系统、通风廊道系统、蓝网系统，提高生态空间品质。

➢ **京东生活组团**

区域范围：指北京1小时通勤半径内的京东地区，包括北京通州区、顺义区和平谷区，天津蓟州区、武清区和宝坻区，河北省三河市、大厂回族自治县、香河县和兴隆县，与北京交通联系紧密，一体化发展程度高、活力足、潜力大，是首都一小时美好生活圈的重要组成部分。

主要功能：主要承担通勤居住、养老居住、康养运动、旅游休闲和物流服务等功能。

发展举措：充分发挥毗邻北京的地缘优势和山水组合优势，以蓟州区为核心，以日常通勤居住、首都养老服务、中小型商务会展和城市日常物流服务四大功能为主攻方向，重点建设蓟州品质生活之城、北三县通勤居住服务区、兴隆康养运动谷、武清特色购物休闲小镇、京东城市物流集聚区等重点生活功能区，积极完善会议、展览、运动、康体、购物、娱乐、餐饮等配套服务设施，巩固成本领先和产品差异优势，推动不同区县之间的差异化分工，创新生活服务功能多元化供给模式，打造具有鲜明地域特色的居住休闲产品体系，加快建设连接北京的轨道、高速、公交等立体化交通体系，全面融入首都一小时生活圈和商务圈，建设成为重点面向北京的复合型生活服务组团。

➢ **京南生活组团**

区域范围：指北京1小时通勤半径内的京南地区，包括北京市的房山区和大兴区，河北省的雄安新区、广阳区、安次区、涞水县、易县、涿州市、固安县、永清县、定兴县、高碑店市和霸州市，是保障北京、服务雄安的关键区域。

主要功能：主要承担休闲运动、优质农产品生产、农产品物流服务和居住服务等功能。

发展举措：以保障北京和服务雄安为出发点，以雄安新区为核心，积极整合湖泊温泉、优质农产品、历史文化资源等，大力发展优质农产品生产、农产品物流服务、湿地生态休闲和居住服务等四大生活服务功能，加快建设雄安优质服务之城、涞水山地生态旅游区、高碑店农产品物流基地、永固霸温泉度假区等重点功能区，配套发展娱乐购物、商务休闲、交通服务、运动康体、乡村旅游等功能设施，加强与北京的快速便捷通畅交通联系，强化重要服务节点的综合承载能力，推动不同区县错位分工协作发展，全力构建大农业、大湖泊、大温泉为特色的京南生活服务组团。

➢ **京西北生活组团**

区域范围：指北京 1 小时通勤半径内的西部太行山和北部燕山地区，包括北京市的密云区、怀柔区、延庆区、昌平区和门头沟区，河北省的张家口中心城区、赤城县、怀来县、涿鹿县、蔚县、宣化区、下花园区、崇礼区、丰宁满族自治县、滦平县，生态旅游资源丰富、绿色产品供给能力强，是首都一小时美好生活圈的重要生态功能区。

主要功能：主要承担生态旅游功能，延伸发展体育运动、休闲度假、生态农产品供给、养老服务等功能。

发展举措：紧紧把握 2022 年北京冬奥会的重大赛事机遇，依托太行山和燕山的生态资源优势，深度挖掘山水、草原、冰雪、温泉和农业等资源潜力，按照全域旅游的发展理念，整体打造、统筹推进、联动发展、分步实施，以崇礼冬奥之城为核心，以燕山 - 太行山千里风景长廊建设为轴线，重点建设京北生态旅游区、京西山地旅游区、崇礼国际冰雪旅游区、蔚县历史文化古城、桑洋河谷葡萄长廊、赤城山地温泉度假区、丰宁草原风情旅游区等重点生活功能区，积极布局旅游通用机场、国家牧场、国际狩猎场等，着力发展低空旅游、狩猎旅游、冰雪运动等新型旅游业态，加快培育山地运动会、草原音乐节、国际登山节等一批具有重要影响力的节庆活动和徒步、露营、越野等野外拓展活动，着力破解交通瓶颈，推动大山区与大都市有效对接，构建以生态旅游为特色、以运动康体和生态产品供给为主题的国家山地度假示范区和面向首都的优质生态产品供给基地。

第五节　提升生态环境品质

践行生态文明建设新理念，坚持生态优先，加强生态红线管控，推进生态保育，按照"科学营山、智慧理水、生态宜居"的思路，构筑生态秀美的山水生态系统，打造各具特色的生态休闲空间，强化环境保护，彰显北方城乡宜居特色，大力提升生态环境品质，建设具有中国北方特色的最佳宜居地。

一、坚定不移地加强生态红线管控

贯彻落实中共中央办公厅、国务院办公厅印发的《关于划定并严守生态保护红线的若干意见》，确立生态保护红线在规划建设管制中的基础性地位，明确生态保护红线优先，严守生态保护红线。对北京、天津、河北在生活圈内划定的生态红线，原则上按禁止开发区域的要求进行管理，严禁不符合主体功能定位的各类开发活动，严禁任意改变用途。以县级行政区为基本单元建立生态保护红线台账系统，制定实施生态系统保护与修复方案。优先保护良好生态系统和重要物种栖息地，建立和完善生态廊道，提高生态系统完整性和连通性。分区分类开展受损生态系统修复，采取以封禁为主的自然恢复措施，辅以人工修复，改善和提升生态功能。选择水源涵养和生物多样性维护为主导生态功能的生态保护红线，开展保护与修复示范。有条件的地区，可逐步推进生态移民，有序推动人口适度集中安置，降低人类活动强度，减小生态压力。

二、构建"一屏三环四带九楔"生态休闲空间

——"一屏"即西北山地绿色屏障，集中了区域大部分的自然保护区、风景名胜区、森林公园和地质公园，是区域重要的生态屏障，对区域的水源涵养、水土保持、生物多样性保护、生态系统稳定性维持等重要生态服务功能有着重要意义。要加强对山区的生态保育和生态修复，提高森林覆盖率，提升生态系统服务功能。限制山地开发建设，采用绿色建筑和低影响开发，尽量减少开发建设活动对山地生态的影响。控制浅山区的开发建设强度，对其风貌进行统筹协调，对矿区开采的破坏山体进行修复。

——"三环"为城市公园环、郊野公园环和环首都森林湿地公园环。城市公园环主要由北京的城市公园和道路绿地构成，是市民日常休闲活动的主要承载地，应当加强公园的景观设计水平和各类休闲娱乐设施的建设，使其能够更好地为居民的散步、健身、棋牌、舞蹈、武术等休闲活动提供服务；同时推进沿街绿地的建设，提升其植被覆盖和可达性，争取实现全部公园化。郊野公园环主要由郊区的郊野公园和生态农业景观构成，是市民闲暇时光郊野踏青、农业休闲观光等活动的主要承载地，应当提升郊野公园的景观营造，突出乡野趣味；同时对环带上的农业景观进行整治提升，突出其生态景观价值，和郊野公园一起形成郊野公园环。环首都森林湿地公园环主要由生活圈北京远郊和周边市县的森林公园、湿地公园、风景名胜区、自然保护区

等构成，是居民周末和节假日远足出行，进行康养、探险等活动的主要承载地，应当继续坚持对各单位保护范围内生态环境的严格保护；加强区域合作，打破行政壁垒，从宏观的角度统筹协调各景点，加强交通联系与精品旅游路线的规划设计，使环首都的各公园形成完整的环状体系。

——“四带”为长城山地文化景观带、清水河—西山—永定河景观带、大运河景观带和潮白河景观带。长城山地景观带，从张家口崇礼—宣化—怀来—赤城到北京北部延庆—怀柔—平谷再到天津市蓟州区，应当注重对山区生态环境的保育和对长城的维护修缮，对长城保护范围及建设控制地带内的城乡建设开发实施严格监管，对沿边的古镇加强历史文化建筑、民居和风貌的保护，打造延绵连续的长城自然与文化交融的景观意向。西山—永定河景观带，主要包括蔚县—涿鹿县—涞水县—门头沟区—永定河一线，景观带从太行山延伸到北京西山，清水河从百花山发源到汇入永定河，再沿北京西侧流出，应加强对山水基底的保护，恢复永定河的生态功能，整理西部山区历史故道和古城古村，形成北京城市文化发源地的山水人文景观。大运河景观带，主要包括元代白浮泉引水沿线、通惠河、北运河一带，应当加强河流沿线与城市公园绿地、郊野公园的景观打造，并结合运河文化，打造河流绿地与历史文化交相辉映的景观。潮白河景观带，主要包括潮河、白河、密云水库、潮白河、潮白新河一线，是北京重要的饮用水源和东部郊野景观的重要组成部分，应当注重河流沿线的生态环境治理和与郊野公园、农业景观的交融。

——“九楔”为九条连接中心城区、新城及跨界城市组团的楔形生态空间。九条从城市公园环开始，延伸到郊野公园环，再向外扩散延伸到更广区域，连接中心城区与周边山地、水体的楔形绿地，能够促进城市内外空气的交换和流通，缓解热岛效应，也能够隔开各个城市组团，引导城市结构沿交通网络发展；同时还能加强城市内部和外围的自然联系，改善整体生态环境。楔形绿地内部严格限制高大建筑的开发建设，在植物选择上强调生物多样性，进行乔灌草结合的复层种植和针阔混交的植物配置，提升楔形绿地的生态功能。

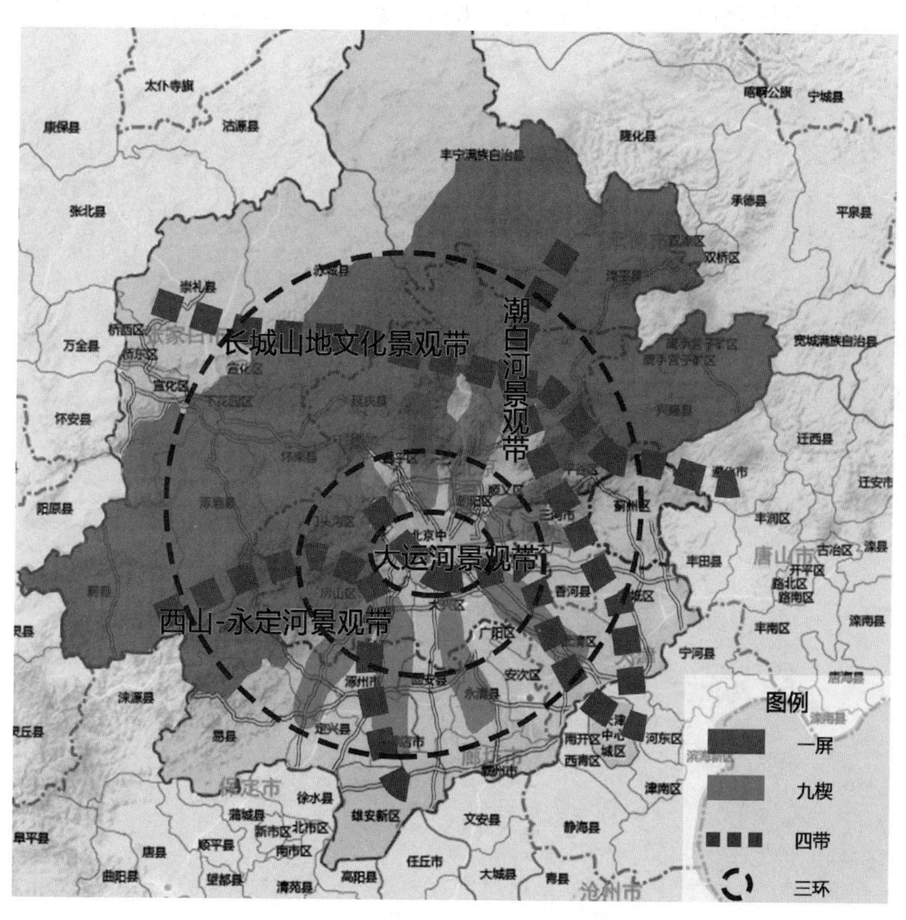

图 9　首都一小时美好生活圈生态休闲空间布局图

图片来源：课题组绘制

三、打造 5 条区域性绿道

以重要生态休闲节点为核心，以河流、铁路、高速公路、城市道路、山间小道等两侧绿地为骨架，以区域生态环境建设、生态整治和景观风貌特色建设成果为基础，打造多功能、多层次的绿道系统。通过植被、亭廊、地标等休憩构筑物、休憩驿站、道路标识牌等的建设，构建区域道路型生态绿廊，增强区域交通便捷性、舒适性及可识别性。改善现有道路的路面情况，通过栽植景观效果良好的行道树、建设凉亭休憩设施，营造宜人的步行环境，打造全域乡村慢行系统。

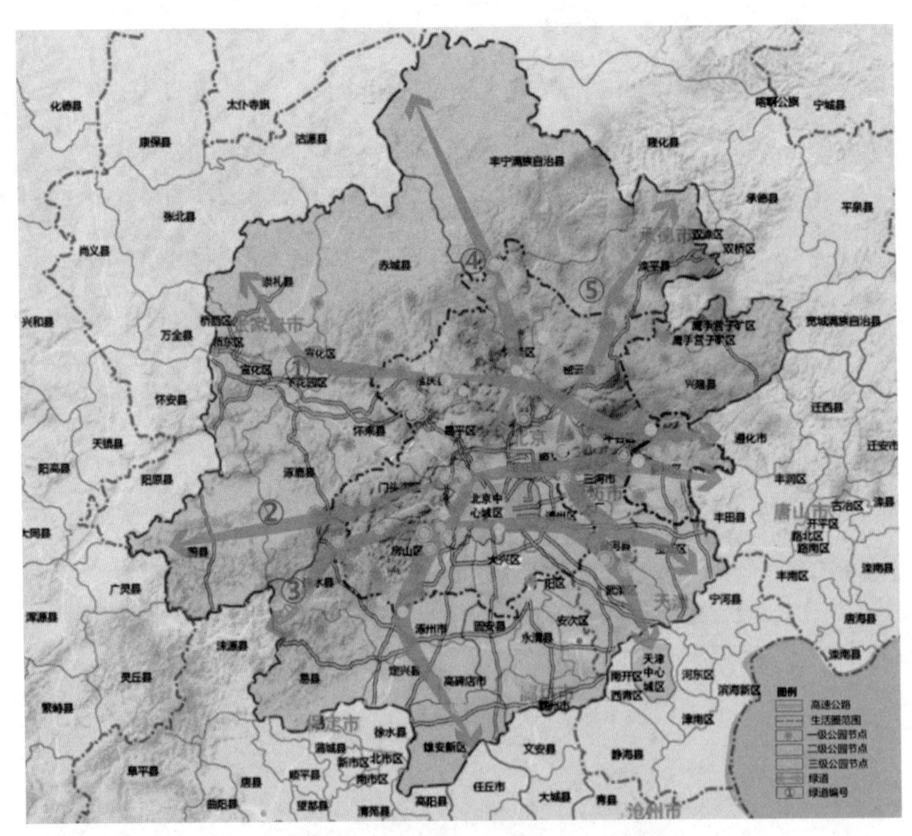

图 10　首都一小时美好生活圈区域绿道布局图

图片来源：课题组绘制

专栏 4　首都一小时美好生活圈区域绿道布局规划图

1 号绿道。位于北部，大体呈东西向，西起张家口市城区，东至天津市蓟州区北部九龙山国家森林公园，途经赤城县、怀来县、延庆区、怀柔区、平谷区、密云区。绿道经过的主要生态节点有官厅水库、玉渡山、蟒山、莲花山、金海湖、盘山、九龙山等，历史文化节点主要有宣化古城、八达岭长城、居庸关长城、十三陵水库、红螺寺、黄崖关长城等。绿道建设应结合山地森林保育、浅山带生态修复等工程，合理配置植物，推进山区生态建设。沿线每 20 公里左右设置一个区域级服务区，并配置游客中心、医疗点、信息咨询亭、消防点、机动车停车场、自行车停车场等。建设山地自行车道，并每隔一定距离设置凉亭等休息点。

2 号绿道。位于中部，整体沿东西走向，西起蔚县凤凰山，东至蓟州区于桥水库，途经涿鹿县、门头沟区、海淀区、朝阳区、顺义区、三河市。绿道西部为山区，是京西古道，进入平原区位三山五园、北京奥林匹克森林公园，再沿 G102 向东至蓟州。沿途生态节点主要包括凤凰山、小五台山、妙峰山、百花山、京西十八潭、阳台山、于桥水库等，历史文化遗迹主要有飞狐峪、爨底下村、灵水村、琉璃渠村、八大处、颐和园、圆明园、北京奥林匹克森林公园等。应加强沿线城市绿地、郊野公园的建设，并沿交通干道布置绿化。以“三山五园”地区为核心，绿道建设应当重视景观要素的协调，通过景观小品、亭台廊道，加强绿道历史文化氛围的营造，同时注重视觉上对皇家园林地区的突出。

3 号绿道。位于南部，西部大体为东西向，西起涞水县野三坡景区，沿大石河谷地进入平原至卢沟桥，通过城市绿地连接至通惠河，向东至通州区后沿大运河向东南向至天津市城区，途经房山区、石景山区、丰台区、朝阳区、通州区、香河县、武清区。绿道西部为房山山区，有着丰富的自然和历史资源，包括野三坡、百花山、十渡、石花洞、云居寺、潭柘寺、戒台寺、千灵山、北宫国家森林公园、水峪村等。应注重自然风光与历史文化的有机结合，建设慢行廊道，打造精品京西旅游路线。中段为城市绿地，应加强对京南棚户区的腾退改造，疏解非首都功能，并优先将腾退用地用作绿化用地，见缝插绿。东段沿通惠河—大运河，应当注重绿地的亲水性，改造硬质堤岸，通过布置节点公园、亲水平台等，增强行人与水体的互动，同时注重沿运河历史风貌的打造，布置文化创意产业和特色旅游景点，恢复运河风光。

4 号绿道。位于中部，大体南北走向，北起丰宁海留图国家湿地公园，南至雄安新区白洋淀，途经怀柔区、顺义区、昌平区、海淀区、石景山区、丰台区、房山区、涿州市、高碑店市。绿道北部为军都山山区，有着丰富的生态休闲资源，包括海留图国家湿地公园、千松坝国家森林公园、云雾山、云蒙山、青龙峡、红螺寺、怀柔水库等，应当重视对山区生态环境的保护，在绿道建设时尽量减少对环境的影响，同时打造山地自行车赛道，沿线布置景观和休憩点。中段为城市公园密集区，包括三山五园、园博园、卢沟桥等历史文化节点，应当提升城市公园绿地营造水平，契合片区历史文化景观，布置景观小品。南段沿永定河至白洋淀，应注重对水体的保护治理，选用合适的物种，通过合理的规划设计，对湿地进行生态修复。

5 号绿道。位于东部，大致沿南北走向，北起滦平县白草洼国家森林公园，南至天津市区，经过密云区、顺义区、三河市、香河县、宝坻区、武清区。绿道基本沿潮白河一线，主要生态节点有白草洼、雾灵山、密云水库、潮白河国家湿地公园等，历史文化节点则包括古北口、金山岭长城等。绿道主要为郊野型绿道，有许多郊野活动的集中片区，如顺义奥林匹克水上公园。绿道建设应当进一步强化其郊野游憩的功能，提升现有郊野休闲场所的建设品质，同时积极植入新的郊野活动功能。

四、美化净化河网密布的蓝网系统

以主要河流河道为骨架，支流与溪川为毛细血管，周边湿地、水库为载体，通过修建游步道、休憩栈道、休闲平台、景观亭廊等构筑物和植被景观营造，打造生态型滨水休闲空间。恢复历史水系，建设富有历史气息的景观节点和特色产业。保护和完善蓝色和绿色基底，加强水体周边排放监管。沿路、沿水渠建设景观带。保持原河道的自然形态，采用生物护堤措施。丰富乡土物种，包括增加水生和湿生植物，形成乡土植被的绿色基地。沿河两岸建设自行车道和步行道。

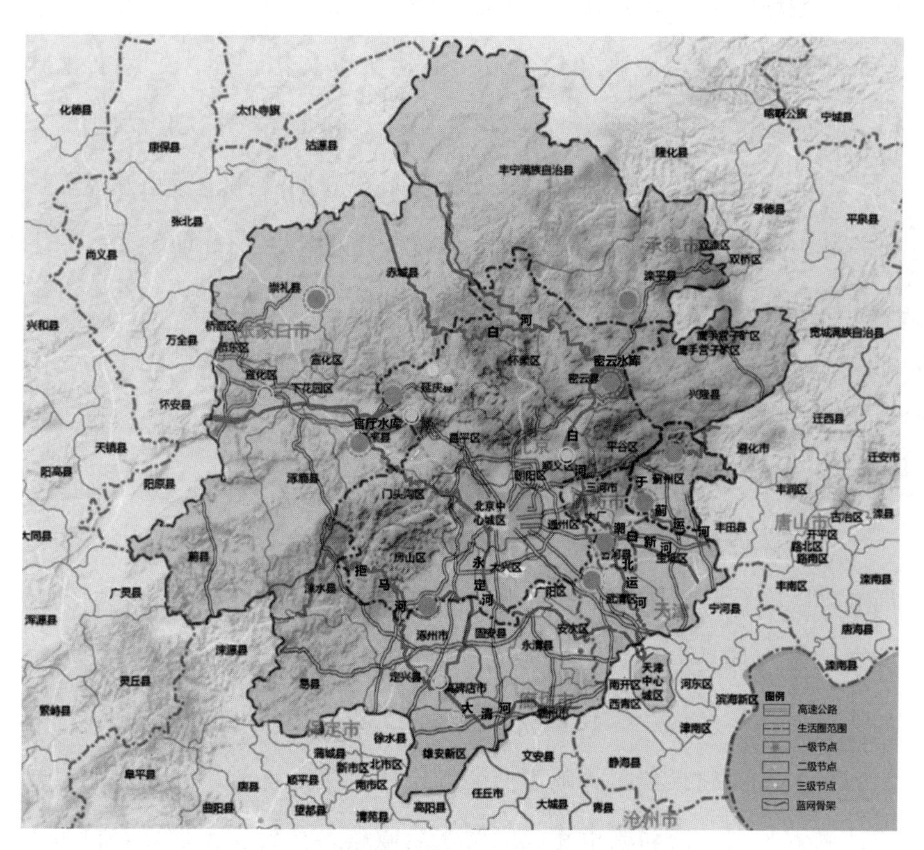

图 11　首都一小时美好生活圈蓝网布局图

图片来源：课题组绘制

五、打造优质的城乡人居环境

——推进品质城市建设。高起点规划、高标准建设、高水平运营，在生活圈构建以北京城为核心的高品质城市圈，让城市更美好，让市民更幸福。依托生活圈多样化的自然地理基础，尊重自然山水脉络，因地制宜打造一批特色彰显的山地型、滨湖型、古城型、民族型城市。加强城市的规划设计，明确城市风貌特色定位和空间总体框架，加强对城市形态、城市轮廓、建筑景观与色彩、标志系统等要素的建设引导，提升城市空间品质。加强城市文化战略研究，根据城市区域位置、地理环境、历史沿革、民俗风情，对文化资源进行挖掘、评估和提炼，科学确定城市文化定位，强化城市文化功能，延续文化脉络，打造城市文化品牌，彰显城市文化魅力，提升城市文化品位。

——塑造北方乡村风貌。遵循乡村自身发展规律，以北方传统乡村风貌特征为目标，以“轻介入、微改善”的本土设计理念，以原生态、原民居、原民俗为方向，以就地取材的四合院为建筑特色，以本地乡土树种绿化为基底，融合历史文化、自然景观、农耕文化和民俗文化，重塑“山水田林人居”和谐共生关系，打造承载乡愁记忆、富有传统意境、充满桃源意趣的北方乡村风貌。

——保护碧水蓝天。严格区域环境准入，在修订实施城市空间布局规划上实行环境影响评估环节前置，加强对各类产业发展规划的环境影响及气候适应性评估，提高准入门槛。推行产业负面清单制度，加快淘汰落后产能。强化重点领域污染治理，推动机动车污染防治，大力推广新能源汽车。实施清洁能源替代，全面推进工业、民用煤炭清洁高效利用。推动城市建成区污水全收集、全处理，加强农村污水收集处理。推进重点水域治理和生态修复，加快重要城市生态水网工程建设，开展排污严重河流入河排污口综合整治。加强饮用水源地上游河流源头的保护与涵养，科学划定饮用水水域保护区，强化水源地周边湿地建设，防治地下水水质污染。落实区域污染防治联防联控机制。

专栏 5	河流生态修复治理重点工程
重点河流治理工程。永定河、潮白河、北运河、滦河等河流治理。 **北京生态水网建设工程**。北京市构建“三环碧水绕京城”的城市水网，实现南水北调工程与永定河、北运河、潮白河等水系连通，为周边水系提供清洁水源，促进城市河湖及沿线河流生态修复。	

——实施城乡环境“清洁美”工程。加大城乡环境综合整治力度，重点在优化城镇和农村生活环境上下工夫，实施路边绿道建设，建立健全城乡生态垃圾“户集、村收、镇运、市处理”的管理制度，城乡环境逐步实现规范化、常态化管理，城乡面貌焕然一新。

第六节　建设一小时生活休闲圈

以满足京津休闲度假需求为主导，加强供给侧结构性改革，实施品牌引领战略，大力发展休闲度假、康养服务、运动体育、文化娱乐等产业，培育新业态、新产品、新模式，提升服务品质，全面推进一小时生活休闲圈建设。

一、推动休闲旅游品质化发展

——完善适应京津中高端群体短期休闲度假旅游产品。以 2.5 天休闲度假为发展方向，结合山地、森林、草原、滨海、冰雪、温泉、历史等特色优势资源，发挥现有精品景区、度假村、休闲农庄、旅游小镇、运动基地等项目的带动作用，加强森林氧吧、精品度假酒店、养老社区、“第二家园”、乡村民宿等度假产品开发，大力推动山地型、冰雪型、温泉型、乡村型等旅游度假区建设，着力打造适应北京居民周末“微度假”精品休闲旅游项目。

——培育低空游、自驾游、徒步游、研学游等新兴旅游业态。低空旅游要以国家开放低空飞行为契机，依托蓟州、丰宁、三河等一批通用机场，大力开发以通用航空、低空飞行为主的航空旅游产品。自驾游与徒步游要抓住自驾游蓬勃发展趋势，重点在燕山—太行山，规划建设一批不同类型、特色突出的自驾车房车营地和露宿营地，推进呼叫中心和紧急救援基地建设，开发满足自驾游、背包客等需求的露营产品，并配套住宿、餐饮、休闲、娱乐、健身、汽车保养与维护等综合服务功能。研学游要依托品牌高等院校、高精尖科研院所、科技园区、大型工业企业和物流仓储基地等资源，配套旅游展示体系，强化体验功能，建设一批研学旅行基地，发展科技考察修学、科普教育、科教文化体验旅游。

——规划建设五大精品休闲旅游带。京东北休闲旅游带要整合北京中心城区东北沿京承方向上的怀柔、密云、顺义、丰宁、滦平等地区的山水与历史文化资源，构建“皇家御道”系列精品旅游线路。京东休闲旅游带要整合北京中心城区东部沿京秦方向的平谷、三河、蓟州、兴隆等区县的长城、山水等休闲资源，挖掘各自旅游特色，通过文化、生态与休闲度假等旅游线路组织，实现京东地区旅游无障碍化。京西北休闲旅游带要利用北京西北方向张家口的冰雪资源、草原资源，与北京的明清文化和现代都市资源形成互补，结合冬奥会的举办打造体育旅游为主题的休闲旅游发展带。京保休闲旅游带利用北京西南方向的清西陵、太行山等高等级旅游资源，大力发展山水休闲、乡村居住度假、体育运动健身、养生养老等休闲旅游产品。京津休闲旅游带结合大运河的保护性开发，策划推进天津宝坻、武清、廊坊等地区沿运河的滨水景观带和文化景观带，谋划国际性休闲娱乐项目和购物项目，建成与京津同城效应突出的复合型商务休闲带。

——打造环京三大区域性休闲旅游节点。以崇礼区为核心，联动带动张家口周边区县特色资源，建设一批冰雪运动基地与温泉度假小镇，积极发展滑雪、温泉、自驾车、低空飞行等运动休闲项目，打造世界冰雪运动休闲中心。以蓟州为核心，打造一批休闲旅游精品景区，联动带动平谷、三河、大厂、香河、兴隆等京东地区旅游业的转型发展；以雄安新区为核心，以周边高品质旅游资源为依托，以满足高端精品旅游休闲需求为主导，以保定北部以及廊坊为主体，大力发展京南山水休闲避暑、乡村居住度假、商务会议会展等产品，为相关产业和领域发展提供旅游平台，实现产业之间的联动与共兴。

——推进休闲旅游产品的优质化改造。牢固品质旅游的发展理念，对区域内旅游资源、旅游产业、景区环境、景区服务、体制机制、政策法规等进行全面整体规划布局和系统优化提升。加强旅游业供给侧结构性改革，大力发展休闲度假新业态、新产品，提升服务品质。针对京津等大城市居民旅游休闲需求，推动2.5天“微度假”产品建设，打造具有较强市场吸引力、品牌影响力和产业拉动力的引擎性休闲旅游项目。

二、大力发展康养服务

——培育健康服务产业集群。发挥政府推动、市场主导和社会参与的多重作用，合力撬动社会资本和资源，围绕京津冀协同发展打造互补互利的养老服务集群。鼓励有实力的健康养老企业走跨区域的品牌化、连锁化发展道路，聚力打造养老服务新模式、新业态。支持各县区市积极谋划建设养老服务产业园，推动相关产业融合发展，打造完整的产业链，促进养老产业发展。

——打造环京三大康养基地。以天津市蓟州区为核心，重点强化居住、康养、休闲运动、休闲旅游功能，打造京东生活组团的核心基地，连带兴隆、平谷、三河等京东地区健康产业发展；以张家口崇礼区为核心，重点强化以冰雪等特色资源为核心的健康旅游功能，打造京西北运动康体休闲旅游区的核心基地，连带张家口、承德北部、保定西北部等区县健康产业发展。以涿州市码头国际健康产业园为载体，以健康服务为核心，形成“医、教、研、康、养、造”六位一体、共融发展的复合型健康全产业链体系，连带推进京南保定、廊坊平原地区康养产业发展。

——建设一批康养休闲综合体。立足京西北、京东的良好自然条件，依托知名景区、森林基地、生态农业基地、花卉休闲基地、中药材生产基地等特色资源，支持社会资本规划建设一批功能复合的生态休闲康养场所，打造集健康体检、健康咨询、颐养休闲、康复护理、体育健身、文化教育、娱乐休闲等为一体的健康综合服务休闲康养基地。

——推进跨区域跨机构健康服务产业支撑平台建设。充分利用好以大数据、云计算、物联网为代表的新一代信息技术，推进统一、开放、共享的首都一小时美好生活圈“互联网＋医疗”平台建设，促进新一代信息技术与“大健康、新医疗”产业的融合与信息的整合，实现跨机构、跨部门、跨地区的信息互通和资源共享，为居民和患者提供医疗、健康管理、远程会诊和保健服务，为政府监管提供大数据支撑，为健康服务机构和企业提供健康相关信息服务。

三、建设运动休闲圈

——引进与培育多元休闲运动市场主体。鼓励社会参与，制定民营经济发展体育支持政策，鼓励民营资本、境外资本以多种方式投资休闲运动产业。鼓励社会力量联合建立省级优秀运动队，支持创建职业体育俱乐部，大力发展各种类型的运动健身团体。加大扶持中小微企业的力度，以政府购买、信贷支持、加强服务等多种形式，支持中小体育企业创建自主品牌，提高经营管理水平，增强市场竞争力。

——打造生活圈体育产业特色品牌。培育一批具有地域特色的传统体育活动品牌，打造一批世界级体育赛事活动品牌和群众性体育赛事运动品牌，支持国内外企业、社会团体等在首都一小时美好生活圈内创办、举办体育用品营销和主题展会，对获得国家、省级名牌产品、著名商标的体育企业予以奖励。推动首都一小时美好生活圈内津冀地区与北京全方位深度合作，利用奥运品牌提升企业和产品的自身价值。

——规划建设两大运动休闲带。燕山—太行山运动休闲带，山水林草和冰雪资源丰富多样，是市民郊野户外运动休闲主承载地，应围绕自身的区位禀赋和资源特色，重点培育发展登山、徒步、攀岩、露营、自行车骑行、汽车自驾、水上运动、航空运动、冰雪运动、马术运动等户外运动休闲产业，探索与旅游业融合发展的路径和模式，培育一批特色体育旅游综合改革实验区和国家、市级体育产业基地、示范项目。环京平原时尚运动休闲带要加强与国际、国内体育组织等专业机构的交流合作，引进和承办一批国内外精品赛事；重点承办游泳、足球、篮球、乒乓球、武术等群众基础好、观赏程度高的国内外重大体育比赛，不断满足群众参加体育健身、观赏体育赛事的需求，大力培育健身休闲、竞赛表演、体育培训、体育旅游、体育保健康复等体育服务业。

四、繁荣文化娱乐产业

——发挥北京中心城区的核心功能。依托中轴线文化旅游体验区、前门—大栅栏文化商业旅游体验区、什刹海—南锣鼓巷休闲旅游体验区等，打造古都文化旅游板块。依托中心城区众多大型影剧院、茶馆等，丰富国际汇演、话剧电影、民俗表演、曲艺相声等演艺项目，提高艺术品质，丰富节目内容。依托全国文化中心得优势文博资源，对文化中心及文博史馆，充实更新内容，策划新颖活动，提高吸引力和观赏性。

——繁荣文化休闲和文化演艺产业。依托人文景观、传统工艺、历史遗存等资源，引导和鼓励制造企业投资发展文化产业，培育传统特色文化产业群，培育旅游演艺、特色酒店、主题公园等新业态，合理开发农业文化遗产，推动传统文化资源富集、自然和文化资源丰富、传统农业特色突出的地区合作开发文化产业项目，打造经济发展新的增长点。鼓励精品和原创作品创作生产，重点扶持能够代表北京地域文化特色、具有地方历史文化色彩的剧目创作，成就一批能够体现时代精神、富有艺术内涵，具有广泛社会影响力和票房号召力的驻场演出项目和地域经典文化剧目。以剧目演出和制作为核心，培育和引进相关的演艺培训、音像制品、演艺道具和衍生品开发等产业业态。

——打造一批品牌节庆。强化品牌意识，进一步提升现有传统文化艺术节的影响力，大力推广中国崇礼国际滑雪节、白洋淀荷花节、中国农民丰收节等会展、节事活动，培育中国长城文化节、运河文化节等跨京津冀的节事活动，不断提升各种节庆活动的文化品位和内涵。培育、引进一批具有较高知名度和影响力的节庆会展品牌。

——建设三大文化休闲带。燕山—太行山文化娱乐休闲产业带，要充分发挥北部、西部山区自然和文化资源丰富等优势，坚持生态保护与资源精细化开发利用相结合，衔接北京西部“三山五园”等知名文化景区，建设一批与山地资源结合紧密的健康养生、休闲旅游、生态教育、山地科考等文化项目，扶持发展具有地域文化特色的演艺项目，打造与文化旅游紧密结合的演艺节目。京东南文化娱乐休闲产业带，要依托武清、宝坻、廊坊、保定等现有的文化休闲娱乐资源，结合景区开发，如游乐园、主题公园等，打造一批儿童主题公园、游乐园、博览园、植物园等，整合开发文化休闲与娱乐的城市新型功能拓展区。首都地区大运河文化产业带要挖掘古运河、古镇、古村特色文化资源，加强文物古迹、运河遗迹和非物质文化遗产的发掘保护，在保护大运河的真实性、完整性同时，因地制宜发展文化旅游、文化创意、影视动漫、养生健身、节庆会展、民俗体验等特色文化产业，培育“运河风韵”系列品牌。

第七节 建设一小时生活保障圈

以日常农产品物流保障、日常生活物流保障、优质农产品供应为重点，建立稳定、便捷、高效的产供销系统和物流服务系统，提高环北京鲜活农产品的流通服务能力，构建首都一小时生活保障圈。

一、建设一批城郊型优质农产品生产供应基地

建设一批环首都优质蔬菜基地，做精露地错季蔬菜，做优精细越夏蔬菜，做大四季设施蔬菜。建设一批优质养殖业基地，面向京津市场提供优质新鲜肉类产品。扩大优质林果种植面积，促进优势果品生产区域化、规模化发展，重点建设苹果、桃、磨盘柿、优质梨、大枣、核桃、杏扁、板栗和城郊观光休闲果品等特色果品生产基地，推进西部北部山区果品产业带建设。积极发展渔业、药材、食用菌、苗木、花卉等特色农业，加强品牌培育，打造地域特色品牌。

二、打造“区场链”立体化环首都物资供应保障带

构建近首都物流保障环与京津冀区域物流环，在廊坊、保定等地区，建设物流园区和配送中心，建设近首都物流保障环；在北京向外交通辐射重要轴线上，选择承德、张家口、天津等城市，建设若干物流枢纽，形成服务首都一小时美好生活圈的区域物流环。制定流通节点城市发展规划，将保定、廊坊等重点打造成地区级流通节点城市，促进区域分工协作和错位发展。着力打造“物流园区 + 物流中转场地 + 末端配送网点 / 链条”的多层次生活圈物流网络，形成全覆盖、高品质的“区场链”立体化环首都物流供应保障带。

三、完善一小时鲜活农产品物流圈

建设“一小时生活圈”协调联动机制，支持企业在北京周边地区建设蔬菜、肉蛋等农副产品生产、加工和分拨基地。鼓励京津冀三地企业共建、共享农产品生产基地和冷链物流设施，加强农产品产销对接体系建设，重点推进农超对接、农产品基地直销。

四、打造五大农产品进京运输通道

以进京高速公路为主轴，国/省道及铁路为辅，通过建立和完善区域鲜活农产品运输组织畅通的保障机制，打造连接首都核心市场的五个方向的农产品进京运输通道。西北通道以京新、京藏高速为依托，以怀来县为核心，衔接以张家口为主的其它区域，辐射内蒙古及山西省等地区，主要供应首都冬季土豆、夏淡季蔬菜，精细菜及肉类等。东北通道以京承、京平高速为依托，以滦平县为核心，衔接以承德为主的区域，同时辐射内蒙古及东北三省，主要供应首都时差蔬菜、季节蔬菜、冬季反季节蔬菜、牛羊肉等。东部及东南通道以京哈、京津、京沪高速为依托，以宝坻县为核心，衔接以天津为主的区域，同时辐射辽宁及渤海湾地区，主要依托港口优势与北京朝阳口岸、平谷口岸联动，供应应季蔬菜和冬季反季节蔬菜及进口海产品、水产品和牛羊肉，发挥国际多式联运优势，助推鲜活农产品跨境电商的发展。南部通道以京开、京台高速为依托，以高碑店、霸州为核心节点，衔接以廊坊和保定为主的区域，同时辐射天津、山东及南方地区，主要供应品种为季节蔬菜和反季节蔬菜、水果、牛羊肉等。西南通道以京昆、京港澳高速为依托，衔接以保定为主的区域，同时辐射山西、甘肃及南方地区，主要供应首都季节蔬菜和冬季反季节蔬菜、水果、肉类、禽蛋等。

第八节　建设一小时优质公共服务圈

坚持以人为本，围绕人民日益增长的公共服务需求，建设品质服务高地，构筑便捷公共服务圈，搭建优质公共服务网络，建立起区域性公共服务衔接机制，大力推进基本公共服务均等化，全面打造一小时优质公共服务圈。

一、培育“一核、四组团、多节点”品质服务高地

突出首都北京生活服务核心作用，以北京城6区为中心，以周边通州、大兴、顺义、昌平等为拓展，构筑首都核心区品质公共服务组团；以雄安新区为中心，以房山、高碑店、涿州、涞水、定兴、易县、霸州等重要支点为辅助，形成京南品质公共服务组团；以蓟州、平谷、兴隆等捆绑组团，形成京东品质公共服务组团；以张家口城区、崇礼、赤城、怀来等组团，形成京西北品质公共服务组团，培育形成“一核、四组团、多节点”品质服务高地。突出首都核心区组团和南、东、西北组团的作用，加快重点区域开发建设，同步规划好学校、医院和文化等设施布局，不断完善教育、医疗卫生、文化、体育和住房等基础设施建设。围绕“一核、四组团、多节点”，优化环北京地区公共服务“中心—外围”圈层结构，全面提升首都一小时美好生活圈公共服务空间功能。

专栏6 “一核、四组团、多节点”品质公共服务发展重点方向

首都核心区品质公共服务组团：全面提升“康、教、娱、养、居”服务品质，打造品质公共服务全国样板。

京南品质公共服务组团：注重提升“康、教、娱、居”服务品质，推动雄安新区品质公共服务水平与首都看齐，依托房山、高碑店、涿州、涞水、定兴、易县、霸州等，在京雄连线区域培育一批“康、教、娱、居”品质服务专业城镇，如：房山侧重教育品质服务、涞水侧重康养品质服务。

京东品质公共服务组团：注重提升“康、娱、养、居”服务品质，依托蓟州、平谷、兴隆等地，深入推动休闲、康养、居住、旅游等公共服务供给侧结构性改革和高质量发展，促进优势公共服务资源在品质服务核心支点集聚，打造京东品质公共服务金三角。

京西北品质公共服务组团：注重提升“康、娱、养”服务品质，依托张家口主城区、崇礼、赤城、怀来等地，推动与奥运经济相配套的体育、健康、养老、文化、旅游等品质公共服务发展。

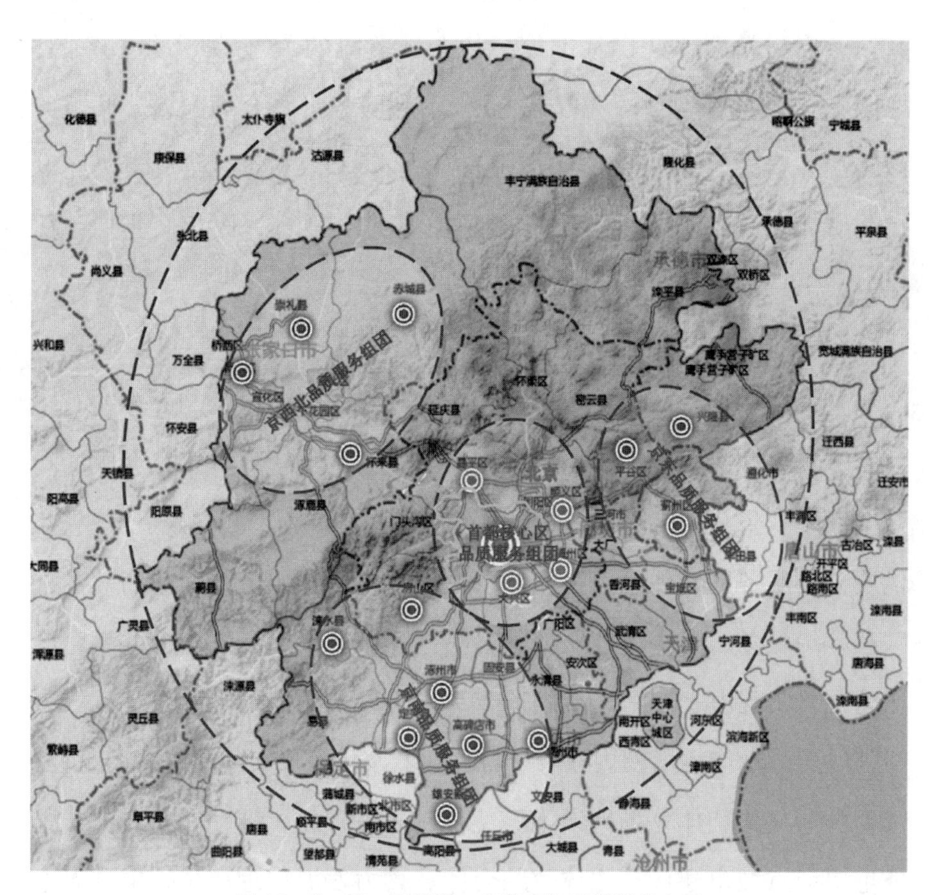

图12　“一核、四组团、多节点”品质服务布局

图片来源：课题组绘制

二、构筑“城、镇、村”多层次便捷公共服务圈

在统筹区域和城乡协调发展的前提下，加大对医疗卫生、公共教育、公共文化体育、社会服务、社会保障、公共住房等公共服务的投入，逐步缩小城乡差距，建立健全首都一小时美好生活圈城乡资源共享互补的良性协调发展机制，构筑“城、镇、村”多层次便捷公共服务圈。在生活圈范围内，按照城市空间结构、人口规模变化特征，全面建设标准统一的城市居民社区15分钟公共服务圈。探索在首都核心区、京南、京东、京西北品质公共服务组团区域和基础条件较好的乡镇、农村社区，建设标准统一、全域覆盖的15分钟公共服务圈，按照15分钟步行距离（800–1000米）为服务半径合理配置公共服务设施。对于基本公共服务还存在短板的乡镇和农村社区等，着力建设15分钟基本公共服务圈，满足居民基本公共教育、医疗、养老、社保、文化、体育、住房等需求。

三、搭建“康、教、娱、养、居”优质公共服务网络

推动公共医疗卫生、公共教育服务、公共文化体育、社会服务和社会保险、公共住房服务等高质量发展，搭建“康、教、娱、养、居”优质公共服务网络体系。强化基层医疗卫生机构服务能力，高效推进家庭签约服务、分级诊疗服务和普惠医疗服务。逐步缩小公共教育区域差距，实现由“全纳”至“缩差”转变的政策目标，推动市场化运营、“互联网”教学与生活圈内教育资源共建共享。深入实施文化惠民工程，推动公共文化和体育场地设施等免费向居民开放，推动在品质公共服务重要节点城市建设文化体育综合体。大力发展护理床位，推进养老服务和医疗卫生服务资源优势互补，优化养老服务设施布局。扩大自

主商品房、共有产权住房供给规模，逐步解决城市“夹心层”、新成长劳动力、随迁老人等保障性住房问题。

专栏7　“康、教、娱、养、居”优质公共服务重点任务
1.“康” 实施首都一小时美好生活圈科教强卫工程，打造技术高峰和人才高地。推进全民首都一小时美好生活圈健康保障工程，实施癌症综合防治、母婴安康、儿童青少年预防近视等普惠性工程。加快基层医疗卫生机构标准化建设，加强医疗卫生人才培养。出台支持社会资本进入医疗等领域的相关政策。全面开展家庭签约服务，逐步形成基层首诊、双向转诊、急慢分治、上下联动的分级诊疗机制。 2.“教” 加强政策间融合，由“全纳”至“缩差”转变政策目标，将财政转移支付、基本公共教育服务人才保障等措施明确纳入基本公共服务保障范畴。推动校际间优质教师资源跨区域共享，强化特岗教师、教师交流轮岗等政策力度，启动新一轮农村地区义务教育学校提升工程，完善义务教育学校教师校长交流轮岗机制，将激励的目标由“永久留任”向“阶段性就职”转变。以市场化运营、“互联网”教学推动与生活圈内教育资源共建共享，逐步缩小公共教育区域差距。 3.“娱” 完善首都一小时美好生活圈公共文化服务体系，深入实施文化惠民工程，丰富群众性文化活动。推动“互联网＋”的不断发展，强化平台管理，实现百姓“点单”。加大政府性资金投入，扩大专项建设基金支持范围，完善政府与社会资本合作（PPP）机制，通过特许经营、注入资本、公建民营、购买服务等方式调动社会资本参与积极性。首都一小时美好生活圈内各地抓紧修订城市居住区规划设计标准、城市公共服务设施

规划标准等国家标准，出台《大型体育场馆免费低收费开放补助资金管理办法》。在品质公共服务重要节点城市建设一批文化体育综合体。

4.“养”

大力发展护理床位，推进养老服务和医疗卫生服务资源优势互补，根据老年人分布及其身体状况，调整首都一小时美好生活圈养老服务设施布局。推动首都一小时美好生活圈内各地建立城乡居保待遇确定和基础养老金正常调整机制，完善城乡居保制度，增强制度发展的协同性。首都一小时美好生活圈率先接入全国统一的社会保险公共服务平台，简便优化经办服务流程，全面推进社保关系转移接续电子化，实现关系转移接续全程精准可控。

5.“居”

提高货币化保障比例，扩大首都一小时美好生活圈自主商品房、共有产权住房供给规模。在首都一小时美好生活圈重点产业园区和新建成城区按常住人口规模配建公租房。做好首都一小时美好生活圈城市“夹心层”、新成长劳动力住房保障，在有条件地区逐步面向随迁老人等其他新市民群体纳入政策性住房保障对象范围。利用互联网、大数据等信息手段，提高公租房信息公开透明程度，便利社会监督核查。对保障对象全面实施“动态管理”，确保有进有出，能进能出。

四、推广“互联网+”品质公共服务等智慧共享模式

搭建首都一小时美好生活圈品质公共服务智慧共享云平台，推动医疗卫生、公共教育、公共文化体育、社会服务和社会保障、公共住房等子平台建设，进一步促进品质公共服务协同配置和精准化供给。着力发展医疗卫生、公共教育、公共文化体育、社会服务和社会保障、公共住房等的智慧化新形态，发展在线个性化教育、远程医疗、智能居家养老、数字文化、共享运动、共享住房等，推广互联网平台

预约、“订单式”服务、“定制式”服务、“共享式”服务等，实现品质公共服务资源供需的点对点配置。在国家互联网法律体系的框架下，按照在发展中规范的原则，完善和细化以“互联网+”为主要依托的智慧共享型公共服务相关法律制度和行业激励性规范，为品质公共服务智慧共享法律支持和保障。

专栏8　公共服务智慧共享模式
医疗卫生领域：包括健康医疗信息系统、公众健康数据档案、医联体、云医院等，通过门户网站、手机App软件、可穿戴设备等，开展在线咨询、远程医疗、健康数据管理、高端医疗等服务，推动分级诊疗和跨区联动。 **公共教育领域：**包括教学资源、平台、系统、软件、视频等，涵盖教育资源公共服务平台、教育App、电子书包云服务、翻转课堂、“手机+二维码”等具体表现形式。 **公共文化体育领域：**包括知识服务、艺术欣赏、文化传播、虚拟场馆、交流互动等文化信息网状结构平台和“云平台”建设，也包括共享运动仓、邻里图书馆等公共文化体育共享服务的开展。 **社会服务领域：**包括医养结合、居家养老、家政服务、康复医疗、健康管理、紧急救助、远程医疗、主动关爱等养老信息服务平台、智慧养老系统、第三方在线应用服务系统等的搭建和使用。 **公共住房领域：**包括共有产权住房、共享住宅、共享农房等。

五、激发市场主体参与公共服务的活力

转变传统的政府主导的基本公共服务管理理念和投入模式，加快实现由“行政化管理”向“社会化管理”转变，即加快实现社会资本在医疗卫生、公共教育、文化服务、养老和社会保障、公共住房等领

域的投入和市场化运营。紧紧围绕居民日益增长的多层次、多样化基本公共服务需求，降低准入门槛，引导社会资本进入社会发展领域，以社会资本投入运营（含特许经营）、社会资本与政府合作、政府向社会力量购买服务等方式推动首都一小时美好生活圈公共服务发展。进一步放开非基本公共服务市场，放宽准入条件，优化事中和事后监管，发挥行业协会作用，促进行业自律。在首都一小时美好生活圈内积极开展公共服务领域志愿者服务。鼓励在首都一小时美好生活圈内培育公共服务新方式、新业态。

六、大力推动公共服务跨区域协同

在京津冀协同发展的框架下，推动首都一小时美好生活圈跨区域、跨领域基本公共服务资源整合，着力缩小城乡、区域、不同领域和人群之间的不合理差距，协调安排好设施建设、人员队伍和日常运转的一揽子资源投入保障。出台确保首都一小时美好生活圈公共服务供给主体、资金来源和管理体制的规范性制度。制订首都一小时美好生活圈公共服务“洼地”人才引进制度，出台相关优惠政策和扶持措施，吸纳更多优秀人才向生活圈公共服务“洼地”流动，以解决生活圈内医疗卫生、公共教育和文化体育等领域人才短缺问题。由统计部门牵头，建设基础信息库，搭建公共服务大数据平台，形成指标化、日常化、动态化的监测体系。

第九节　打造绿色、高效、以人为本的交通运输服务

完善一小时生活服务交通支撑网络，提升以轨道交通为骨架的公

共交通系统在居民出行中的分担率，进一步完善区域交通网络布局，协调不同运输方式之间的衔接，发展智慧交通，促进就业地与居住地之间、中心与外围之间、各城市之间交通联系便捷化，全面打造高效、绿色、一体化及以人为本的交通运输服务。

一、完善一小时生活服务交通支撑网络

在放射形的空间骨架下，强化北京与周边新城、卫星城的便捷联系，疏通与周边城市的联系通道，打造京津、京雄、京唐、京保、京承、京张、环京等七大通道，为京东、京南、京西北生活组团的建设提供关键性支撑。重点依托和优化既有高速公路通道（京开高速、京港澳高速），新增京雄高速、新机场高速，通过“1+4+1”模式（京雄城际、4 条高速公路、国道 230）加快推进京雄通道建设。完善环京通道，以首都环线高速为依托，把张家口市、丰宁县、承德市、蓟州区、天津市中心城区、雄安新区、保定市等串联起来，完善一小时生活圈周边区域的高速公路网，改善区域交通条件。有效整合首都一小时美好生活圈节点城市，积极推动北京城际轨道大一环建设，完善“涿州—大兴新机场—廊坊—香河—平谷—密云—怀来—涿州”的铁路环线。改善生活圈东部、南部交通联系，规划建设承德—天津—雄安—保定城际轨道，实现高效畅通。推动生活圈对外交通更加便捷，纵深形成“京津、京雄、京唐、京石、京张、京承”六条轨道射线。

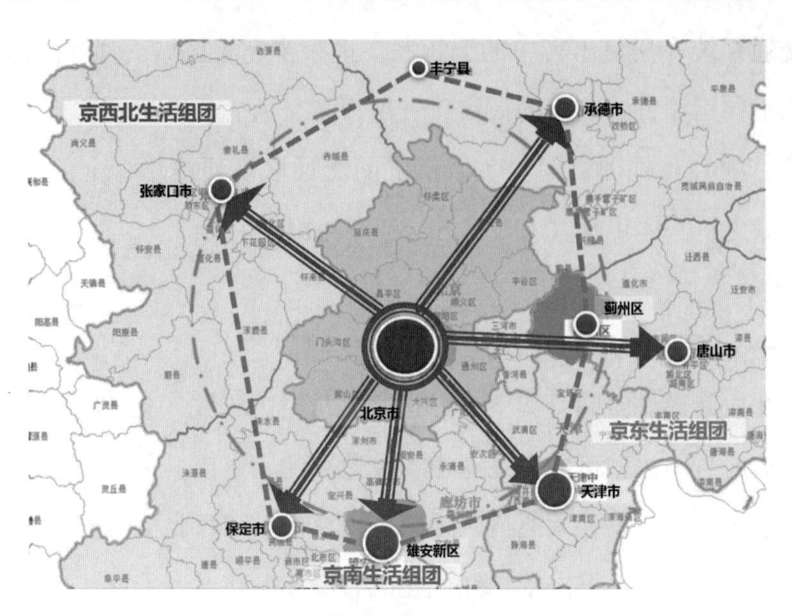

图 13　首都一小时美好生活圈交通通道规划

图片来源：课题组绘制

表 3　首都一小时美好生活圈七大交通通道规划建议

通道名称	连接节点	主要线路	现状
京津通道	北京：亦庄 河北：安次区、广阳区	G2 京沪高速（已建） G3 京台高速（已建） S15 京津高速（已建）	已建
京雄通道	北京：大兴、大兴机场 河北：固安县、霸州市	G45 大广高速（已建） 新机场高速（在建）	在建
京唐通道	北京：通州 天津：蓟州区 河北：三河、大厂、香河	G1 京哈高速（已建） G102 通燕高速（已建） G1N 京秦高速（在建）	在建
京保通道	北京：房山 河北：涿州市、高碑店市、涞水县	G4 京港澳高速（已建） G5 京昆高速（已建）	已建
京张通道	北京：昌平、延庆 河北：怀来县	G6 京藏高速（已建） G7 京新高速（已建） S26 昌谷高速（已建）	已建

续表

通道名称	连接节点	主要线路	现状
京承通道	北京：顺义、怀柔、密云、平谷、首都机场 河北：滦平县	G45 大广高速（已建） G101 京密高速（已建） S32 京平高速（已建） S12 机场高速（已建） S51 机场第二高速（已建）	已建
环京通道	天津：蓟州区、和平区 河北：张家口、丰宁、承德、雄安新区、保定	G95 首都环线高速（已建） 蓟承高速（规划） 津蓟高速（已建） 荣乌高速（已建） 京昆高速（已建）	在建

二、构建"无缝隙"集疏运立体交通枢纽

突出"通达便利"原则，建设以铁路、公路客运站和机场等为主的综合客货运枢纽，优化首都一小时美好生活圈内交通枢纽布局，提升交通运输及接驳能力。将北京首都机场和大兴机场打造为两大核心交通枢纽，将北京南站、北京东站打造为次级交通枢纽，将雄安新区、张家口市、承德市、蓟州区等不同层次的城市建设成为节点型交通枢纽，加快形成生活圈人员集散的交通枢纽体系。增加铁路客运枢纽的密度，京沈高铁增设怀柔站、密云站。加强机场与轨道交通、高速公路等集疏运网络设施的衔接。在各个轨道交通站点以及尽端，设置公共交通枢纽，配置城市地铁、公交等次级公共交通设施，形成多尺度的衔接，在客流密集地区预留车站和越线条件，打造生活圈轨道交通复合走廊。

表 4　首都一小时美好生活圈轨道交通规划建议

	交通节点	主要线路	现状
一环	涿州、大兴机场、廊坊、香河、平谷、密云、怀来		规划

续表

	交通节点	主要线路	现状
一线	承德、天津、雄安、保定		规划
六射	天津 雄安 唐山 石家庄 张家口 承德	京津城际 京滨城际 京雄高铁 京唐城际 京石城际 京张高铁 京承高铁	已建 在建 在建 在建 在建 在建 在建
市郊线	通州 延庆 怀柔－密云 蓟州	城市副中心线（S1 线） S2 线 怀柔－密云线（S5 线） 京蓟城际	已建 已建 已建 规划

三、打造"全覆盖"城镇村全民宜居宜业出行圈

突出"品质引领"原则，打造基础设施均等化、技术手段智慧化、交通系统高效化、规划实施人本化的全民宜居宜业生活圈。打通北京延伸到周边县市的重要通道，消除城镇断头路，实现水泥路村村通。建设基于互联网的交通信息系统，依托交通感知网络、移动互联网终端，实时提供道路实况信息，构建一体化、多模式、覆盖全出行链的出行信息服务体系。推动旅客联程联运发展，打造一体化综合交通枢纽、构建区域综合交通信息平台、构建全环节的出行规划信息服务平台等，提高不同交通方式之间的一体化衔接效率，为旅客提供从出发地到目的地的全过程、全环节、门到门的出行服务，着力解决群众关心的交通民生热点、难点问题。

四、发展精细化交通管理体系

针对周末、节假日等出行高峰时段，推行精细化运营。在交通供

给上，在“热门”进出京方向增开旅游专线来满足人们的出行；在交通需求上，提倡公共交通出行，缓解道路拥堵压力；在交通运营上，推广 ETC、智能泊车系统以提升交通设施的使用效能。在交通规划、设计、建设、运营和管理等各个阶段全面落实绿色低碳理念和人文关怀理念，全面提升交通生态、环境品质。

第十节　近期行动计划

把重大行动计划作为首都一小时美好生活圈建设的重要抓手，围绕落实建设世界级美好生活圈的战略目标，细分重点任务，创新思路、善谋项目、找准投向，近期加快实施八大行动计划。

一、生态环境品质提升计划

◆ 建立生态保护红线台账系统，制定实施生态系统保护与修复方案。

◆ 构建“一屏三环三带九楔”的生态休闲空间。

◆ 以重要生态休闲节点为核心，以河流、铁路、高速公路、城市道路、山间小道等两侧绿地为骨架，打造 5 条区域性多功能、多层次的绿道系统。

◆ 推进品质城市建设，塑造北方乡村风貌。

◆ 实施城乡环境“清洁美”工程。

◆ 推进永定河、潮白河、北运河、滦河等河流治理，加快北京重要城市生态水网工程建设。

二、休闲旅游品质供给计划

◆加强森林氧吧、精品度假酒店、养老社区、“第二家园”、乡村民宿等度假产品开发，大力推动山地型、冰雪型、温泉型、乡村型等旅游度假区建设。

◆打造一批北京居民周末“微度假”精品休闲旅游项目。

◆依托蓟州、丰宁、三河等一批通用机场，大力开发以通用航空、低空飞行为主的航空旅游产品。

◆重点在燕山—太行山，规划建设一批不同类型、特色突出的自驾车房车营地和露宿营地，推进呼叫中心和紧急救援基地建设，开发满足自驾游、背包客等需求的露营产品。

◆建设一批研学旅行基地，发展科技考察修学、科普教育、科教文化体验旅游。

◆建设五大精品休闲旅游带。

◆打造雄安新区、崇礼、蓟州环京三大区域性休闲旅游节点。

◆实施休闲旅游景区品质化改造工程。

三、康养服务品牌塑造计划

◆建设蓟州、崇礼、涿州三大环京康养基地。

◆依托知名景区、森林基地、生态农业基地、花卉休闲基地、中药材生产基地等特色资源，打造一批康养休闲综合体。

◆推进统一、开放、共享的首都一小时美好生活圈“互联网＋康养”平台建设。

四、运动体育培育计划

◆ 鼓励社会力量联合举办省级优秀运动队，支持创建职业体育俱乐部，大力发展各种类型的运动健身团体。

◆ 培育一批具有地域特色的传统体育活动品牌，打造一批世界级体育赛事活动品牌和群众性体育赛事运动品牌。

◆ 支持国内外企业、社会团体等创办、举办体育用品营销和主题展会。

◆ 建设燕山—太行山运动休闲带、环京平原时尚运动休闲带。

◆ 培育一批特色体育旅游综合改革实验区和国家、市级体育产业基地、示范项目。

五、文化娱乐繁荣计划

◆ 依托中轴线文化旅游体验区、前门—大栅栏文化商业旅游体验区、什刹海—南锣鼓巷休闲旅游体验区等，打造古都文化旅游板块。

◆ 培育传统特色文化产业群，培育旅游演艺、特色酒店、主题公园等新业态。

◆ 扶持能够代表北京地域文化特色、具有地方历史文化色彩的剧目创作。

◆ 打造一批品牌节庆。

◆ 建设燕山—太行山文化娱乐休闲产业带、京东南文化娱乐休闲产业带、首都地区大运河文化带。

六、生活物流保障计划

◆ 建设一批环首都优质蔬菜基地、优质养殖业基地、特色果品生产基地。

◆ 建设环北京物流保障环。

◆ 打造“物流园区 + 物流中转场地 + 末端配送网点 / 链条”的多层次生活圈物流网络。

◆ 支持企业在北京周边地区建设蔬菜、肉蛋等农副产品生产、加工和分拨基地，建设 1 小时鲜活农产品物流圈。

◆ 打造连接首都核心市场的五个方向的农产品进京运输通道。

七、品质交通打造计划

◆ 强化北京与周边新城、卫星城的便捷联系，疏通与周边城市的联系通道，打造京津、京雄、京唐、京保、京承、京张、环京等七大通道。

◆ 推动北京城际轨道大一环建设。

◆ 完善涿州—大兴新机场—廊坊—香河—平谷—密云—怀来—涿州的铁路环线。

◆ 改善生活圈东部、南部交通联系，规划建设承德—天津—雄安—保定城际轨道。

◆ 将雄安新区、张家口市、承德市、蓟州区等不同层次的城市建设成为节点型交通枢纽，增加铁路客运枢纽的密度，京沈高铁增设怀柔站、密云站。

◆ 打通北京延伸到周边县市的重要通道，消除城镇断头路，水泥路村村通。

◆ 建设基于互联网的交通信息系统，依托交通感知网络、移动互联网终端，实时提供道路实况信息，构建一体化、多模式、覆盖全出行链的出行信息服务体系。

八、优质公共服务圈建设计划

◆ 打造“一核、四组团、多节点”品质服务高地。

◆ 建设标准统一的城市居民社区 15 分钟公共服务圈。

◆ 强化基层医疗卫生机构服务能力，高效推进家庭签约服务、分级诊疗服务和普惠医疗服务。

◆ 深入实施文化惠民工程。

◆ 推动在品质公共服务重要节点城市建设文化体育综合体。

◆ 扩大自住商品房、共有产权住房供给规模，逐步解决城市“夹心层”、新成长劳动力、随迁老人等保障性住房问题。

上篇

理论与借鉴

第一章　首都一小时美好生活圈的内涵与功能

近年来，随着以人为本的新型城镇化深入推进，城市发展更加关注品质生活空间的构建与居民生活质量的提升，作为生活空间组织概念的生活圈逐渐受到广泛关注与重视。生活圈的相关研究和规划起源于日本，是居民各种日常活动，如居住、就业、教育、购物、医疗、游憩、通勤等所涉及的空间范围。生活圈的规划建设以居民的需求为出发点，核心在于人，主要功能在于提升居民生活品质。日本、韩国和我国台湾地区等均将不同类型和层级的生活圈作为规划单元，根据人的活动所需，对生活圈内的土地供应、交通网络及公共服务等基础设施进行整体性规划，以此促进区域均衡发展、提升国民生活品质。目前，学术界还没有在区域层面针对超大特大城市生活圈的统一内涵定义，本章基于生活圈相关理论和实践，围绕研究侧重点，针对我国首都和京津冀地区发展现状，在都市圈层面，提出我国首都一小时美好生活圈的内涵、范围及功能体系。

第一节　生活圈的相关研究综述

生活圈与生活地域、生活空间类似，实质是从居民活动空间的角度来理解城市居民的活动移动体系、地域空间结构与体系的内涵。其中，日常生活圈是指居民以家为中心，开展包括购物、休闲、通勤、社会交往和医疗等各种活动所形成的空间范围（肖作鹏等，2014）。生活圈的研究最早起源于日本，日本最早在《农村生活环境整备计划》中提出：生活圈是指在某一特定地理或社会村落范围内，人们日常生产、生活等诸多活动在地理平面上的分布，以一定人口的村落或一定距离的圈域作为基准，可以将生活圈按照“村落—大字—旧村—市町村—地方都市圈”进行层次划分（朱查松等，2010；柴彦威等，2015）。

内涵方面，生活圈主要指满足居民日常实际生活需求所涉及的区域，具体指居民以满足生活需求为目的出行所形成的空间范围，实质上是通过通勤流、购物范围等行为刻画空间功能结构，表征不同地域间的社会联系（肖作鹏等，2014）。从居民生活角度看，生活圈包括了居民各种日常活动，如居住、就业、教育、购物、医疗、游憩、通勤等所涉及的空间范围（肖作鹏等，2014；柴彦威等，2015）。杨开忠（2017）认为生活圈是指一定交通时间内能够满足居民多样化美好生活需要的地域，如半小时、一小时交通生活圈，它是为满足人民日益增长的美好生活需要对国土空间提出的必然要求。

范围方面，生活圈可以更好地反映城市居民的生活空间，是一种城市功能地域概念，其范围大小会随着经济社会发展和交通条件的改善而不断变化。生活圈从居民生活空间的角度出发，可以反映居民生活空间单元与居民实际生活的互动关系，刻画了空间地域资源配置、设施供给与居民需求的动态关系（肖作鹏等，2014）。随着城市发展中的离心扩散过程和交通、信息技术的进步，以一日为周期的商业、教育、就业、娱乐、医疗等城市功能所涉及的范围会逐渐超出城市建成区或行政区划范围，需要在更大的地域范围组织城市活动，以满足居民远距离通勤、跨城市购物和休闲等需求。

功能方面，生活圈以居民的需求为出发点，核心在于人，主要功能在于提升居民生活品质。与其他各类规划的经济性目标不同，生活圈的规划建设是以居民的需求为出发点，以改善居民生活环境、提升居民生活品质为核心目标，是综合考虑居民活动所需的土地规模、交通网络以及经济社会活动所需的基本设施的整体性规划（柴彦威等，2015）。例如，日本“定住圈”以人的活动需求为主导，以一日生活所需遍及的区域范围为空间规划单元，满足居民就业、就学、购物、医疗、教育和娱乐等日常生活需要（肖作鹏等，2014）。

发展目标方面，生活圈的发展目标主要包括两个层面：一是实现有效满足居民个体层面生活服务的需求；二是实现区域层面整个圈域的协调发展。生活圈规划作为引导人口与经济活动合理分布的工具，目的在于促进区域资源的均衡分配，缩小地区的发展差距，均衡公共服务设施，提高居民生活品质，以人员自由流动为依托促进产业协作发展（肖作鹏等，2014；柴彦威等，2015）。例如，日本《第六次全国国土形成计划》突出强调建构形成“广域地方圈”，最终目的是优化地区间的资源配置，实现均衡发展。

建设重点方面，城市和区域发展的不同阶段对生活圈建设的要求也不同。如表1–1所示，以满足人的需求为核心，不同发展阶段对生活圈建设的要求可以分为3层含义：（1）居民已经得到的基本需求应提升品质；（2）与经济社会发展水平相适应的需求应得到满足；（3）高水平的需求应加强供给（徐涵等，2008）。以京津冀城市群为例，虽然在经济发展、基础设施建设等方面取得较大成就，但是在人文环境、生态环境、休闲游憩空间建设等方面相对滞后。对照城市群不同发展阶段的需求分析，总体来看，京津冀城市群处于中级向高级过渡阶段，该阶段的生活圈建设应更多关注生态、社会、文化等软环境的品质提升，创造条件实现居民对提升自我素质和生活品质所产生的更高级生活需求。

表 1–1　不同城市群发展阶段的美好生活圈建设重点

城市群发展阶段	居民需求层次	生活圈建设重点
初级阶段	衣食住行等基本生活需求	水、电、住房、道路等基础设施条件和基本公共服务设施条件的改善
中级阶段	安全需求	健康、生态环境、生态绿化、治安、社会保障等
高级阶段	休闲、文化、娱乐、康养等高级生活需求	休闲旅游、文化设施、教育、康养、娱乐、购物、历史文化保护等宜居环境建设

资料来源：徐涵、李枝坚、姚江春、程红宁：《打造“优质生活圈”，建构大珠三角宜居城镇群》，《城市规划》，2008 年 11 月。

类型方面，围绕满足居民不同层次的生活需求，生活圈可以划分为不同类型。袁家冬、张娜等学者从居民个人生活的角度提出了城市“日常生活圈”的概念，即城市居民居住、就业和教育等各种日常活动所涉及的空间范围，根据各种活动发生的频率和范围，可以将“日常生活圈”划分为基本生活圈、基础生活圈和机会生活圈（袁家冬等，2005）。柴彦威、张雪等学者按照居民日常生活中各类活动发生的时间、空间以及功能特征，将居民的日常生活圈划分为五个等级层次（表 1–2），包括社区生活圈、基本生活圈、通勤生活圈、扩展生活圈和都市区之间的协同生活圈（柴彦威等，2015）。

表 1–2　生活圈的理论层级划分

生活圈类型	满足居民需求	活动时间频率	范围
社区生活圈	满足居民最基本需求，如散步、锻炼、就餐、买菜等	多次、短时、规律性的活动	社区内部及近邻的周边圈层
基本生活圈	满足居民日常购物、休闲等略高等级的生活基本需求，如大型超市、街心公园等	活动的时间节律性提高，以 1–3 日为活动发生周期	由若干社区生活圈（居住组团）及其共用公共服务设施构成的圈层
通勤生活圈	满足居民就业需求以及上下班途中的购物、就餐等活动需求	活动以 1 日为周期	以通勤距离为尺度，包括居民就业地和工作地及周围设施的圈层
扩展生活圈	满足居民大部分高等级休闲、购物等需求，如周末到郊区度假、探亲访友等偶发活动	活动的时间节律性较弱，大多发生在周末，以一周为活动周期	活动圈层包含整个都市区范围
协同生活圈	满足少数居民跨城市间的通勤、休闲、购物等活动	与扩展生活圈相比，活动的时间节律性更弱，偶发性更强	都市圈范围，包含邻近城市

资料来源：柴彦威、张雪、孙道胜：《基于时空间行为的城市生活圈规划研究——以北京市为例》，《城市规划学刊》，2015 年 3 月。

第二节　生活圈的实践与应用

生活圈的相关研究和规划 20 世纪 60 年代起源于日本，随后，扩散至韩国、我国台湾等国家和地区，各地的生活圈规划在不同尺度上的运用、范围界定与内容结构等存在差别。

表 1–3　部分亚洲国家和地区生活圈理论的规划实践

地区	名称	划分标准	建设目标
日本	广域（地方）生活圈、定居圈	以人的活动需求为主导，针对居民就业、就学、购物、医疗、教育和娱乐等日常生活需要，规划一日生活所需遍及的区域范围。	• 实现整治居住环境与实现定居的构想，通过构建日常生活圈，引导、疏散都市区的人口与社会经济活动，实现城乡均衡发展

续表

地区	名称	划分标准	建设目标
韩国	大都市生活圈、地方都市圈、乡村城市生活圈	根据中心城市的规模划分	• 制定差异化的开发策略，满足不同地区居民生活需求，改善乡村与都市生活环境差距
我国台湾地区	地方 / 区域生活圈	以地方中心以上的都市为核心，依据通勤、购物活动距离、行政范围、生产活动、地理环境及发展潜力等因素划定	• 作为区域规划与重点建设的空间单元 • 使生活圈内的居民都能同等享受高品质的生活，达到就业方便、居住舒适、休闲场所丰富多样、教育及医疗设施充足的目标

资料来源：肖作鹏、柴彦威、张艳：《国内外生活圈规划研究与规划实践进展述评》《规划师》，2014 年；柴彦威、张雪、孙道胜：《基于时空间行为的城市生活圈规划研究——以北京市为例》《城市规划学刊》，2015 年 3 月。

一、日本

在日本，“生活圈”是城市化过程中所提出的地理与规划概念，与国家区域、大都市及地方县市等地域的开发规划与结构调整紧密相关（肖作鹏等，2014）。日本对生活圈的研究多与国土综合开发计划结合，用于解决城市化过程中产生的环境、交通、居住、就业、以及城乡不均衡发展等问题。

20 世纪 50~60 年代，日本在工业化与城市化的过程中出现了资源过度集中、地区差距拉大、环境污染日益严重和农村环境退化等问题，因此日本政府于 1965 年制定了新的综合开发计划，提出“广域生活圈”的概念，主张在全面都市化的过程中，加强中心城市治理、交通体系建设及开发项目再配置，形成城市化的日常生活圈，实现国土利用的重新规划。日本在《全国综合开发规划》中，按照出行的时间距离，将生活圈划分为 4 个层次（表 1–4）。

表 1-4　日本《第二次全国综合开发规划》生活圈划分

	地方生活圈	2 次生活圈	1 次生活圈	基本集落圈
时间距离	公共汽车 1—1.5 小时	公共汽车 1 小时以内	自行车 30 分钟、公共交通 15 分钟	老人儿童步行 15—30 分钟
各圈域范围	20—30 公里	6—10 公里	4—6 公里	1—2 公里
人口	15 万人以上	1 万人以上	5000 人以上	1000 人以上
主要设施	综合医院、学校、中央广场等广域利用设施	可集中购物的商业街、专科门诊医院、高中等地方生活圈	区（乡、村）诊所、小学、初中等基础公益设施	儿童保育、老人福利等基本福利设施

资料来源：和泉润、王郁：《日本区域开发政策的变迁》《国外城市规划》，2004 年第 3 期。

1969 年日本自治省推出了“广域市町村圈”计划，建设省和国土厅分别提出了“地方生活圈”与“定住圈”的概念，旨在实现整治居住环境与实现定居的构想。在《第三次全国综合开发规划》制定时，面对日益恶化的“大城市病”等问题，日本提出将东京“一极集中”的空间结构改变为“多心多核”空间结构，形成日常生活圈，并推出“定住区 / 定住圈”的概念。定住圈以人的活动需求为主导，针对居民就业、就学、购物、医疗、教育和娱乐等日常生活需要，规划一日生活所需遍及的区域范围。日本以此作为空间规划单元，优化城市生活空间结构，提高居民生活质量，创造自然环境、生活环境和生产环境相协调的综合人居环境，引导、疏散都市区的人口与社会经济活动，实现城市与乡村地区的均衡发展（肖作鹏等，2014；柴彦威等，2015）。

日本《第三次全国综合开发规划》中提出的“定居构想”开发模式包括三个层次的划分：“居住区—定住区—定居圈”。其中，居住区作为“生活圈”的最基本单位，为家庭成员每天日常生活的最小圈域，若干个居住区又构成了定住区，若干个定住区构成定居圈，最终在全国形成了 200—300 个定居圈（和泉润，2004）。日本《第六次全国国土形成计划》进一步强调建构“生活圈域”，将人口在 30 万左右、交通时间距离在 1 个小时左右的区域构建成统一的“生活圈域”，避免各中小城市在服务设施建设上的“大而全”和“小而全”；“生活圈域”与“广域经济圈”分工协作，共同形成“广域地方圈”，以此优化地区间资源配置，实现均衡发展（肖作鹏等，2014）。

表 1–5　日本《第三次全国综合开发规划》“定居构想”

生活圈层次	主要范围
居住区	“生活圈”最基本单元，家庭成员每天日常生活的最近圈域
定住区	由若干个居住区构成的圈域
定居圈	若干个定住区构成定居圈，全国大约形成 200—300 个“定居圈”

资料来源：和泉润、王郁：《日本区域开发政策的变迁》，《国外城市规划》，2004 年第 3 期。

二、韩国

韩国在制定全国国土规划和区域规划时，也采用了生活圈的概念，结合当地居民日常生活的空间特征，整合公共资源，优化调整城市和区域生活空间。韩国在制定《全国国土综合开发计划》时，受日本影响，为缓和城乡人居环境差距，激发地方增长活力，以中心城市规模为标准，将生活圈区分为大都市生活圈、地方都市圈与乡村城市生活圈，并分别拟定开发策略。在编制第三次《全国国土综合开发计划》和《首尔首都圈重组规划》时，韩国基于通勤便利程度、生活圈联系及历史关联等因素，在仁川、京畿地区形成 10 个内外自立性的城市圈（肖作鹏等，2014）。

韩国住区规划也深受生活圈理念的影响，以不同层级的生活圈构建来组织社区服务设施的配置。20世纪70年代，韩国住区的生活圈以城市街道作为划分街区的依据；20世纪80年代，韩国借鉴日本日笠端氏的“分级理论”，将组团规划为小生活圈，将小区规划为中生活圈，将居住区规划为大生活圈（表1–6）。例如，80年代初开发的果川新城，严格按照分级理论被划分为大、中、小生活圈，其中，中生活圈为1个邻里中心，人口规模为1万—2万，小学和邻里中心的服务半径为400—800米（朱一荣，2009）。另外，在木洞新区的规划设计中，则由3个大生活圈、10个中生活圈和20个小生活圈组成，小生活圈的服务半径为200—300米（肖作鹏等，2014）。

表1–6　韩国生活圈分级划分

生活圈类型	功能	使用频率	出行时间	出行距离	人口规模
邻里生活圈	幼儿园、日常购物、儿童和老年人服务设施	每日	步行5至10分钟	400至800米	1—2万人
小生活圈	初高中、文体设施、就业、较高级别的商业服务	1日至1周	步行15分钟内	1至2公里	3—6万人
大生活圈	主要就业、更高级别的商业服务	1周至1月	公共交通或小汽车30分钟至1小时	5至7公里	约60至300万人

资料来源：吴秋晴：《生活圈构建视角下特大城市社区动态规划探索》，《上海城市规划》，2015年4月。

三、我国台湾地区

我国台湾地区也在1979年编制的综合开发计划中引入“生活圈”概念，将全岛划分为数个区域生活圈，并将其作为规划的空间单元，综合考虑生活圈内就业、生活服务供给、环境等问题。在1979年的综合开发计划中，台湾地区采用“地方生活圈”的概念对城市进行分等定级，以地方中心以上的都市为核心，依据通勤、购物活动距离、行政范围、生产活动、地理环境及发展潜力等因素划定影响范围，共计有35个生活圈（肖作鹏等，2014）。生活圈的规划建设以人为中心，根据人的活动所需，对土地规模、交通网络及社会经济活动所需的基础设施进行整体性规划，以促进区域均衡发展、提升居民生活品质为目标，显示出通过生活圈建设实现提升生活品质的政策目标。随着交通机动化使人们活动范围不断扩大，台湾地区的生活圈在1984年减少为18个，进而在2010年的《国土空间发展策略计划》中减少为7个，包括北北基宜、桃竹苗、中彰投、云嘉南、高高屏、花东及离岛生活圈等，每个区域生活圈内，均有相当人口腹地支撑其区域的发展与消费市场，目标是使各区域发展成独立经济体（表1–7）。

表1–7　台湾地区七个区域生活圈划分（2010年）

生活圈名称	范围	面积（平方公里）	人口（万人）
“北北基宜”生活圈	台北市、台北县、基隆市、宜兰县	4600	732
“桃竹苗”生活圈	桃园县、新竹县、新竹市、苗栗县	4573	345
“中彰投”生活圈	台中市、台中县、彰化县、南投县	7396	447
“云嘉南”生活圈	云林县、嘉义市、嘉义县、台南市、台南县	5444	342
“高高屏”生活圈	高雄市、高雄县、屏东县	5722	365
“花东”生活圈	花莲县、台东县	8143	57
离岛生活圈	澎湖县	127	9.5
	金门县	152	9.2
	连江县	29	1

资料来源：《台湾地区国土空间发展策略计划》，2010年。

第三节　对我国首都一小时美好生活圈内涵与功能的界定

目前，学术界没有在区域层面针对世界城市或特大城市生活圈的统一内涵定义。本书基于马斯洛需求理论，宜居城市（区域）理论和生活圈的相关理论与规划实践，围绕研究目的及重点，结合北京和京津冀发展阶段，以及其居民现阶段生活需求等因素，提出我国首都一小时美好生活圈的内涵定义。

一、理论基础

（一）需求层次理论：基础性生活需求和拓展性生活需求的划分

生活圈概念产生的目的就是满足居民的生活需求，通过建设提升居民生活品质，实现就业方便、居住舒适、休闲场所丰富多样等目标。以马斯洛需求层次理论为基础，可以划分出居民不同层次的生活需求，从住房改善、就业服务、医疗养老、治安防灾、康体健身、邻里关怀、人文教育、环境美化以及低碳环保等多个方面逐步完善，构建优质生活圈的功能体系（吴秋晴，2015）。基于马斯洛需求层次理论，随着人口结构的日益复杂、人口素质和生活水平的不断提升，居民对生活标准要求趋高，由关注基本生活保障等的基本性生活需求正逐渐转向更高层面的拓展性需求（图 1–1）。

基于此，从居民需求层次角度，本研究将居民生活需求划分为基础性生活需求和拓展性生活需求，并着重研究随着首都地区居民生活水平的不断提高，如何建设优质生活圈以满足居民日益增长的拓展性生活需求，也即马斯洛需求层次理论中的较高层次需求（表 1–8）。

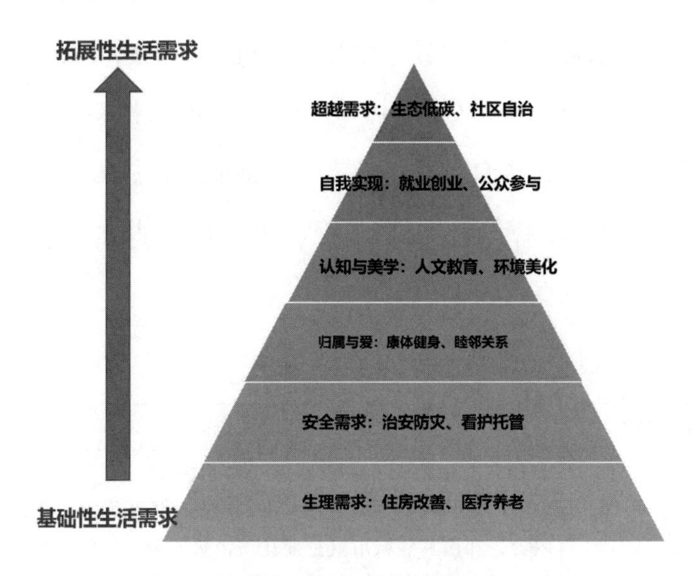

图 1-1　马斯洛需求层次理论

参考来源：吴秋晴：《生活圈构建视角下特大城市社区动态规划探索》，《上海城市规划》，2015 年 4 月。

表 1-8　基于需求层次的生活需求划分

生活需求层次	内涵
基础性生活需求	多次、短时、规律性的日常生活需求，如衣食住行、基本公共服务等
拓展性生活需求（本书研究重点）	发生频率较低的拓展性生活需求，如周末休闲度假、旅游、康养、运动、娱乐文化等需求

来源：作者自制。

（二）宜居城市和宜居区域理论：地方性生活需求和区域性生活需求划分

宜居城市是指适宜人类居住的理想城市，生活圈的建设首先应该打造宜居的生产生活环境。随着社会经济发展水平的不断提高，宜居城市建设已在世界许多国家和地区受到广泛重视。然而，对宜居城市内涵的理解丰富多样，不同发展阶段、不同区域和不同人群对宜居城市的认识和诉求存在显著差异。尽管社会机构、规划实践和学术研究对宜居城市的评价标准不尽相同，但也具有某些共性特征，如：宜居城市评价大多都考虑了自然环境宜人、生活服务设施方便、交通出行便捷、人文环境和谐舒适（湛东升等，2016），这些也应该是生活圈建设需要关注的重点。

表 1–9　宜居城市内涵

学者 / 机构	宜居城市内涵
张文忠等（2017）	要素应当包含城市的安全性、公共服务设施利用的方便性、环境的宜人性、社会的和谐性、出行的便捷性和城市的开放创新性等内容，和谐宜居城市就是要让城市更安全、生活更加便利、环境更加宜人、社会更加和谐、经济更加繁荣
惠勒（Wheeler）	宜居城市应包括健康的环境、合适的住房、安全的公共空间、不拥挤的道路、公园和休闲娱乐机会、活跃的社会互动等基本要素
世界卫生组织（WHO）	居住环境的安全性、健康性、便利性和舒适性
经济学家智库	稳定性、医疗保健、文化与环境、教育和基础设施
大温哥华地区《宜居区域战略发展规划》	保护绿色区域、建设完善社区、实现紧凑都市和增加交通选择

资料来源：湛东升、张晓平：《世界宜居城市建设经验及其对北京的启示》，《国际城市规划》，2016 年。

宜居区域，指随着区域一体化发展，城市区域化和区域城市化不断推进，宜居环境建设中的生态、交通、经济等问题日趋区域化，"宜居"问题不再是单个城市的问题，而是整个城乡区域的问题（温春阳，2009）。同样，对生活圈建设的研究，不应局限于社区或城市层面，更需要关注城市之间、城乡之间的关系，从城乡统筹、区域协调的高度和视角去重新审视。

基于此，从满足居民需求的地域范围角度，本书将居民生活需求划分为地方性生活需求和区域性生活需求，并着重研究在区域层面解决首都宜居方面的突出短板，即通过整合和依托区域资源，来完善和补充城市宜居功能，打造一体化的区域性生活圈，从而满足居民区域性生活需求。

表 1-10　基于地域范围的生活需求划分

生活需求层次	范围
地方性生活需求	短距离交通范围内（如 15 分钟生活圈、社区层面等）可以满足的日常生活需求，如公共服务、商业服务、休闲服务等需求
区域性生活需求（本书研究重点）	需要在较远交通范围（如都市圈、1 小时交通圈等）满足的偶发性休闲游憩、生活保障、公共服务等需求

来源：作者自制

二、我国首都一小时美好生活圈的内涵与功能

生活圈是以人的需求层次理论为出发点，随着收入水平的提高，居民对高品质的生活需求会不断增强，同时，随着区域内部高速公路、快速轨道交通和信息通信技术的飞速发展，需要在更大地域范围满足的居民生活需求不断增多。相对于基础性生活需求和地方性生活需求，居民的拓展性生活需求和区域性生活需求会不断提高。本研究所指的首都一小时美好生活圈主要为满足居民日益增强的休闲旅游、康养、运动、文化娱乐等拓展性生活需求，以及需要在更大区域范围满足的生活保障和优质公共服务等区域性生活需求。

表 1-11　一小时生活圈与基础生活圈对比

生活圈类型	主要功能	范围
基础生活圈	**满足居民的基础性生活需求，**如多次、短时、规律性的买菜、购买日用品、幼儿园、大型超市、街心公园、卫生服务站等日常生活需求	**满足居民的地方性生活需求，**主要指可以在步行或自行车 15—30 分钟交通范围内满足的生活需求，如街道、社区范围

续表

生活圈类型	主要功能	范围
一小时生活圈	**满足居民的拓展性生活需求**，如偶发的周末休闲度假、康养服务、运动体育、文化娱乐等需求	**满足居民的区域性生活需求**，主要在 1 小时汽车或轨道交通覆盖范围内满足的生活需求，如都市圈范围

来源：作者自制

在此基础上，结合首都地区发展阶段和居民生活需求特点，本节的首都一小时美好生活圈定义为：以满足首都人民日益增长的美好生活需要为目标，以北京市中心城区为中心、以 120—130 公里为半径（约 1 小时汽车或轨道交通时长），以满足居民拓展性生活需求和区域性生活需求为核心，以一小时生活休闲圈、一小时生活保障圈、一小时优质公共服务圈等三大功能圈层为建设重点，以高品质的生态环境和高效便捷的交通运输网络为重要支撑，交通联系便捷化、就业生活便利化、休闲服务方便化的生态优美、生活美好、通勤便捷的美好生活圈。首都一小时美好生活圈的范围涵盖北京市所有市辖区，天津市的环京 3 区，以及河北省保定、廊坊、承德、张家口的 7 区 4 市 17 县，共计 47 个县（市、区），2016 年土地面积 6.6 万平方公里、人口 3616 万人、GDP3.2 万亿元，分别约占京津冀城市群的 31%、32% 和 42%。

表 1–12 首都一小时美好生活圈基本情况（2016 年）

省份	城市	县（市、区）	土地面积（平方公里）	总人口（万人）	GDP（亿元）
河北	保定	涿州市	751	69.2	285.2
		高碑店市	618	57.3	148.6
		涞水县	1662	35.8	63.1
		定兴县	714	60.4	120.4
		易县	2534	58.4	117.5
		雄安新区	1556	113.6	—

续表

省份	城市	县（市、区）	土地面积（平方公里）	总人口（万人）	GDP（亿元）
河北	廊坊	霸州市	802	65	395.3
		三河市	634	69.1	509.6
		广阳区	331	49.2	258.4
		安次区	578	37.2	186.5
		固安县	703	51.1	207.1
		永清县	776	41.1	130.8
		大厂回族自治县	176	13.1	89.3
		香河县	448	36.8	216.1
	承德	丰宁满族自治县	8765	41.1	101.4
		滦平县	2993	33	160.2
		兴隆县	3117	33	100.9
	张家口	赤城县	5287	29.9	72.6
		怀来县	1801	36.5	144.9
		涿鹿县	2802	35.3	105.9
		蔚县	3198	50.3	86.5
		宣化区	2334	59.6	208.3
		下花园区	315	6.7	25.3
		崇礼区	2324	12.7	33.8
		中心城区	197	43.4	241.2
天津		蓟州区	1590	91.2	392.6
		武清区	1575	120	1151.7
		宝坻区	1509	93	684.1
北京（含全部16个市辖区）			16411	2172.9	25669.1
生活圈合计			66501	3615.8	31907
京津冀合计			216000	11205	75625
生活圈在京津冀占比（%）			30.79	32.27	42.19

注：雄安新区包含雄县、容城、安新；张家口中心城区包含桥东区、桥西区

数据来源：各地统计年鉴

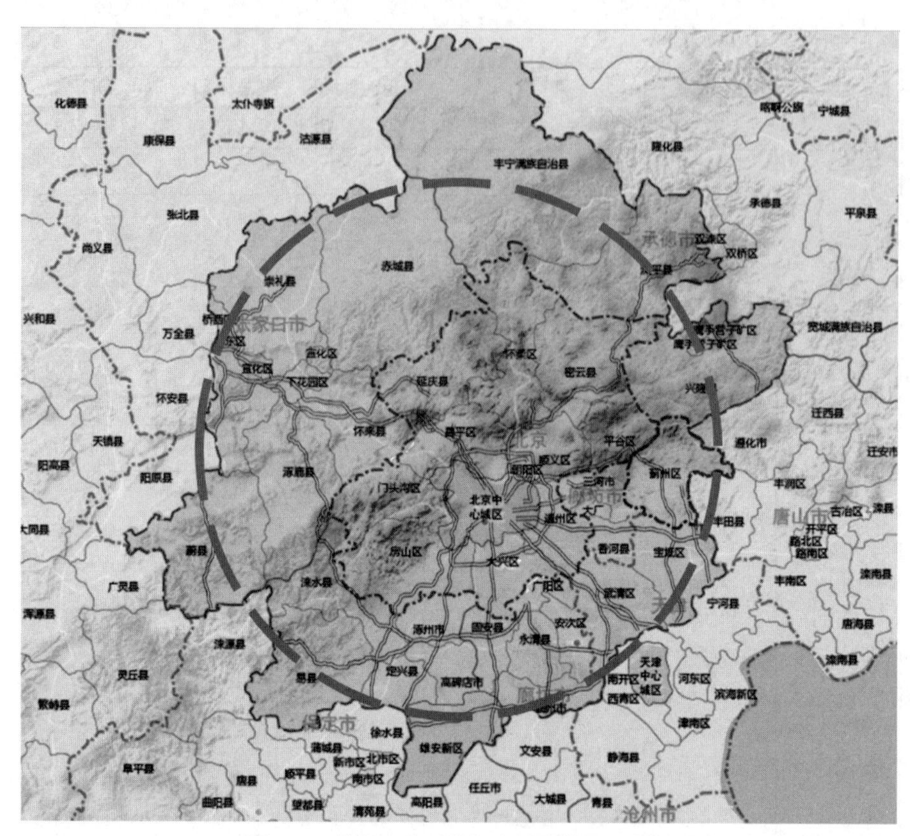

图 1-2 首都一小时美好生活圈范围示意图

图片来源：课题组绘制

首都一小时美好生活圈建设具体可以划分为三大功能圈和两大支撑体系建设。

功能圈指主要满足居民拓展性生活需求和区域性生活需求的功能空间，包含一小时生活休闲圈、一小时生活保障圈和一小时优质公共服务圈。其中，一小时生活休闲圈主要满足首都居民在一小时交通范围内偶发性的休闲度假、康养服务、运动体育、文化娱乐等高层次生活休闲需求；一小时生活保障圈主要为首都居民提供日常农产品物流、日常生活物流、优质农产品供应等保障功能；一小时优质公共服务圈主要通过整合首都一小时交通圈范围内优质公共服务资源，满足首都居民对更高水平的医疗卫生、教育培训、文化体育、社会保障、住房等优质公共服务的需求。

支撑体系指为更好发挥功能圈作用，营造优质便捷宜居生活环境的主要功能空间，主要包括两大支撑体系：高品质的生态环境和高效便捷的交通运输网络。由于本书主要侧重研究都市圈区域尺度的生活圈建设，因此支撑体系的研究重点主要是区域层面的交通运输网络和生态环境建设。

表 1-13　首都一小时美好生活圈功能体系

<table>
<tr><th>类型划分</th><th>主要功能</th><th>具体功能</th></tr>
<tr><td rowspan="3">功能圈</td><td>一小时生活休闲圈</td><td>满足首都居民在一小时交通范围内偶发性的休闲度假、康养服务、运动体育、文化娱乐等高层次生活休闲需求</td></tr>
<tr><td>一小时生活保障圈</td><td>为首都居民提供日常农产品物流、日常生活物流、优质农产品供应等保障功能</td></tr>
<tr><td>一小时优质公共服务圈</td><td>通过整合首都一小时交通圈范围内优质公共服务资源，满足首都居民对更高水平的医疗卫生、教育培训、文化体育、社会保障、住房等优质公共服务的需求</td></tr>
<tr><td rowspan="2">支撑体系</td><td>交通网络</td><td>构建高效、绿色、以人为本的区域一体化交通运输服务</td></tr>
<tr><td>生态环境</td><td>构建绿色宜居、彰显特色的高品质区域生态环境</td></tr>
</table>

来源：作者自制。

第二章　首都一小时美好生活圈的标志与形成条件

从典型全球城市和首都圈发展经验和趋势看，通过区域功能整合是推动我国首都一小时美好生活圈建设，提升首都功能和品质的必然选择。伦敦、东京、巴黎等典型城市在从初级形态向高级形态迈进的过程中，都经历了从孤立的“点”状发展到逐步走向区域，形成大都市圈、国家首都区、巨型城镇群等“面”状空间单元的演进过程，核心城市通过与周边城镇的分工与统筹形成整体发展合力，从而不断提升与强化自身影响力和竞争力。在此过程中，生活圈建设的空间尺度逐渐扩大至一小时通勤距离的范围，围绕满足居民不同层次的多样化生活需求，通过整合周边区域资源，形成功能一体的宜居区域。

第一节　首都一小时美好生活圈的标志

从全球典型城市和首都圈建设经验看，优美的自然生态网络、高品质的外围环带游憩空间、可支付的健康居住空间、高效便捷的公共交通体系、完善便利的优质公共服务等是首都一小时美好生活圈的标志和建设目标。

一、优美的自然生态网络

优美的绿化环境、清洁的空气、广阔的水域、良好的生态环境是高品质美好生活圈的自然环境本底条件。高品质的生活圈首先应该是生态优美的宜居圈，充分体现人、城市与自然的和谐，不仅强调舒适的气候、优美的自然环境，还重视城市生态环境保护和污染治理，使居民尽管生活在现代大都市，却时刻能感受自然、亲近自然（湛东升等，2016）。强调绿色发展，追求人与自然和谐共处是世界典型城市营造美好生活圈的共性特征。从典型国家首都发展历程来看，伦敦、东京等大都市在经历了消耗性的城市增长过程后，开始更加关注和重视以人为本、环境友好的可持续城市增长方式，无一例外地将为居民提供贴近自然的宜居环境，绿色空间打造和生态环境保护作为城市和区域规划的核心内容。

专栏 2-1　典型城市一小时美好生活圈优质生态环境营造情况
大伦敦地区注重持续改善大气环境和构建城市绿色网络。伦敦 PM10 和 PM2.5 自 2008 年至今，月平均值分别仅有 25.4ug/m^3 和 16ug/m^3。同时，2005 年大伦敦地区绿地面积自 1971 年增加了 27.8%，绿地和水体占大伦敦土地面积的 2/3，各级绿地系统通过绿楔、绿廊和河道等相互链接，形成环城绿带楔入式分布的城市绿色网络（图 2-1）。 日本首都圈注重空气质量的持续改善和在区域层面构建绿网。2009 年，东京空气悬浮物指数仅为 32ug/m^3，且近年来持续下降。另外，自日本于 1972 年颁布了《都市公园整备紧急措施法》之后，东京的绿地面积以每年约 10% 的速度递增，首都圈城市环境设施计划（Grand Design for Urban Environmental Infrastructure in the National Capital Region）在东京都市圈内规划了大量的绿地和水域保护区域（图 2-2）。

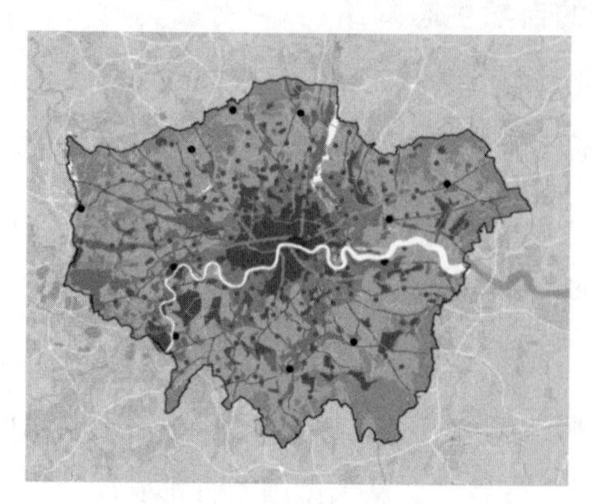

图 2-1 大伦敦地区绿色网络

资料来源：The London Plan，2017

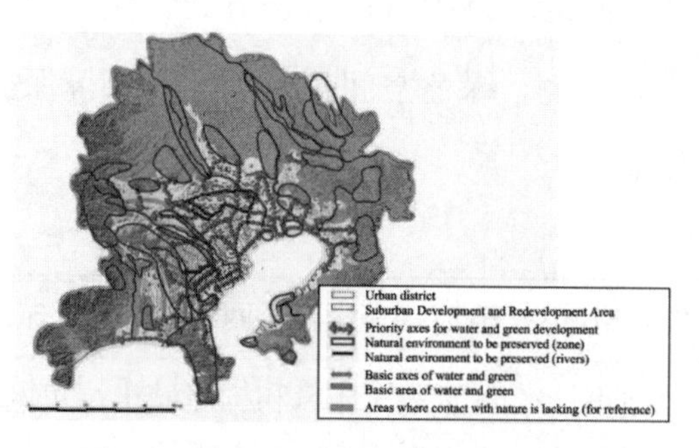

图 2-2 日本首都圈绿地和水域保护区

资料来源：Ministry of Land，Infrastructure and Transport. White Paper on National Capital Region Development，2006

纽约空气质量逐年提高。2013 年 PM2.5 较 2008 年下降 25%，空气质量排名位列美国主要城市第四位，“纽约 2030”规划制定了 2030 年实现空气质量位列全美主要城市最优的目标，全市水域面积占城市建成区面积的 1/3 以上，绿化覆盖率比北美地区平均水平高出 6%。同时，在都市圈层面，第三次纽约区域规划在纽约都市圈内打造了 11 处大型生态保护区，其中包括了湿地、森林、海滩等多种地貌，有效提升了区域生态环境，保护濒危物种，维护区域生态系统，为市区提供清洁的水源。

图 2-3　纽约都市圈绿地自然保护区

资料来源：The Fourth Regional Plan for the New York-New Jersey-Connecticut Metropolitan Area，2017

新加坡注重打造花园城市，自 1960 年代起，“花园城市”计划一直是政府规划工作的重点。目前，新加坡绿化覆盖率超过 50%，全国有大约 10% 的国土面积用于公园和保护区建设，拥有全世界 80% 以上的树种，建有 2 个国家级公园、60 多个 20 公顷以上的区域性公园、300 多个邻里型公园，并通过连道把所有公园有效地串联起来，还采用立体绿化方式见缝插绿，有效提高了城市绿化水平，现在已成为世界著名的花园城市（湛东升等，2016）。

二、高品质的外围环带游憩空间

优质的休闲游憩空间是生活圈的核心要素。随着城市经济社会快速发展，丰富多样的游憩空间是满足人们日益增长的休闲游憩需求的关键，同时，高品质的休闲游憩空间可以有效提升城市乃至区域的整体宜居度。休闲游憩空间既包含以自然资源、乡村旅游为代表的自然休闲游憩功能，也包含购物、文化、娱乐等消费休闲游憩空间。

典型全球城市在外围地区均大规模建设郊野公园，用以补充市中心游憩空间的不足。郊野公园作为城市边缘区开放空间的重要组成部分，起着保护自然风景资源和为居民提供郊野短途游憩的作用。郊野公园既包括位于城市近郊地带具有山体、水体、林地、湿地等良好的自然生态环境和自然风景资源的区域，也包括城市外围、都市圈层面的绿化圈层、绿带、传统农田、郊野森林等，经过规划和建设实施，为人们提供郊外休闲、游憩、自然科普教育等活动的公共性开放空间（刘晓惠等，2008）。在总结分析国外大都市郊区旅游空间，吴承忠、韩光辉等学者将大都市旅游环带划分为城市旅游带、近郊旅游和休闲带、乡村旅游带和偏远旅游带（吴承忠等，2003）。其中，乡村旅游带和偏远旅游带主要分布在城市外围或都市圈外围区域，是本书一小时生活圈研究的重点（表 2–1）。

表 2–1　大都市生活圈旅游环带

类型	游憩时间	功能与特点
城市旅游带	白天（1 日游）	● 各种旅游服务设施和一些重要历史建筑、纪念地、历史街区、博物馆等吸引物的主要集中区； ● 在内城范围，旅游核心区常常是老城区，包括中心商务区和重要的旅游服务设施，既是旅游客源的主要输出源，也是都市游客的主要依托地域
近郊旅游和休闲带	白天（1 日游）	● 娱乐公园、一般性的室内休闲设施、大型购物中心、大学、工业与科技园区、公共游憩场、商务酒店、运动综合体、餐馆的集中区

续表

类型	游憩时间	功能与特点
乡村旅游带	周末	● 是城市居民从事周末和日常休闲活动的地方，以自然资源为基础的吸引物和以农牧场为基地的旅游活动，如野营地、度假村、旅游服务中心、水上运动与度假地、历史与乡土建筑、特色街区、古镇、历史定居地（村落）农场与牧场旅游； ● 环带内人口相对于城市和近郊较少，自然环境受工业的影响较小，具有更多的乡土气息。
偏远旅游带	周末、长假	● 为周末和有较长假期的游客提供的休假地，如国家或地方性公园、森林公园、野生动植物保护区、国家野营地，可进行开车、打猎、钓鱼、爬山、野外体验、远足等活动； ● 野趣是这个区域的最大特征，自然生态环境保存完整而原始，含有大量需要保护的资源，需要精心规划。

资料来源：吴承忠、韩光辉：《国外大都市郊区旅游空间模型研究》，《城市问题》，2003 年第 6 期。

专栏 2-2 伦敦和东京高品质环带游憩空间建设情况

伦敦 《大伦敦规划》（2004 年版）将游憩设施建设的重点放在外围城镇中心和泰晤士河门户地区，注重在中心城区外围打造综合性的、可持续提供旅游产品的和面向国际游客的旅游目的地，不仅能满足当地居民的需要，还能在伦敦中心区之外的区域创造新的旅游吸引点（于长明等，2015）。目前，伦敦周边沿 M25 公路，形成了“环城游憩带”（Recreational Belt Around Metropolis），其环绕于城市外围，处于近城乡景观之中，与中心城市交通联系便捷，主要由郊野公园、购物中心、博物馆、历史遗址等为主，具有观光、休闲、娱乐、康体、运动等不同功能的游憩空间，主要客源来自于中心城区居民的周末旅游活动（图 2-4）。

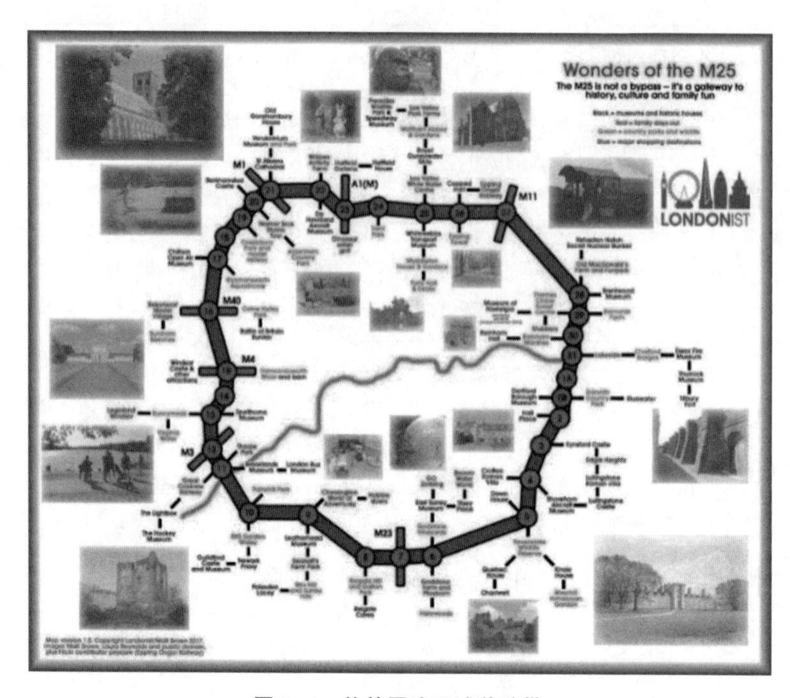

图 2–4　伦敦周边环城游憩带

来源：https：//londonist.com/london/best-of-london/wonders-of-the-m25

东京　在 2011 年发布的《东京 2020 年远景规划》中，计划打造一条直径为 30 公里的游憩环带（图 2–5），希望通过这些项目“推动变革，向世界展示最好的日本”，其中第 6 项的“水和绿色网络建设”围绕都市外围，用公园绿带将中心区北侧的荒川河与南部的多摩川河连接起来，再结合东京湾滨海休闲带形成一个完整的游憩空间环带（于长明等，2015）。目前，东京形成了地区公园、近邻公园、街区公园、运动公园、广域公园、综合公园、特殊公园组成的公园系统，总面积达 1969 公顷，数量达 2795 处。东京都市圈（首都圈）内各都县的自然公园面积占比大都超过了 14%，其中琦玉县和东京都分别达到了 32.8% 和 36.5%。同时，东京都市区外围集中了历史、文化、自然风貌等多样的旅游资源，是日本广域旅游往返路线的重要组成部分，吸引了大量的国际游客，2016 年东京都市圈（首都圈）吸引了来日旅游国际游客的 37%（日本国土交通省，2016）。

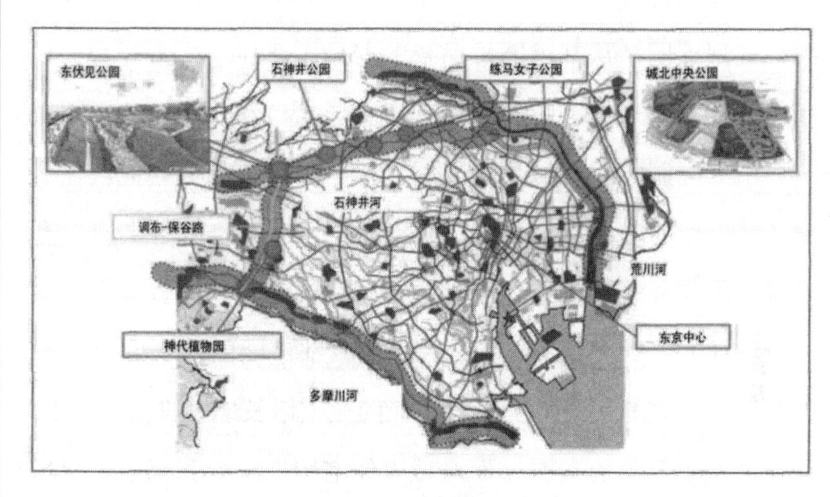

图 2-5 东京游憩环带规划

资料来源：东京都政府：《东京 2020 年远景规划，推动变革，向世界展示最好的日本》，2011 年。

三、可支付的健康居住空间

“住有所居”是生活圈满足居民需求的根本保障。住房短缺、房价高企一直以来都是影响伦敦、纽约、东京等全球城市可持续发展的突出问题，也是政策关注的重点。生活圈主要供给两大类居住空间。一是为居民提供的刚性居住空间，相对合理的房价收入比、健全的住房保障政策是优质生活圈的重要条件；二是为居民提供的休闲度假、养老居住空间，例如城市周边和旅游景区附近的休闲度假、旅游和养老地产。

受中心城市空间限制和要素过度集聚等因素影响，东京、伦敦等典型首都均制定了区域层面的住房规划，从区域（都市圈）层面合理构建住房协同发展机制，以此增加住房供给，提升城市经济活力、引导人口均衡布局和改善城市人居环境（温雅，2014）。例如，东京在区域层面通过“首都圈整备计划”将东京中心半径100公里范围内的城镇纳入规划范围，从都市圈层面统筹安排主要住宅街市开发，构建以东京都为核心的通勤（学）圈，有序引导人口和功能在都市圈层面重新布局。英国制定了区域住房发展策略，如《东英格兰地区住房发展战略（2005—2010年）》，关注重点包括可持续的住房供应、高品质的家庭和居住环境、创造包容性的社区、推动公共投资和促进区域住房战略实施；《大伦敦规划》地区对伦敦都市圈的住房需求进行了预测，并结合伦敦的交通情况，对潜在的住宅增长地区进行了预测。

从典型城市发展历程看，面对城市住宅用地减少和就业人口增加的双重压力，为弥补核心城市住房短缺问题，居住空间逐渐呈现外扩趋势。如日本首都圈外圈的住宅供应比重逐年上升（表2–2），东京都的住宅用地供应比重在1998—2008年期间下降了近21个百分点，东京都邻近县居住功能不断增强，逐渐成为吸纳东京都劳动人口的居住地（图2–6）。同时，随着核心城市居民收入的提高和对生活品质追求的提高，城市外围地区拥有“第二个家”的现象也普遍存在。例如，在郊区拥有度假旅游地产的占比，法国为16%，瑞典22%，英国2%，中心城区居民常常在城镇和郊区的家之间平均分配居住时间的情况，尤其常见于在伦敦、纽约等世界城市（吴承忠，2003）。

表2–2　日本首都圈不同圈层住房套户比（套/户）

圈层	1988年	1993年	1998年	2003年
东京都	1.05	1.1	1.1	1.11
东京圈	1.05	1.08	1.09	1.11

续表

圈层	1988 年	1993 年	1998 年	2003 年
东京圈以外区域	1.07	1.1	1.13	1.14

资料来源：《日本统计年鉴》；任荣荣：《都市圈住房市场发展：日本的经验与启示》，《宏观经济研究》，2017 年第 5 期。

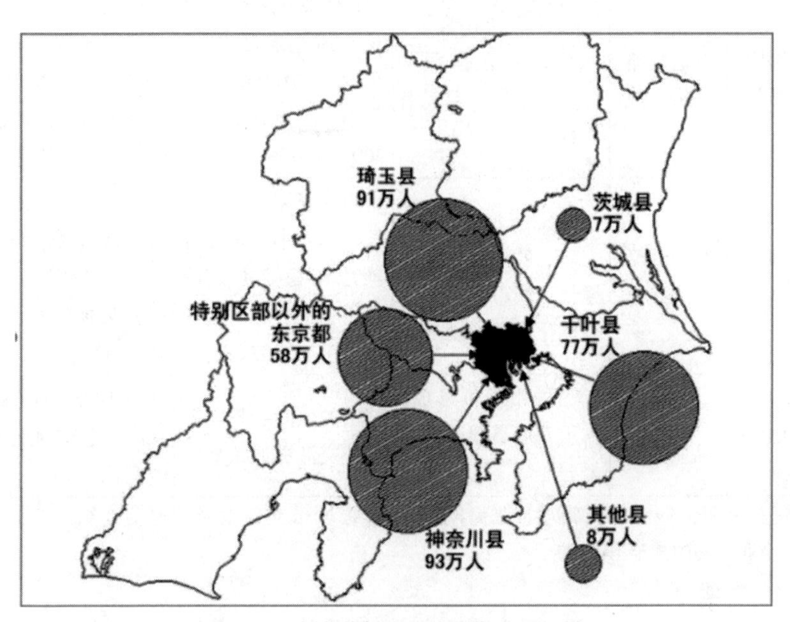

图 2-6　东京首都圈周边通勤人口规模

资料来源：冯建超：《日本首都圈城市功能分类研究》，《吉林大学》，2009 年。

四、高效便捷的公共交通体系

便捷畅通的公共交通网络是优质生活圈建设的重要支撑。完善便捷、服务优质的公共交通能够吸引更多的居民采用公共交通出行，有助于减少小汽车出行、缓解城市交通拥堵和降低城市环境污染，对改善交通出行便捷性、提升城市环境质量、引导城市土地集约利用、缓解人地矛盾突出等问题具有重要的现实意义（湛东升等，2016）。

表 2–3 世界城市交通发展阶段及特征

城市发展阶段	交通发展阶段	城市发展特征	交通特征	交通战略
大都市初步形成	交通基础设施建设	社会经济高速发展，人口膨胀，城市空间蔓延	中心区交通需求快速增长，私人小汽车发展迅速	重视道路网络等交通设施建设
都市圈快速发展	交通战略探索形成	社会经济快速发展，人口、就业有序发展，城市形态向多中心转型	交通需求依然快速增长，通勤范围扩大至 50—70 千米，私人小汽车保有量达到 300—400 辆 / 千人	加强区域交通设施建设保证城市空间结构调整（如巴黎 RER、日本新干线），建设多模式交通体系
都市圈繁荣稳定	交通战略成熟	社会经济稳定发展，人口、就业岗位缓慢增长，城市形态进入全球化发展阶段	市内交通需求平缓增长，私人小汽车保有量总体稳定（如伦敦），部分城市出现下降（如纽约）	区域交通需求上升，城市交通战略侧重于提高公共交通服务水平，交通与信息化时代融合
世界级城市功能巩固提升	交通系统品质提升	世界城市地位形成，注重发展高端商务和金融业	城市的城际、州际等对外交流更加频繁	注重不同交通方式衔接，绿色交通逐渐成为潮流

资料来源：钱喆、吴翱翔、张海霞：《世界级城市交通发展战略演变综述及启示》，《城市交通》，2015 年第 13 期。

优先发展公共交通，尤其是轨道交通，已成为典型首都一小时美好生活圈发展的重要支撑。典型国家首都圈的发展经验表明，由于轨道交通大容量和集约化的特点，轨道交通系统占据了出行方式的主导地位。例如，世界城市中心区的主要通勤方式均为轨道交通，公共交通分担率均为 70% 以上，其中，东京由于轨道交通系统发达，利用率最高，轨道交通占公共交通分担率高达 90%，副中心新宿站共有 9 条轨道交通线路接入，日均客运量高达 340 万人次（钱喆等，2015）。

专栏 2-3　　典型国家首都圈轨道交通建设情况

东京重视综合轨道交通体系的建设。东京首都圈已建立起完善的轨道交通体系，主要包括国铁线（JR：JapanRailway，即新干线）、私营铁路和地铁三种类型，三者出行比例占到了 55.6%。其中，JR 线和私营铁路主要负责市际、各区域中心之间和市内部分交通，地铁则与之紧密衔接，通过高效便捷的交通换乘枢纽，可以把市民输送到东京都的各个片区。全市地铁里程近 300 公里，共设有 277 个站台，以东京火车站为中心，50 公里范围内的首都圈轨道交通总长度达到 2300 公里以上，在东京都任何区域，居民步行 10 分钟以内均可到达地铁站口；东京每天轨道交通客运量超过 3000 万人次，承担了全市 86% 的客运量，早高峰时段中心区轨道交通出行达到 90% 以上，而小汽车仅为 6%。

伦敦于 1863 年修建了世界上第一条地铁，目前伦敦轨道交通系统由 11 条地铁线、3 条机场轨道快线、1 条轻轨线和 26 条城市铁路线组成，采用多层次、多类型的交通模式，分为地铁、快速轻轨（以地面或高架形式为主）以及高架独轨等类型，形成了一个综合的轨道交通系统。地铁是伦敦公共交通的核心，承担着伦敦大都市区公共交通客运量的 26.3%；地面轨道交通（包括火车和轻轨）集中在泰晤士河南岸地区，其客运量占伦敦大都市区公共交通客运总量的 23.7%，市郊铁路线路网也十分稠密，呈放射状，总长 650 公里，有 550 个车站，市中心有 15 个终点站。

巴黎大都市区拥有完备的城市公共交通体系，由多种交通方式组成：地铁、市域快速轨道交通（RER）、市郊铁路、轻轨、渠化公交线（指在完全封闭的专用道上由特殊的公共汽车提供的快速公交服务）、公共汽车和出租车。轨道交通是主要出行工具，占城市公共交通的 80%

以上，其中，地铁占比为25.4%，市域快速轨道交通及市郊铁路约占57.6%，轻轨约占0.5%。地铁和轻轨主要服务于城区内的旅客运输，市域快速轨道交通和市郊铁路以线路里程长、站间距大、列车运行速度快等特点，主要承担巴黎市中心—市郊、市郊—市郊之间的运输。

资料来源：

1. 湛东升、张晓平：《世界宜居城市建设经验及其对北京的启示》，《国际城市规划》，2016年第31期。
2. 冷炳荣、王真、钱紫华、李鹏：《国内外大都市区规划实践及对重庆大都市区规划的启示》，《国际城市规划》，2016年第31期。
3. 刘剑锋、冯爱军、王静、贺鹏、邓进：《北京市郊轨道交通发展策略》，《城市交通》，2014年。
4. 钱喆、吴翱翔、张海霞：《世界级城市交通发展战略演变综述及启示》，《城市交通》，2015年。

五、完善便利的优质公共服务

构建配套齐全、功能完善、布局合理、使用便利的公共服务设施体系是构建优质生活圈的前提条件（湛东升，2016）。首都一小时美好生活圈的基本功能是为全体居民提供多样化的公共服务，旨在保障全体居民生存和发展的需求。一方面，充分保障居民的基本公共服务需求，让人人享有平等的基本公共服务，包含小学、中学、高中、医院、各类卫生机构等各类公共设施；另一方面，随着经济社会发展，更加注重提高公共服务品质，满足居民日益增强的对更高质量生活服务的需求，如高品质的医疗、教育、养老等公共服务，从而全面提高居民的生活质量。以东京为例，东京拥有世界一流的公共服务设施，拥有国际一流的教育、医疗、文化等公共服务设施，能够有效满足居民日常生活需求。在医疗方面，2010年东京每十万人医院数为4.5个，是北京的1.6倍；在教育方面，2010年东京每十万适龄人口的小学、初中和高中学校数量分别为232.6、279.4和145.6个，每十万人大学数则有1.04个，而北京除人均小学数与东京差距相对较小外，人均初中、高中与大学数均不到东京的一半（湛东升，2016）。

表2-4　东京与北京基本公共服务设施水平比较

基础公共服务设施	指标	东京	北京
医疗	每10万人医院数	4.5	2.8
教育	每10万适龄人小学数（6—11岁）	232.6	187.5
	每10万适龄人初中数（12—14岁）	279.4	115.1
	每10万适龄人高中数（15—17岁）	145.6	65.7
	每10万人大学数	1.05	0.49

资料来源：湛东升、张晓平：《世界宜居城市建设经验及其对北京的启示》，《国际城市规划》，2016年。

第二节　首都一小时美好生活圈的形成条件

跨区域的一体化功能组织、满足居民不断增长的高品质生活需求、便捷畅通的区域轨道交通网络、区域层面的统一谋划是首都一小时美好生活圈建设的核心内容和重要保障。

一、跨区域的一体化功能组织是生活圈内各地分工协作形成合力的基础

随着城市用地紧张、开发成本高、居住密度过高等问题日益凸

显，典型全球城市和首都更加注重在区域层面寻求生活圈功能的完善和提升。而构建分工明确、互补联动的区域分工体系，是提升区域整体实力、发挥各地比较优势的前提条件。从典型世界城市和首都的发展历程看，在新城建设等功能疏解政策和住宅、产业郊区化双重作用下，区域人口和功能空间分布发生较大变化，居住人口逐渐向城郊转移，推动城市外围地区不断完善游憩、居住、就业等功能，逐渐形成了跨区域、圈层分工的功能一体化区域。

例如，法国首都圈巴黎大都市地区，包括巴黎市、近郊三省、远郊四省三个圈层，其中，巴黎市是法国的重要历史文化承载地，体现世界“时尚之都”的重要载体、国际经济和国际交往集中地，跨国公司总部数量全球排名第二；近郊地区以蓬图瓦兹、圣康担依夫林、埃夫里、塞纳提、马恩河谷五个新城为载体，主要承担了居住功能以及航空航天、汽车、多媒体、通信、医药、能源等高端产业制造功能；远郊地区布局了大量工业、零售网点以及物流配送企业，瓦勒德瓦兹省以机械装配和工业设备技术为主导，伊夫林省以电信和技术服务为主导，而塞纳—马恩省以一般的制造工业为主导（冷炳荣等，2016）。日本首都圈也形成了“东京都—近郊三县—远郊四县”的圈层分工体系。东京都发展高端生产性服务业，如国际金融、信息服务、文化产业等，制造业功能全面弱化；近郊三县重点突出批发零售业与制造业，以及对港口资源依赖度较高的石油、化工、钢铁等重型产业；远郊四县主要发展食品、机械制造、材料等行业门类（冷炳荣等，2016）。

专栏 2-4　日本首都圈空间拓展演进规律

日本首都圈的空间拓展经历了强核极化、单中心蔓延、多中心培育和多中心网络化整合四个阶段。第二次世界大战结束后的 10 年是首都圈的强核极化阶段，中心城市东京迅速发展。随着中心城市过度膨胀，垃圾过多、环境污染、交通拥挤、不动产价格飞涨等“大城市病”频发，城市空间扩散动力增强，首都圈表现为无序地以东京为中心的郊区化蔓延。20 世纪 70 年代，东京城区内的用地基本饱和，无法满足城市发展的各项需求，各类产业功能和城市功能向外扩展的动力强劲，日本政府通过采取编制区域规划、制定土地开发的法律法规、大规模修建轨道交通等措施促进首都功能疏散，以期在首都圈范围内解决东京都的过度拥挤和无序郊区化问题。20 世纪 90 年代，首都圈多中心格局基本形成，郊区或周边地区不再是中心城市的附属，而是首都圈中不可或缺的重要功能构成板块，首都圈呈现圈层分工的功能组织体系。

表 2-5　日本首都圈圈层功能体系

圈层	距离核心距离	具体范围	主导功能
第一圈层	0—10 千米	东京都	高端商业、文化娱乐、国际交流、金融服务、信息咨询、行政管理
第二圈层	10—70 千米	神奈川、琦玉县、千叶县	国际交流、教育培训、科技研发、行政管理、区域物流、先进制造
第三圈层	70—150 千米	山梨县、群马县、枥木县和茨城县	教育培训、科技研发、区域物流、先进制造、生态休闲、农业生产

资料来源：高慧智、张京祥、胡嘉佩：《网络化空间组织：日本首都圈的功能疏散经验及其对北京的启示》，《国际城市规划》，2015 年。

二、满足居民不断增长的高品质生活需求是生活圈功能体系构建的核心

随着收入和生活水平的不断提升，居民对高品质的生活产生更

强需求，逐渐由关注基本生活保障逐渐转向更高层面的拓展性生活需求，进而从需求角度推动生活圈的建设迈向更高层级。而不断满足居民随着经济社会发展而提高的品质生活需求是生活圈的核心功能。例如，东京、伦敦、新加坡、纽约等首都城市或世界城市更加注重完善宜居、韧性、包容、多元的自然人文环境，其发展目标从单一的提高和改善经济发展与布局，转变为多维度的发展重点，包括更加以人为本，更加注重经济、社会和环境发展并存，更加注重通过营造优越的居住、工作和游憩环境来吸引人口和提升区域竞争力，更加注重增强城市和区域承受自然灾害、经济危机和社会变革的能力，更加关心弱势群体、保证居民公平、公正地享有资产、服务、资源和机会的权利（表 2–6）。

表 2–6 世界城市发展愿景目标

城市	战略规划	愿景目标
纽约	One NYC（2050）：建立一个强大而公正的纽约	蓬勃发展的城市、公平平等的城市、可持续发展的城市、面对挑战具有韧性的城市
新加坡	挑战稀缺土地——2030 新加坡概念规划	在熟悉的环境中打造新居住空间；营造迷人魅力景观；丰富休闲娱乐；打造全球商业中心；构建四通八达的铁路网络；凸显各地特色
伦敦	2036 大伦敦空间发展战略规划	将伦敦建设成为国际大都市典范，为民众的企业拓展更为广阔的发展机会，实现环境和生活质量的最高标准，领导世界应对 21 世纪城市发展挑战，尤其是气候变化带来的挑战
东京	都市营造的宏伟设计——东京 2040	打造安全、多彩、智慧的新东京

资料来源：根据相关规划整理

三、便捷畅通的区域轨道交通网络是生活圈范围拓展的重要支撑

方便快捷的区域交通体系和交通运输技术的进步为都市区拓展和生活圈的形成提供了关键的支撑。从典型首都圈和全球城市的发展历程看，机动化交通模式，尤其是轨道交通的快速发展，是生活圈形成和拓展的必要条件。完善的区域轨道交通系统紧密联系着生活圈外围地区与中心城区。从东京、伦敦、纽约和巴黎等四大都市圈经验看，超过30公里的远距离出行主要依靠市域铁路、通勤铁路或其他轨道制式实现，尤其是进入中心城区的“向心性”通勤交通几乎均由轨道交通实现，最长出行时耗一般控制在70分钟之内。伦敦、巴黎、纽约及东京

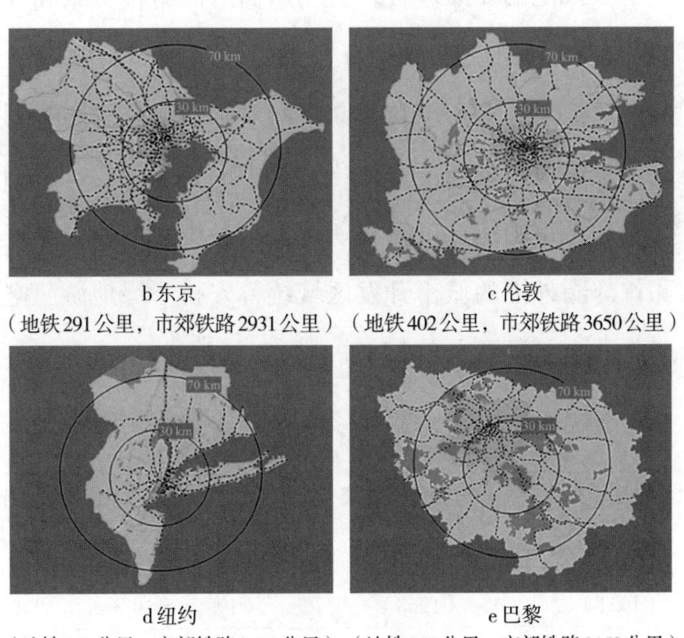

b 东京（地铁291公里，市郊铁路2931公里）

c 伦敦（地铁402公里，市郊铁路3650公里）

d 纽约（地铁368公里，市郊铁路1632公里）

e 巴黎（地铁257公里，市郊铁路2159公里）

图 2–7　世界城市轨道交通系统

资料来源：刘剑锋、冯爱军、王静、贺鹏、邓进：《北京市郊轨道交通发展策略》，《城市交通》，2014 年。

四大都市圈的空间拓展和生活圈的形成与其发达的轨道交通网络密不可分，在半径 70 公里左右的空间范围内，拥有各类制式轨道总里程分别为 3070 公里、2075 公里、1620 公里、2175 公里（张沛等，2017）。

四、区域层面的统一谋划是生活圈建设的重要保障

通过制定区域规划，在区域层面上统筹安排生活圈的空间布局、土地开发、基础设施建设，是伦敦、东京、巴黎、纽约等典型全球城市和首都圈的普遍做法（表 2–7）。以日本"首都圈整备规划"为例，该规划始于 20 世纪 50 年代至 1999 年，先后制定了五轮次规划，期间经历了日本经济从战后复兴、高速增长、稳定发展到泡沫破灭、经济衰退等半个多世纪的发展进程，规划所面对的时代背景和外部环境发生了多次历史性转折，也都具有很强的针对性和鲜明的时代特征（张军扩等，2016）。从第一次首都圈规划到第五次首都圈规划，核心目标都是致力于解决区域经济一体化过程中的空间结构、功能布局和因人口、资源和城市功能过度密集所引发的各类区域性问题，并在近郊整备带和首都圈外围的城市开发区域统筹安排了绿地游憩空间、居住空间和产业承接空间等（表 2–8）。

表 2–7 世界城市不同阶段都市圈规划的制定

城市	大都市初步形成阶段	都市圈快速发展阶段	都市圈繁荣稳定阶段	世界级城市功能巩固提升阶段
纽约	第一次区域规划（1921）	第二次区域规划（1968）	第三次区域规划（1996）	第四次区域规划（2013）
伦敦	大伦敦规划（1944）	大伦敦发展规划（1964）	伦敦规划（2004、2008）	伦敦规划（2011、2016）
巴黎	巴黎地区国土开发计划（1934）	巴黎地区国土开发与城市规划（1965）	巴黎总体规划（1994）	大巴黎计划（2007）

续表

城市	大都市初步形成阶段	都市圈快速发展阶段	都市圈繁荣稳定阶段	世界级城市功能巩固提升阶段
东京	第一次首都圈整备规划（1956）	第二次首都圈整备规划（1968） 第三次首都圈整备规划（1976）	第四次首都圈整备规划（1986）	第五次首都圈整备规划（1999）

资料来源：钱喆、吴翱翔、张海霞：《世界级城市交通发展战略演变综述及启示》，《城市交通》，2015年。

表2–8　日本首都圈规划内容

地域划分	整备计划
建成区	● 限制工厂、学校等新设施修建 ● 分散城市功能 ● 建成区再开发 ● 完善自来水管道、煤气、电力等公共设施
近郊整备带	● 建造与建成区融为一体的公共基础设施 ● 保留绿地面积
近郊绿地保全区域	● 保留绿地
城市开发地区（首都圈外围地区）	● 分流建成区人口 ● 吸纳流入首都圈人口 ● 培育成工业城市、居住城市和研究学园型城市等多种类型城市

资料来源：游宁龙、沈振江、马妍、邹晖：《日本首都圈整备开发和规划制度的变迁及其影响——以广域规划为例》，《城乡规划》，2017年。

第三节　我国首都发展趋势对一小时美好生活圈建设提出的要求

在北京“非首都”功能疏解深入推进的背景下，为顺应人口空间分布和结构变化趋势，满足居民更高层次的品质生活需求，首都一小时美好生活圈建设要求更加注重依托和整合环京地区资源，促进生产生活功能协同互进，提升区域整体宜居度。

一、京东、京南地区生态功能短板亟待改善

整体上看，近几年首都空气质量显著改善，2017 年优良天数达到 226 天，比 2013 年增加 50 天，PM2.5 年均浓度为 58 微克 / 立方米，较 2013 年下降 35.6%，其中有 9 个月为近 5 年同期最低水平；城市生态空间大幅度增加，近 5 年新增城市绿地 4000 公顷，森林覆盖率由 2012 年的 38.6% 提高到 43%。

从区域差异看，京东北和京西北生态环境明显优于其他区域，PM2.5 年均浓度为 45 微克 / 立方米，低于全市平均水平 22.4% ；而京西南、京东南和京南 PM2.5 年均浓度为 76 微克 / 立方米，高于全市平均水平 31.0%。随着生态环境的持续改善，京西北和京东北将成为首都未来生态休闲功能的主要承载地，而京东、京南地区的生态休闲功能短板需更多依靠环京地区资源进行有效补充。

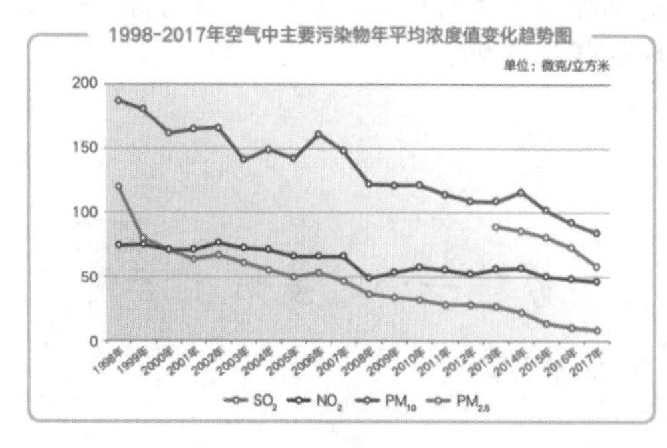

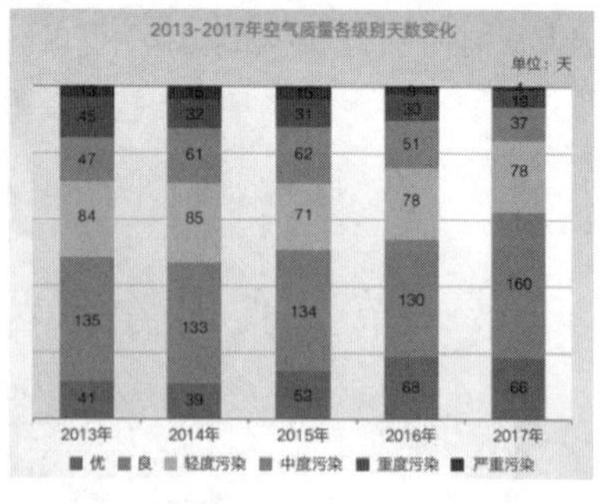

图 2-8　北京近年来空气质量变化趋势

来源：2017 年北京市环境状况公报

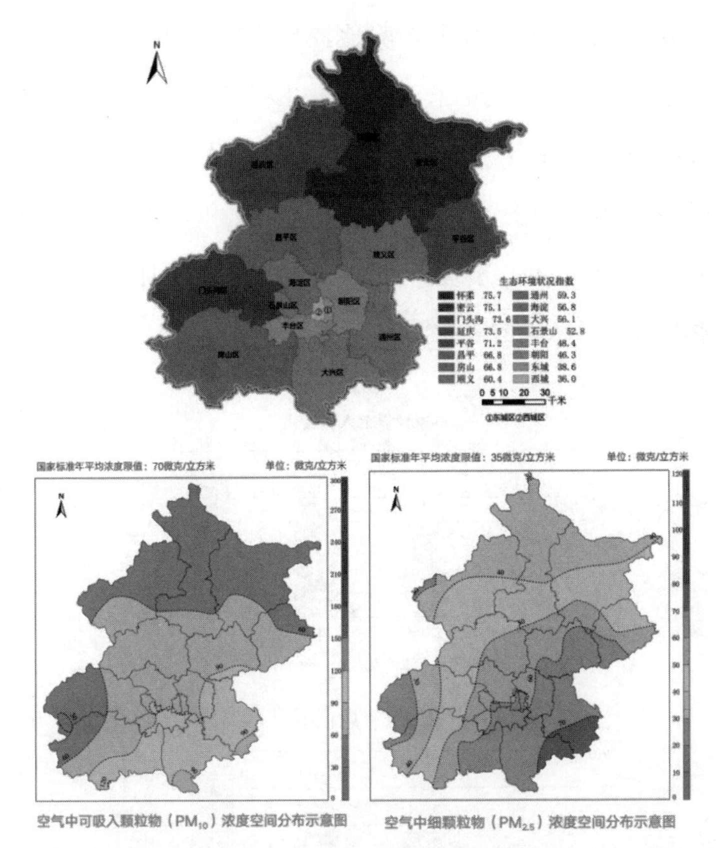

图 2-9　北京各区生态环境状况指数（上图）和空气质量（下图）

来源：2017 年北京市环境状况公报

二、人口结构变化新趋势对首都生活休闲功能提出更高要求

未来一段时期，首都人口总量将保持相对稳定，生活休闲需求仍将保持较高水平。“十二五”以来，北京市常住人口呈现增速、增量双下降态势，2017 年，全市常住人口 2170.7 万人，下降 0.1%，自 2000 年以来首次出现负增长。根据《北京城市总体规划（2016 年—2035 年）》要求，北京常住人口规模到 2020 年要控制在 2300 万人以内，并将长期稳定在这一水平。

人口年龄结构老化、少儿抚养比提高趋势明显，亲子休闲和康养休闲需求将不断提高。近年来，北京少儿和老年化占比日益增加，15岁以下和60岁以上常住人口分别增加13.4万人和36.6万人，占比分别增加0.5和1.6个百分点，少儿人口抚养比和老年抚养比分别增加了1.1和2.7个百分点。“扶老携幼”压力的逐年增加意味着未来居民对亲子休闲和康养休闲的需求将不断提高。

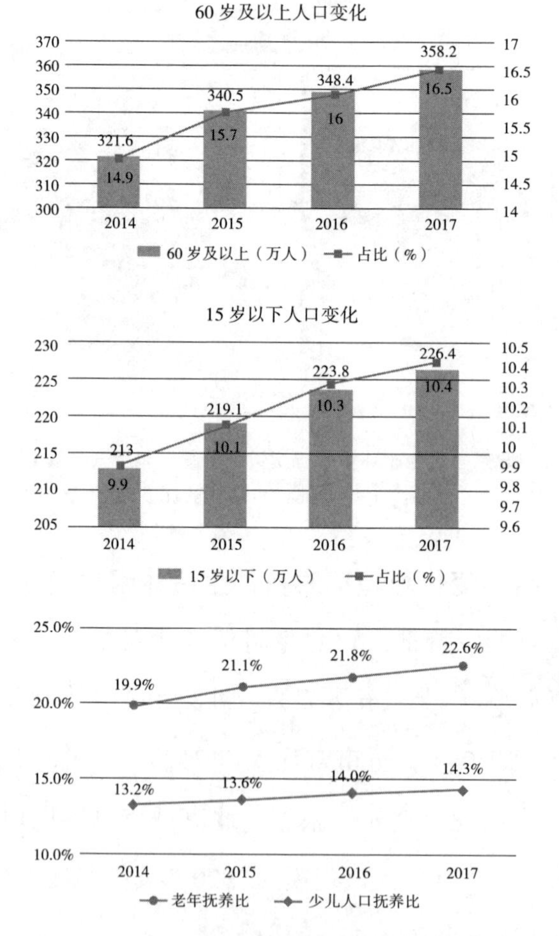

图2-10 北京市人口年龄结构和抚养比变化

来源：北京市统计局

高学历、高收入群体不断扩大，个性化、高品质的消费需求将不断提高。北京人口受教育水平不断提高，2016 年北京 6 岁以上人口中具有大学本科和研究生学历人口占比分别为 18.1% 和 4.5%，较 2010 年分别提高了 1.6 和 1 个百分点。北京居民收入水平逐年提高，中等收入群体规模不断扩大，2017 年城镇居民人均可支配收入达到 6.24 万元，过去 5 年平均年增长率达到 7.04%，同时，北京平均月工资水平和月薪 1 万元以上的就业占比在各大城市中位列第一，每月薪资水平超过 1 万元的就业达到了 564 万人（图 2–11）。人口教育和收入结构的不断优化将加快推动北京居民消费结构升级，迈入全民休闲和大

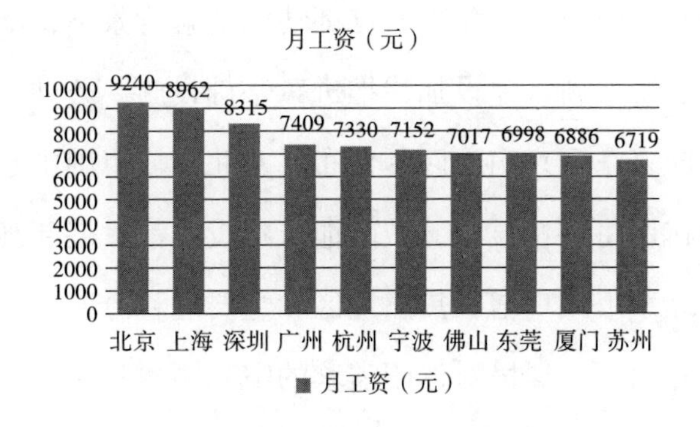

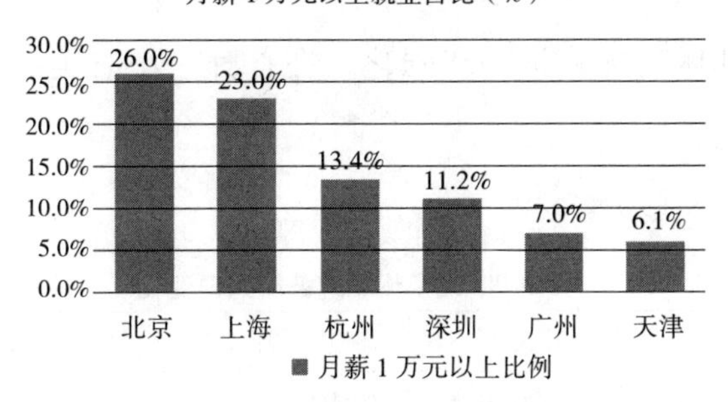

图 2–11　北京市人口收入结构

来源：根据 http:// salarycalculator.sinaapp.com/ 上的抽样调查整理；http://www.chyxx.com/industry/201709/561997.html

健康时代，居民对“文、体、美”“多、新、奇”等精神消费和个性化消费需求将不断增加，特别是运动型、体验型、度假型、休憩型等为主流的休闲产品将是消费的热点。

三、人口空间分布新趋势要求进一步强化京东地区生活休闲功能

近年来，北京人口空间分布重心不断外移，逐步转向东部和南部地区。近 5 年，城六区占全市人口比重下降了约 2.3 个百分点，而东部和南部地区如通州、顺义、大兴、房山等区人口增长显著。新一版北京城市总体规划进一步提出了城六区至 2020 年减少 200 万左右常住人口的要求。同时，在北京非首都功能疏解背景下，随着北京城市副中心和河北雄安新区建设加快推进，基础设施、公共服务和产业发展将进一步向京东和京南地区延伸布局，北京城市副中心对京东地区的辐射带动作用将加快显现，城南地区建设首都发展新高地将加快推进。未来，北京市人口增长热点地区和主要迁移方向将进一步外移并集中在东部和南部，居民对休闲需求的空间距离将不断外扩，环京地区的生活功能将不断强化，生活性节点地区将加快形成，特别是京东地区的生活休闲功能将进一步强化，在首都一小时美好生活圈中的地位将进一步提升。

表 2–9　北京近年来各区人口变化

城区	人口（万人）		占比（%）		占比变化（%）
	2010 年	2016 年	2010 年	2016 年	2010–2016
东城区	91.9	87.8	4.7	4.0	–0.7
西城区	124.3	125.9	6.3	5.8	–0.5

续表

城区	人口（万人）		占比（%）		占比变化（%）
	2010年	2016年	2010年	2016年	2010–2016
朝阳区	354.5	385.6	18.1	17.8	–0.3
丰台区	211.2	225.5	10.8	10.4	–0.4
石景山	61.6	63.4	3.1	2.9	–0.2
海淀区	328.1	359.3	16.7	16.5	–0.2
房山区	**94.5**	**109.6**	**4.8**	**5.0**	**0.2**
通州区	**118.4**	**142.8**	**6.0**	**6.6**	**0.6**
顺义区	**87.7**	**107.5**	**4.5**	**5.0**	**0.5**
昌平区	**166.1**	**201**	**8.5**	**9.3**	**0.8**
大兴区	**136.5**	**169.4**	**7.0**	**7.8**	**0.8**
门头沟区	29	31.1	1.5	1.4	–0.1
怀柔区	37.3	39.3	1.9	1.8	–0.1
平谷区	41.6	43.7	2.1	2.0	–0.1
密云区	46.8	48.3	2.4	2.2	–0.2
延庆区	31.7	32.7	1.6	1.5	–0.1
全市	1961.2	2172.9	100.00	100.00	0.00

数据来源：北京市统计年鉴

四、首都核心功能进一步凸显要求环京地区抢抓发展新机遇

随着北京正式步入“大疏解”时代，产业结构加快调整，全国政治中心、文化中心、国际交往中心、科技创新中心四大核心功能进一步强化。

一是疏解北京“非首都”功能进入全面铺开、纵深推进阶段，五环外成为疏解的主要承载地。北京发布的《推进京津冀协同发展2018–2020年行动计划》表示将着力从以零散项目、点状疏解为主的“小疏解”向以点带面、集中连片的“大疏解”转变，一般性制造业、

区域性物流基地、区域性批发市场、部分教育医疗机构等加快转移疏解。制造业方面，78% 的产业将被禁限，到 2020 年将再退出一般制造业企业 1000 家左右，结构将加快向高精尖转型，除研发、中试、设计、营销、财务、技术服务、总部管理等非生产制造环节和特殊规定的生产项目外，一般制造业和科技含量不高的生产加工环节将是疏解的主要对象；服务业方面，至 2020 年将疏解提升市场和物流中心约 300 家，区域性物流基地、专业市场、数据中心和呼叫中心等将成为重点疏解对象。

二是北京产业疏解呈现组团外迁、龙头外迁、高技术环节外迁等趋势，为环京地区带来发展新机遇。首先，随着北京严格执行已发布的新增产业禁止限制目录，越来越多的企业为更有利于申请优惠政策，加快进行资源互补与重建，完善上下游产业链，选择组团式外迁，如北京多家来自大兴的新材料制造业企业组团落户邯郸冀南新区的中电科技园。其次，龙头企业转移有效带动了承接地跨越发展，如北京落户河北体量最大的产业合作项目——沧州北京现代第四工厂，累计生产整车 14 万辆，带动多个汽车零部件项目相继落户，实现了“一个工厂带动一个产业基地”。第三，产业转移含金量不断提高，高技术项目和生产环节转移不断增多，如河北涞水县的中国电科电子科技园建设项目，依托中国电子科学研究院，建设天地一体化网络研究中心，网络空间与数据研究中心、云平台、大数据等主要项目，预计正式运营后实现年收入 60 亿元。

三是首都居民的住房、购物、旅游、康养等休闲需求在向交通便捷、环境优美的环京地区加快转移。例如，河北高碑店市做好满足首都居民运动休闲需求文章，打造以国家登山训练基地为核心的活力健康新城，发展体育教育、健康住宅、运动康复医疗、体育产业园、户外用品商贸等多种业态，建成京津冀核心区域和首都南部独具特色的综合性体育健康产业与生活区域；天津武清区做好满足首都居民购物消费休闲需求文章，充分发挥交通区位优势，打造高铁商圈，从一个佛罗伦萨小镇购物休闲重点项目，向集群化产业化发展，逐步打造高档家具、高端汽车等高端消费产业集群；涞水、房山、延庆等地区做好服务北京人民生态休闲需求文章，通过放大山水生态优势，打造环京地区生态休闲和康养的重要节点。

第四节　对我国首都一小时美好生活圈建设的启示

推进一小时美好生活圈建设是城镇化快速发展中后期，弥补我国首都发展短板，提升城市品质和竞争力的关键，需要依托和整合区域优质资源，强化区域层面的统筹谋划，构建高品质的生活休闲、生活保障、公共服务等三大功能，进一步提升区域生态环境品质，完善区域轨道交通网络建设。

一、推动一小时美好生活圈建设是典型全球城市和首都圈巩固提升竞争力的普遍规律

从伦敦、东京、纽约等世界城市发展历程看，在城镇化快速发展中后期，以一小时美好生活圈建设为抓手提升城市品质是世界城市保持竞争力的普遍做法。在城镇化快速发展中后期，伦敦、东京、纽约等世界城市经历了消耗性的城市增长过程，逐渐占据世界经济的中心位置；与此同时，面临着人口结构变化、城市空间结构变化和大城市

病集中凸显等新形势。一是人口结构方面。大量移民和新生儿导致伦敦、东京、纽约等世界城市人口和家庭数量急剧增加，少儿和老龄人口增多，高学历和高收入群体不断扩大，住房、游憩、康养等生活需求日益呈现多样化、高端化趋势。二是城市空间结构方面。世界城市开始进入由小汽车的普及、新城开发、高速公路和轨道交通大规模建设驱动的郊区化进程，呈现空间外围扩散特征，人口分布向城市外围地区转移，对城市外围和周边地区的居住、休闲、游憩、康养等生活性功能的供给提出了新要求。三是居民生活品质方面。中心城市受用地紧张、开发成本高、人口密度过高影响，住房短缺、交通拥堵、环境恶化、公园绿地等休闲游憩空间不足等问题严重影响了世界城市的运行效率和居民生活质量，因此，郊区和周边地区在弥补中心城市功能短板和提升城市品质等方面的作用日益凸显。

面对新形势新问题，随着城市功能复杂化、多样化和规模化的演进，伦敦、东京、纽约等世界城市通过在区域层面进行功能整合与调整，寻求城市生活性功能的完善和提升，逐步与周边地区形成以世界城市为核心，以高效便捷的轨道交通和高速公路网络为连接的一体化生活圈，包括周边100公里左右范围内紧密关联的区域。伦敦、东京、纽约分别在1944年、1956年和1921年出台了《第一次大伦敦规划》《第一次首都圈整备规划》和《纽约及其周边地区区域规划》，在都市圈层面从居民生活质量提升、生态休闲空间建设、产业发展与布局、交通一体化建设等方面做出统筹安排，有形或无形将建设一小时美好生活圈作为提升城市品质，促进生产生活功能协同互进、保持全球竞争力的重大战略方向。

二、一小时美好生活圈建设是弥补我国首都发展短板的必要举措

近年来，北京在全球城市体系中的地位不断上升，但是宜居度、生态环境等方面的差距依然明显。根据 GaWC 高端生产性服务业全球网络关联度的城市排名，北京从 2000 年 36 位上升到 2012 年的第 8 位。根据 A.T.Kearney 2016 年对 125 个世界城市测量的世界城市指数排名，中国大陆共有 19 个城市上榜，其中北京（第 9 名）近几年来排名上升显著。但是宜居度、生态环境等方面仍然是北京与纽约、伦敦、东京等传统世界城市的差距所在。2016 年，城市战略研究中心（Institute for Urban Strategies）的世界城市实力排名显示，近几年来综合排名前 6 位的依然是传统世界城市：伦敦、纽约、东京、巴黎、新加坡、首尔，中国大陆上榜的城市仅有上海（12 位）和北京（17 位）。其中，北京从 2008 年的 28 位上升至 2016 年的 17 位。分项排名显示，北京在经济实力优势突出，排名第 4，仅次于东京、伦敦、纽约，但是在创新（R&D）、文化交流、宜居、生态环境、交通可达性等方面短板明显，尤其是宜居性、生态环境、交通可达性等方面排名远远落后于传统世界城市。

表 2-10 2016 年全球城市实力指数分项排名

	综合排名	分项排名					
		经济	研发	文化交流	宜居	生态环境	交通可达性
伦敦	1	2	3	1	22	8	1
纽约	2	3	1	2	23	30	8
东京	3	1	2	5	6	12	11
新加坡	5	6	7	4	40	4	7
首尔	6	9	5	16	17	20	10
上海	12	7	16	17	25	39	4
北京	**17**	**4**	**19**	**9**	**31**	**41**	**24**

来源：Global Power City Index 2016 ，institute for urban strategies，2016

三、高品质的生活休闲功能、生活保障功能和公共服务功能是首都一小时美好生活圈建设的重要内容

高品质的生活休闲功能，尤其是自然生态游憩空间，是生活圈的核心要素。随着经济社会发展，居民对高品质生活休闲的需求不断增强，要求不断提高。然而，北京生活休闲空间短板日益突出，亟需整合环京地区增加供给。从北京自然生态资源分布看，北京西部与北部为山地丘陵，南部与东部为平原，构成西、北、东北三面环山，东南为低缓平原的地形概貌。受地理环境空间格局影响，北京的生态游憩空间呈现北多南少的“弓形”布局格局，沿建成区外沿呈现从西南至东北走向的分布，结构重心偏向西北部，山水资源主要集中在北京市域的北部和西部，东部和南部地区，尤其是京东地区，生态休闲功能相对欠缺，拥有高品质的资源却面临开发不足、宣传不够的问题。当前，为顺应首都空间结构的变化趋势，亟需在京东地区打造高品质的山水自然休闲游憩空间。

构建配套齐全、功能完善、布局合理、使用便利的生活保障和公共服务体系是世界城市一小时美好生活圈建设的核心内容。世界城市的一小时美好生活圈均具备相对健全的高品质生活保障和公共服务体系。教育医疗、购物餐饮、休闲娱乐、文化体育等公共服务设施是否齐全便捷是影响居民日常生活方便性的重要因素。与世界城市相比，北京公共服务设施、文化服务设施、消费娱乐设施等虽然不断健全完善，但建设速度滞后于常住人口增长速度，制约着城市居民生活质量的提高（表 2-11）。另外，北京城市公共服务设施资源过度集中于内城和北城，加剧了城市内部区域发展的不平衡。因此，首都一小时美好生活圈建设应注重不断健全服务设施，进一步提升公共服务和生活

保障的均衡性，促进城市居民生活质量从根本上得到提高。

表 2–11　世界城市服务设施比较

服务设施	纽约	伦敦	东京	北京
公共图书馆（每十万人占有量 / 个）	3	5	3	0.13
博物馆（总量 / 个）	131	173	47	162
美术馆（总量 / 个）	721	857	688	50
剧院（总量 / 个）	3752	214	230	68
电影院（每百万人占有银幕数 / 个）	61	73	25	33

资料来源：张文忠等：《中国宜居城市研究报告》，科学出版社，2016 年版。

四、健全的区域规划和政策、优质的生态环境、高效的一体化区域轨道交通是首都一小时美好生活圈建设的重要支撑

综观英国、日本、法国等国的首都圈建设，无一不建立了相对完善的规划和政策法规，不仅有利于明确生活圈建设的目标方向，加强各地区统筹联动，更是落实生活圈建设的行动指南。京津冀三地目前处于不同发展阶段，生活圈的建立涉及三省市的多个城市和部门，因此，需要制定区域层面的规划，明确首都一小时美好生活圈内各地区的功能和重点发展任务，依托国家和三地的京津冀协同办，进一步建立和完善生活圈的区域协同工作机制。

优质的生态环境是生活圈建设的自然本底条件，良好的绿化、清洁的空气和干净的水源等是优质生活圈的共性特征。然而，北京市按常住人口的人均绿化面积仅为 16.2 平方米左右，且城市内部绿化空间分布不平衡，建成区绿化面积明显不足，城市公园绿地可达性也有待改善。空气质量与世界城市差距较大，城市居民对居住环境健康性认可度低，生态环境短板已成为建设首都一小时美好生活圈的主要瓶

颈。因此，生活圈建设应该优先改善城市和区域生态环境和宜居度。

以轨道交通串联区域重要城镇节点是伦敦、东京、巴黎、纽约等城市生活圈建设的重要经验。相比之下，北京轨道交通利用率明显偏低。需要加强城际轨道交通建设，推动区域内城镇和重要功能节点的开发利用，引导区域城镇空间紧凑发展，促进居住、就业、生活保障、休闲娱乐等功能区之间畅通，促进人口在区域内有序跨界流动。同时，还需要改善交通结构，减少对汽车依赖，降低资源消耗和环境污染，提高区域环境品质；以轨道交通站点为核心，按照 TOD 理念对站点周边地区规划建设，建立轨道与土地利用开发的良性循环，改变传统的低密度、蔓延式发展，推动构建高密度、紧凑布局的城镇和功能节点体系。

第三章　首都一小时美好生活圈建设的经验借鉴与启示

东京、伦敦等首都圈在快速发展过程中出现一系列城市问题，源于工业化、城市化和战争、灾害等历史事件中产生的污染问题、社会公平问题、社会效率问题。这些城市至今仍富有竞争性，源源不断吸引国际最高端要素集聚，源于其历史进程中较好的因地制宜对快速的人口、产业、资本集聚和扩散做出了安排，推动空间形态顺利完成从集聚到扩散，再到全球价值链条顶端的跃升。这其中，生活功能及相关配套支撑能力的构建，是撬动生产、生活、生态空间和功能不断融合的杠杆，也是平衡宜居宜业宜游的共性特点。探索并总结代表城市治理经验，特别是首都圈范围内多元生活功能建设的理念、思路、实施路径、可持续更新机制，有助于打造更富国际竞争力的首都一小时美好生活圈。

第一节　东京

在人口超千万的都市圈中，东京在生活体验上一直广享赞誉，是全球各大最宜居城市排行榜“常客”。东京都市圈发展过程中面对内城拥挤加剧、生活成本增高、生态环境变差等问题，从居住、休闲、生态、生活物流等方面构建美好生活圈。其主要经验：一是强化城市核心区对人口和经济的辐射带动作用，引导都市圈扩张；二是由点及面，以“交通 +”为思路组织生活功能；三是以打造品质生活为出发点制定都市圈规划；四是重视都市圈资源的有效组合及精细利用。

一、建设职住平衡和适应老龄化的“宜居生活圈”

在土地资源稀缺的东京都市圈，满足更高居住要求的土地开发处处体现因地制宜、就地取材、集约利用的思想。东京在节约土地开发总量的框架下谋划都市圈远近期各项规划，力图为数量不断增长和生活质量要求不断提高的各类东京居民提供职住平衡、符合条件、性价比高的基本居住生活条件。

（一）以可达性与性价比为目标满足通勤居住需求

东京都市圈 400 年的发展过程中，受工业高速发展时期产生的诸多城市发展问题驱动，出现两次人口大量疏散的过程（20 世纪初明治维新后与 50 年代二战后）。政府适时利用关东大地震和战后重建在不断扩大的首都圈设置分中心，逐步为外迁人口提供舒适的居住条件，推动都市圈外围人口有序增长，比重不断提高（如表 3-1）。

表 3-1 东京 50 公里地区按距离带划分的人口比重及其变化 （单位：%）

距离	1960 年	1965 年	1970 年	1975 年	1980 年	1985 年
合计	100	100	100	100	100	100
0—10 公里	29.4	24.2	19.5	16.2	14.2	13.3
10—20 公里	33.4	35	33	31.1	29.8	29.1
20—30 公里	13.2	15.5	18.3	19.9	20.4	20.9

续表

距离	1960年	1965年	1970年	1975年	1980年	1985年
30—40公里	12.1	14	17.7	20.3	21.8	22.4
40—50公里	11.8	11.2	11.5	12.5	13.7	14.2

数据来源：太田勝敏：《大都市圏の空間構造の変化と交通の課題》。

东京都市圈在满足日益增长的人口及经济发展需求上，采用了三个层次的空间规划策略。**（1）以产城融合思路规划布局新城，减少通勤负担**。1976年、1986年和1999年的第三至五次首都圈规划修订提出东京首都圈发展从单中心向多中心再向网络型升级。在多中心和网络型空间格局形成过程中，规划了22座业务核都市，对首都的工业、教育、研究、运输等产业职能进行疏散，通过提高就业和生活服务机会的可达性来增加形成吸引力。**（2）以公交引领、分级推进为思路有序组织都市圈生活节点**。在新城与业务核都市基础上，东京都政府以轨道交通引领公共服务和零售商业集聚在轨道交通沿线，以轨道交通区域站点为中心开发41处生活节点和44处生活中心地，土地开发上体现高密度、混合、慢行友好的理念。在开发模式上充分市场化，让政府或私营铁路公司从周边房地产和零售业发展中获得市场回报，减少公共补贴需求。公交引领的都市圈发展策略引导人口有序实现“点—线—面”疏散，与外围空间承载力增长速度大致匹配（如图3-1）。**（3）在中远郊区开发舒适新型住宅团地**。相对60年代高密度的市区住宅形式，为适应少子化和中产阶级生活需求，东京于90年代在中远郊区提供大量大户型、性价比高、汽车通达性好的居住地块，满足对生活质量要求较高的人口的需求。

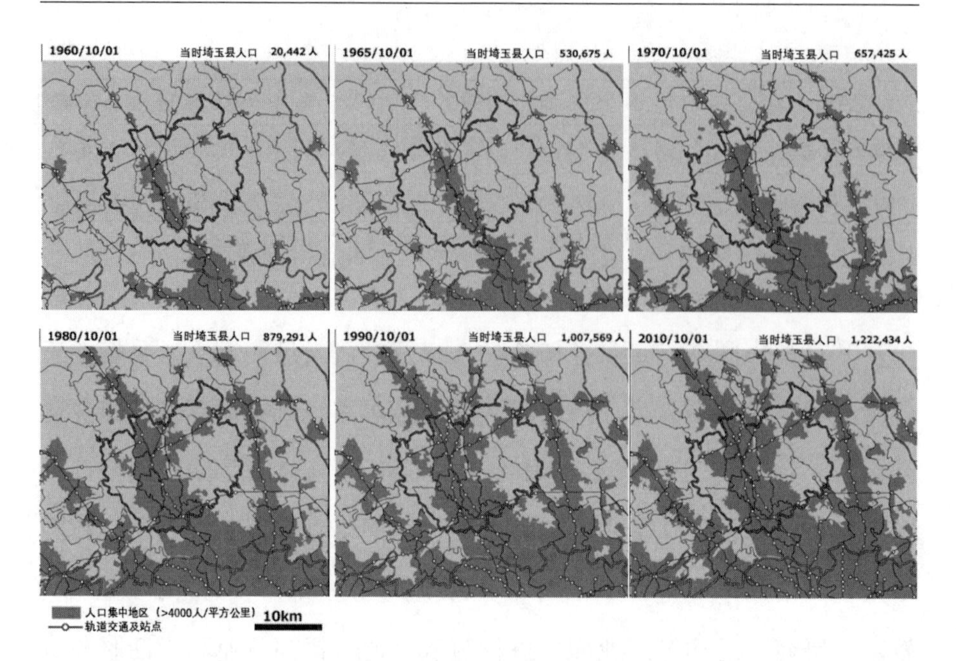

图 3-1　东京都市圈轨道交通对外围人口空间的集聚作用（以埼玉县为例）

数据来源：国土交通省《国土数値情報（DID 人口集中地区、行政区域、铁道）》。

（二）善用资源满足快速增长的品质养老需求

在东京，与不断增长的通勤居住需求同步的，是老龄化和少子化带来的品质养老需要。日本在 1970 年进入老年型国家的行列。2013 年，日本 65 岁以上老龄人口的比例达 24%，预计到 2040 年，东京圈 75 岁以上人口几乎将比 2010 年翻一番。除了在国家层面上形成的完善服务标准，在东京，养老服务在多元需求和用地紧张联合产生了诸多细分市场，也催生了三种富有创意的养老居住形式。**（1）与医疗护理机构结合，就近设置养老设施。**主要包括养老机构使用“医养结合”模式将邻近优质医疗项目引入养老社区，医院直接划出闲置床位用于开办养老院，护理服务企业向养老地产转型三种模式。**（2）与教育和幼儿园结合，就近建设养老公寓。**通过养老设施与幼儿园结合，消除老年人的孤独感，老人平日可以与儿童共同开展做手工、唱歌等活动，休息时也可以看到儿童在庭院里玩耍、嬉戏。**（3）与商业地产融合，配置养老服务**。东京地产开发商进行立体开发，将老年公寓与普通住宅和酒店公寓有机融合在同一栋高层建筑中，既降低开发成本，又缓解都市中心区养老空间不足的问题。老年人以实惠的价格继续居住在中心城区，享受便利的商业休闲配套以及优质的医疗资源。

二、构筑“浓妆淡抹总相宜”的“休闲生活圈”

东京传承其传统文化，百年来因地制宜形成或培育了运动、康养、旅游、娱乐、节事、购物等吸引物，兼顾了观光和度假的需求，是首都圈休闲功能的重要体现。这些休闲功能吸引半径由近及远，既吸引本地游客，也吸引外地游客远道而来；既有能满足日常游憩的社区休闲点，也有能让人尽兴而归的周末或长时休闲目的地。

（一）发展便捷、开放、优惠、多样的运动康养功能

东京都市圈根据居民习惯，开发、引导、规范一系列休闲康养功能，让都市人身心放松需求只要“走两步路”便能到达。在较受欢迎的温泉和球类运动上，东京首都圈单单是有住宿设施的温泉就有3000多处，可进行正式比赛的足球场地超百处。许多休闲设施分散于社区各地，公众开放性好，对学生、老人、社区居民等特定人群优惠准入，如“新荒川大桥运动公园”标准场地的收费为2小时约合人民币128元，避免由于封闭和高价造成的休闲场所“望而却步”，促进城市居民进行日常中等强度运动，推动青少年运动兴趣、全民身体素质和竞技体育水平提高。

东京运动康养场地为居民消费提供多档次选择。以温泉为例，除

了社区层面的休闲设施，还有布局在在距离东京市中心1–2小时轨道交通可达范围内数量众多的温泉度假胜地，这些温泉胜地经过精心设计，既有如草津温泉等能够眺望大都会景观的露天浴场，也有如湖山亭产屋这类"悠然见南山"的清幽私汤，还有与各式酒店和餐饮组合包装的度假产品。

（二）推进交通引导、全年吸引的观光功能市场化开发

东京都市圈观光接待业鲜明的特色是以轨道交通和主题包装为核心，重视都市圈外围休闲功能培育，带动外围发展的开发模式。

一种模式是：由私营企业主导，通过对都市圈内特色景点的包装串联开发旅游专列，为都市居民和游客提供经济便捷的观光选择。比如东武铁道公司和JR东日本连接，开行了去往栃木县鬼怒川地区的旅游列车；小田急电铁公司经营从新宿出发途径富士山、箱根温泉、镰仓海岛景区、伊豆胜地的"浪漫之线"旅游列车。由于轨道交通私营程度较高，铁路公司除运输业务外，还有流通、不动产和酒店事业部，并带来强劲现金流。如小田急沿线公司在沿线投资设立百货公司、超市、餐饮、酒店等商业以及修筑高地铁可达的住宅项目。2018年，小田急电铁公司实现营收53亿美金，来自交通运营部分收入仅占31%，其余有38%收入来自沿线商业，12%来自于房地产开发，18%来源于其他业务。

另一种模式是：由政府主导，开发圈内远郊观光资源、规划主题旅游线路。一般组合自然、人文、历史各具特色的游憩景点，对较为偏僻地区通过设计地区赛事节日，与本地普通的旅游资源形成合力提升引力，打造全年均有吸引力的、长短假皆宜的观光度假目的地。在开发过程中，地方政府统筹引导私人资本投资接待业，与景点所在的

地方社区共同开发并建立良好的利益分配机制。

在购物休闲方面，东京首都圈同样以高交通可达为核心开发购物目的地。一是发展地下购物商圈。地下商圈多选址于轨道交通线路交汇的地点，以经营范围广泛、价格亲民、便利通勤为特点。二是在都心外围设计建设主题性休闲购物综合体。这些购物综合体在东京都市圈内分布均匀，主题特色突出，如以欧洲古典为主题的维纳斯城堡综合体、以家庭为主题的 Lalaport 购物综合体，以剧场为主题的台场 Diver City 购物综合体，以环保为主题的 Aeonlake Town 购物综合体等。

三、发展高效流通的“新鲜生活圈”

高效的物流体系支撑了东京都市圈内各地对优质农产品和城市日常生活用品的需求，为都市圈内基本生活质量同质化提供了重要支撑。总结起来有三点：（1）得益于圈内物流系统较高水平的标准化、信息化和专业化建设。以保质期较短的优质农产品保障为代表，东京都借助日本全国农业改革，形成了从农产品种植、净化、包装到搬运、存储、运输的标准化体系，并依托成立于 1974 年成立的农民群众经济团体“日本农协”，化零为整的联系了零散的农户和都市圈超市消费民众；（2）将电子数据交换（EDI）和电子商务平台（EC）应用到农产品交易中，极大提升客户订单获取、结款和发货贴纸生成的效率，大大提高都市内零售和餐饮业农产品生鲜程度，既保证优质农产品快速送达，又维护了个体农民的合法权益，增强其获得感。（3）合理的物流设施空间规划布局，体现在由点及面开展物流保障设施建设。在战后重建末期，东京都政府便在近郊的葛西、和平岛、板桥和足力这东西南北四个重要节点上推进现代化物流基地的建设。50 年来，物流基地总是先于都市圈人口外扩而进行提前的布局。1980–2005 年间，东京都市圈内人口仅外扩 0.4 公里，物流中心外扩达 4.2 公里。2006 年 2 月，东京都政府发布《物流综合愿景》，宣布建立旨在提高东京国际竞争力、生活质量和环境的更高效都市圈物流系统。该系统以距离东京都市中心 40 公里距离的外环高速路（央圈道）为基底，建立陆上货物流动带，并与成田、羽田空港，东京湾海港联动（如图 3），大大激活了神奈川县、多摩地区、埼玉县、茨城县、千叶县在东京都市圈外围地区的物流支撑力，缩小了这些外围地区与都市中心的物质生活水平差距。

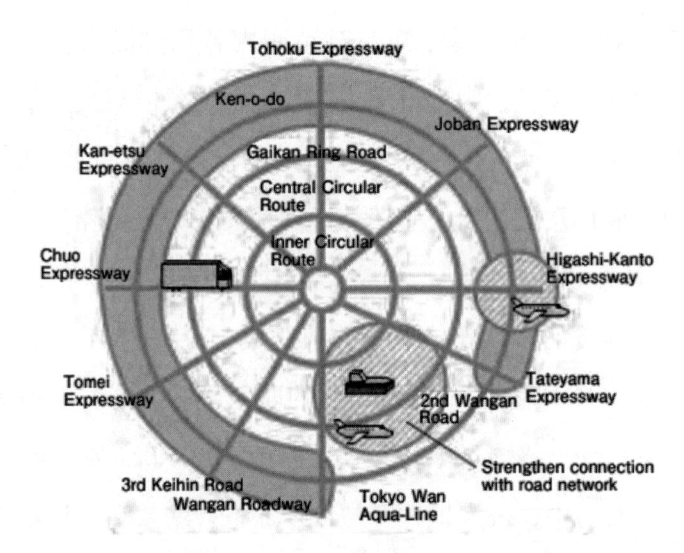

图 3–2 基于东京都市圈外环高速公路的物流网络

资料来源：2018 年东京都政府城市发展手册

除了提高流通环节效率，东京同时提升都市圈内优质农产品的供给数量和质量，以缩短农产品运输距离，降低运输碳排放。一方面，都市农业生产实现小型化、集约化和现代化，机械化程度提高，蔬菜生产 80% 实现现代化园艺栽培；单位耕地获得的农业净产值是全国平均水平的 1.87 倍。同时开发屋顶及地下空间为农场，以高科技手段破解土地制约瓶颈。另一方面，培育多元主体的都市农业。东京都以政府为主导，联合农协及农户，通过开展都市田园学校、学校农园和绿化中心三种形式开展市民农园项目，吸引普通市民、学生、高龄者、儿童在都内市民农园（468 个，总计 75 万平方米）进行多元主体农业生产，提高农产品精耕细作水平，提升农产品自供率和质量。

四、塑造生态美丽的“绿色生活圈”

良好的生态环境为城市居民美好生活提供基础，东京历来重视生态支撑功能的培育和生态环境的优化，多管齐下塑造良好的都市生态环境。

（一）发展精细的城乡微观绿化

大都市区重新调整法案（1958 年修订）重申了对自然益处的认识，制定了各种绿色行动计划，这些计划提出“保护居民得以拥抱健康自然环境的绿色空间”的必要性。在用地紧张的东京市区，小尺度的绿化被大力推行，可以美化城市景观，提升空气质量，降低城市热岛效应，以及吸收城市内部碳排放。这种小尺度绿化以三种方式进行。第一种是创建名为“富绿管轴（Kankyojiku）”的城市空间绿化网络。该网络要求在城乡的道路、河流、公园、庭院、社区沿线和周边种植绿树，以此增加大量的绿色空间。其深度和范围仅靠城市设施无法实现。第二种是在木质住宅密集的地区，通过容积转移的方式，提升居住密度，创造更多绿色空间。第三种是在八种场所开展微观绿化运动。比如东京都市厅鼓励在居民楼和公司的屋顶进行绿化、并要求新开发的居住和商用楼房必须设计屋顶绿化项目，同时，在就业地停车场、水边空间、街角、民间路面铁道和学校进行无死角绿化覆盖。

（二）布局高度可达的城市公园与开放空间

城市公园与开放的空间绿地被认为是能够舒缓工作和生活压力，提供午间休憩场所和周末节事娱乐活动举办的地方，在开阔和清新的环境中休息有助于居民获得愉悦心情，更快从紧张和郁闷情绪中走出。2011 年的规划重申了 1958 年规划对于城市自然景观益处的重视。东京都政府在 2011 年专门制定城市规划公园和绿地的发展政策，旨在“恢复被水和绿色走廊环绕的美丽城市东京”，并明确提出城市绿化是“为东京市民提供救济的地方”。开放的绿地同时为较多自然灾害的东京提供了居民疏散地点。在 1923 年关东大地震后绿地公园规划的基础上，进入 90 年代，城市公园和开敞空间的建设更加美化细致，范围也扩展到都市区外围和核都市地区。

（三）从全产业链角度治理源于城市交通的空气污染

汽车尾气污染是世界大城市空气污染的主要构成。针对第二次世界大战后工业发展带来的烟尘污染及 2000 年大崎环境学会所对因肺病致死案例的系统调查，东京陆续制定并实践了整治因汽车尾气带来的空气污染问题，效果明显。这些措施包括在首都圈内所有七都县市实行“粒子状物质排出基准”，并严格执行；普及低公害汽车。对汽车排放效率提出高标准，同时推广天然气、液化石油气、电力、氢气驱动汽车；优先在首都圈地区推广硫磺浓度 50ppm 以下的低硫燃油；提升圈内交通管理水平，积极利用河川、环都心货运铁道线运输货物；建立统一指挥中心，整合各都县大气污染监控信息，通过联席会议机制群策应对空气污染事件。

第二节　伦敦

作为最早开始工业革命的英国，其核心区域伦敦最早遇到现代城市发展的问题，率先采用现代规划理论寻求空间问题的解决方案，并且在过去几十年的时间中，得益于对国际环境的敏感和自下而上的规划体制，与时俱进地进行首都圈范围内的城市更新，力图为居民创造良好的社会福利，为背景多元的外来高端人才提供富有吸引力的职业—居住—服务选项。

伦敦首都圈生活功能的建设经验可以从生活功能圈建设（即良好的运动康养、旅游休憩、购物和娱乐节事等休闲功能、有力的优质农产品和日常生活物流链保障功能、舒适的通勤及养老居住功能），以及从支撑美好生活功能的建设（包括便捷舒适的交通支撑、良好的生态支撑和完备的公共服务支撑）两方面进行总结。

一、建设高质低碳，满足多元需求的生活功能圈

（一）构筑满足多元需求的休闲功能

伦敦从运动康养、旅游、购物和娱乐节事等方面构筑满足多元需求的休闲功能。运动与康养方面，利用绿带发展首都圈外围的休闲运动功能。1975 年伦敦颁布政府白皮文件，鼓励都市边缘地区建设更多的休闲游憩设施；同样，在 1977 年，乡村审查委员会指出绿带应该满足更多的城市休闲需求，使伦敦很多学院和俱乐部的运动场都建于绿带之中，在绿带中开辟各式游憩道路，使绿带成为居家日常与周末游憩、放松、运动的良好去处。同时，在伦敦市中心区创造绿色开放空间。**旅游方面**，伦敦仅次于香港，是全球第二大国际游

客旅游目的地（2014年）。伦敦定期发布旅游业行动计划，提出了伦敦旅游业的四大发展原则[①]，并确立了发展旅游业的四大主题[②]。伦敦发展旅游业的经验有两点。一是以分散与多样性为原则，促进圈内各地共享旅游红利，鼓励新企业开发伦敦市中心以外的地区，为赴伦敦的游客提供更多选择，并通过提供培训，让边缘地区居民通过参与旅游业，振兴贫穷和少数族裔社区。二是以区域整体优化为视角，提出“大伦敦国家公园”的一体概念，将伦敦都市圈内300个公园、3万多块菜地、超过3百万个大小各异的花园（包括私人住宅后院花园）、两个国家自然保育区及其中栖息着的1.3万个物种，整合成一个优良的生态旅游系统。**购物方面**，除了琳琅满目的各类日常购物场所，伦敦对城市集市及市郊打折卖场（奥特莱斯）进行设计和开发，满足城市居民和游客多样的购物和游憩双重需求。一是发展周末集市。伦敦城乡的350个各式集市是伦敦首都圈购物休闲功能最有特色的集中体现。二是发展打折卖场，如位于伦敦西北部牛津郡的比斯特购物村（Bicester Village），距离伦敦市中心一小时车程，开通与市区直达的列车服务，并提供名牌高折扣和退税服务。娱乐节事方面，伦敦于2017年出台专门夜间业态规划，对夜间娱乐进行规划和文化引导。

（二）系统构建优质农产品和日常生活物流链保障功能

英国伦敦从2006年实施“伦敦市长食品策略”以来，从食品安全性、经济型、环境友好型、社会文化支撑性几个维度入手，覆盖农

① 成长、分散发展、资源利用、多样性与包容性

② 领导与推动伦敦旅游业发展、旅游业的市场开发、旅游业的信息与情报系统、开发旅游业新产品

产品供应链的前端生产、中端存储运输和末端零售消费，提供安全、足量、新鲜的优质农产品，打造低碳、高效、可持续的农产品和城市日常生活物流。**一是增加本地供给，提高食物的新鲜、有机和多样性水平。**随着伦敦食物碳足迹不断提升，伦敦推行“足食伦敦”计划，包括对占绿带三分之二的农业用地实行严格的用地保护，达到控制蔓延、降低食物总体碳足迹、保护生态的三重效果；在首都圈内培育约360家专业食品生产商，通过提升优质伦敦和英国农产品在居民食品中的份额，降低食物相关的碳排放水平，完善物流供应链，强化专业超市地位，推广食品批发采购遵循小量多次的原则“适时运达（just-in-time）”策略，提供多种物流路径选项，让供应市区的货物在合适的时间和方式进入市区，通过优化空间地理布局降低城市交通负担；注意保持食物多样性，满足不同社区不同种族食品文化需求。**二是将区域和街区路网设计与日用商品设计进行结合。**伦敦根据城市购物情景，平衡不同收入群体和出行习惯居民购物需求的满足。不同的地方议会和管理局重视对区内食物可达性的布局，街区内一般要求不同规模和消费档次的超市共存，同一品牌超市根据分店不同区位配置区别化的商品尺寸和组合。比如在车辆难以到达的，停车位较少的狭窄街区，出售的货品大多为较小尺寸，避免了需要汽车运送的需要，使得居民步行或者汽车即可方便购物，与可步行街区设计的格局相得益彰。

二、配套完备的生活圈基础支撑功能

（一）多模式、高集成、市场化的交通支撑

伦敦土地利用和法规政策结合为多交通模式共存及便捷互换提供了条件。在这种支撑下，不同出行方式搭配合理，日常生活情境中

步行、自行车、公交能舒适地解决大部分通勤及生活出行需求，辅以发达的汽车短租、中心区停车位限制和拥堵收费，使各种出行需求在空间上顺畅共存，分流有序，其具有三个主要特点。**一是设计多模式、高集成的公共交通系统并在城市交通分担中占据决定性作用。**以地下铁路为核心布局公共交通，承担伦敦大都市区公共交通客运量的26.3%；地面轨道交通（包括火车和轻轨）集中在泰晤士河南岸地区，其客运量占伦敦大都市区公共交通客运总量的23.7%。放射状组织布局市郊铁路线路网，总长650公里，设置550个车站，市中心终点站达15个。伦敦重视完备跨模式换乘功能的构建，路面巴士、小汽车、跨境铁路接驳顺畅。郊区轨道交通沿线站点配置大型停车场，快速公交巴士、自行车停放设施，这种郊区换乘功能（park and ride）的系统布局让居住在郊外前往市区通勤的居民和从伦敦前往郊区的游客都能够方便出行，提升城市低碳水平。**二是强化自行车地位，有针对性、多层次地构建自行车网络。**伦敦对自行车出行的支持进一步考虑到使用者的出行习惯，建设多层次的自行车网络，并将自行车出行系统延伸至首都圈纵深，而不仅拘泥于市中心区。在2016年新版的伦敦规划中，伦敦市政府联通交通局对自行车基础设施项目进行优化，布局由自行车高速路（Cycle Superhighways）、自行车安静骑行道（Quietways）和市中心自行车优先道（Central London Grid）组成的立体自行车高速路网。**三是征收中心城区道路拥堵费，提升行车效率和空气质量。**虽然伦敦拥堵收费至今争议较大，但其政策初衷和部分实施效果仍然对世界各地首都圈交通支撑功能的布局有参考作用。交通拥堵收费实施的十几年来，私人交通分担率持续下降，从2000年的43%下降到2012年的34%左右；而同时公共交通分担率大幅提升，从2000年的35%增长到2012年的45%左右。

（二）健全法制体系下由点及面的生态支撑

伦敦都市圈成为城市生态支撑规划的良好案例，萌芽于英国人本身对于田园和乡村自然生活的向往。在构建生态支撑的过程中，伦敦都市圈主要有以下基本经验值得参考借鉴。**一是立法保护。**包括百年来《制碱等事业控制法》《公共卫生（烟害防治）法》《清洁空气法》《工厂法》《空气污染控制法》确定的城市生态环境立法约束及《新城法》《城乡规划法》《规划政策纲要第二备忘录：绿带》构成的空间规划体系。**二是强调弹性和自治。**伦敦自治市政府的高度规划决策权及居民较强的公共参与意识是绿带政策有效实施的基础。不少民间组织自发对绿带内即使是小型的建设活动进行定位和跟踪，一旦出现违规状况，就会立即采取法律行动，自发维护绿带的保育功能。**三是点带融合，形成绿肺。**均匀多层的都市绿色开放空间布局是伦敦重要的组成部分，毛细血管般分布的绣花式绿地完善了都市圈的"心肺功能"，为城市降温，提高空气质量，防涝和碳汇提供了保障。也让居民无论在何处居住，都有随手可及的绿色景观及空间。

（三）以就业和终身服务为重点的精细公共服务支撑

伦敦都市圈公共服务的提供水平总体均衡且较高，配置了较为舒适的通勤及养老居住功能，主要有两方面的经验。**一是公共服务毛细化，打造终身社区。**由于英国许多公共服务的提供已经私有化，公共服务配置原则受力于完全市场经济的分配与公众参与听证的调节，使得微观街区公共服务的布局能够既满足零售商的利润门槛，也能够保证街区每个居民在合理的可达性范围内以合适的方式获得服务。近年来，随着社会多元化进一步发展，伦敦政府提出"终身社区（Lifetime

Neighborhood）”的概念，旨在为每个人提供热情、方便、富有吸引的街区生活，使得居民无论年龄，健康或残疾都可以享受充实的生活，并参与社区的经济和社会活动。终身社区的形成使得地区在气候变化、交通服务、住房、公共服务、市政空间和设施方面具更具有弹性和可持续性。**二是延续着新城职住均衡的理念，公共服务紧贴就业机会需求。**在本地工作机会较多的首都圈边缘区，规划体系在确保企业和公共服务的充分组合（以及就业机会）方面发挥着重要作用。特定的公共服务资源往产城融合较好的地区倾斜，强调对企业经营者的贴心服务，帮助消除本地就业障碍，增加其留在本地继续经营的决心，比如支持平价可负担的儿童保育设施，确保使用步行/骑自行车或公共交通工具就能在当地社区找到就业和培训设施，确保伦敦的劳动力以支付得起的交通工具在首都圈找到工作。

第三节 经验借鉴

借鉴东京和伦敦的经验，我国首都一小时美好生活圈建设应立足高质量发展，建设“非自立”新城、实施“交通+”策略、培育都市圈外围品质生活节点、以集约方式增强经济和人口承载力为重点推进生活圈建设。

一、首都郊区新城建设要注重产城融合发展

20世纪以来，东京在都市圈范围内出现两次较大的人口疏散，第一次是20世纪初期大正时期，针对内城拥挤、卫生恶劣等问题爆发而进行的探索。第二次是20世纪50年代东京战后重建和工业快速发

展过程中，受人口拥挤、地价上涨以及水和空气污染等问题集中爆发而进行的疏散。两次疏散过程虽有诸多不同，但可以看到对伦敦模式批判式借鉴的影子。如第一次疏散过程主要受霍华德“田园城市”模式启发，以涩泽荣一探索郊区居住模式为代表，在洗足池、多摩川台、大岗山等郊区地带规划了诸多通勤、生活、景观兼备的舒适中产社区；第二次疏散过程借鉴了伦敦疏解人口压力的新城建设经验，在60–70年代首都圈范围内由近及远同时建立了多座新城。但与伦敦模式差异较大的是，东京的规划没有完全否认城市核心区在经济和文化上的强大吸引力，在其百年来引导产业和人口疏散过程中，并没有经历如伦敦一般不断探求新城自立性的多轮实验，而是在争取产城融合基础上，将更多精力放在提供给新城居民更好的都心交通可达性，以及提供尽可能便捷、短途的生活服务上。与伦敦第三轮新城尝试中设置和市中心相距70–100公里远，追求自立的新城（如米尔顿·凯恩斯）相比，东京都市圈内新城仍然顺应市中心的磁力，布局新城地点时仍将其布局在可接受的都心轨道交通通勤时间范围内。伦敦直到90年代才真正意义上承认城市核心区吸引力，并以大规模更新吸引更多国际人才和资本集聚。

目前，我国中心城市和城市群正在成为承载发展要素的主要空间形式。促进各类要素合理流动和高效集聚，要按照客观规律处理好“进”与“出”的关系。一方面，要认识和把握好城市应该承载的各类要素（包括外来人口），分阶段积极推动城市更新、提升医疗教育服务能力、降低落户门槛，在新形势下以更完善的城市管理水平和市场化运作模式进一步提升区域动力系统发展质量，另一方面，要持续推动非核心功能向外疏散，以此为契机在中心城市的都市圈层面布局一批次级发展中心。这些次级中心既是开发性价比高、设施配套好的居住社区，服务日常通勤至核心区的居民，又注重通过产城融合提升职住平衡水平，以此不断提升中心城市承载力和竞争力。

二、由点及面，以“交通+”组织发展生活功能

在保留区域开发的整体性和服务均衡性的目标上，应以交通发展为“牛鼻子”，通过“交通+休闲”“交通+居住”“交通+生态”“交通+物流”等方式引领支撑各类生活功能开发，在工业通勤人口疏散中强调生活功能随行。在规划实施上，普遍采用交通引领，特别是公共轨道交通引领的方式，将美好生活的需求产生地点（如居住地、就业地等）与相关资源供给（公共服务、观光休闲地等）在空间上集中到各条轨道和公路干道沿线，使公共服务在空间规划上从都市圈外围“撒胡椒面”变为沿着交通基础设施和重要枢纽节点的“有的放矢”，大幅提升城市公共投资效益。与此同时，节约下来的大量土地也为都市圈内生态保育和后续发展提供了良好的基础，形成良性循环。“交通+”的思路还体现在其生活圈规划展示了对个人选择的弹性，即核心区外围新城的设计既配置能够为个人实现职住均衡的机会，也承认都心吸引力并努力配置快速通达核心区的交通支撑。

以公共交通为引领的发展方式是我国区域中心城市可用于组织都市圈土地利用的有效抓手，这种模式在我国情境下有若干重要作用。**一是**节约土地和征地成本。在新地区开发过程中将生活、就业等功能高密度混合在站点周边1公里左右的范围内。**二是**利于战略留白和生态环境保护。战略留白为城市长期发展提供了宝贵的战略机遇，绿地面积的增多和慢行友好街区的设计有助降低来自交通的碳排放，增加

物理固碳水平。**三是**有助于提升城市外围地区对商业地产投资的吸引力，轨道交通和相关生活配套带来的较大人流量预期为区县政府招商引资提供了新的工具。**四是**促进都市圈外围观光旅游和休闲度假的发展。

在采用“交通+”策略过程中，需要注意到，伦敦赖以成功实现低碳等目标的精细化多式客运联运以及较高的交通—土地耦合水平等和高度的公众参与、社区自治、市场化是分不开的。在目前我国城市规划和治理体系下，需要着重解决两方面的问题，一是城市发改、城建、交通、自然资源等部门对于土地审批、重大项目选址审批、交通廊道和站点建设上应建立统筹协调机制，实现从交通被动配套土地和项目的“土地引领交通发展”模式，向由大容量公共交通廊道和站点引领项目和建设集中高密高混布局的“交通引领土地发展”模式转变。二是将多式联运的概念从货运和大区域尺度范畴深化到城市内部交通，重点关注都市圈外围轨道交通站点与私人机动车换乘站场的匹配，与自行车停车防盗设施的匹配。认识到这是鼓励更多郊区居民改变出行方式，缓解中心区城市拥堵、降低城市交通相关碳排放和空气污染的重要举措。

三、以提供美好日常生活为出发点开展都市圈规划

溯源东京和伦敦都市圈诸多良好的生活功能设计，大多与20世纪初和第二次世界大战后两个节点出现的思潮或者出台的规划、法律对美好生活向往的理念有联系。20世纪初，霍华德提出的田园城市理论，包含将人类社区包围于田地或花园的区域之中，平衡住宅、工业和农业区域的比例的一种城市规划理想，这激励了后来在伦敦绿带外

设置新城的构想；东京利用关东地震重建机会，在《帝都复兴计划》中出现了为提升生活服务设施可达性而均匀规划布局零售市场、教育医疗、餐饮娱乐等公共服务和商业设施的理念。第二次世界大战后，伦敦对城市周围绿带范围进行了明确划定，在环伦敦区域建立由公共空间和私人土地空间组成的8–10公里的带状绿色空间。重要的是，除了生态保育，伦敦绿带从一开始就被赋予发展休闲、康养等功能的任务，一举两得为城市活力提升和森林体系的构建提供了坚实支撑。日本战后第一版《首都圈整备法》中即提出对自然的重视，开始对首都圈进行生活愉悦型的美化与改造，并以此为起点在此后的都市圈规划中对塑造美好生活功能不断加深认识。在较新一版的首都圈规划和公式公园与绿地发展政策中，已经明确指出城市建成环境的优化对精神健康的重要性

我国城市应将城市蓝色和绿色空间规划布局原则和功能保障地位进一步提升，写入城市规划，在城市中心充分发挥蓝绿空间在城市人口不断增加的大趋势下提升居民整体身体健康和精神健康的重要作用。在都市圈郊区地带因地制宜对人文和自然景观进行有机融合，并根据地区居民生活需求适度新建休闲功能，满足城市多种人群多元的美好生活需求，提升城市生活的幸福感。突破行政壁垒，顺应规律协调都市圈范围内的各行政主体，共同推动宜居空间布局落地落实。

四、重视都市圈资源的有效组合及精细利用

作为资源匮乏的地区，东京在生活圈建设过程中实现资源复合利用，让各类投资产生更大的综合社会效益，如在空间上，将河滩空间开发为运动公园，不仅保留了滩涂绿地的防洪缓冲属性，也为沿岸居

民提供了大量的运动休闲机会；充分利用楼顶、地下、小型未开发用地进行绣花式农业利用，提升都市农产品保障水平，促进低碳发展；将都市圈生态保护、旅游观光与景观塑造结合起来，因地制宜推动都市圈绿色生态体系形成。同样，伦敦将部分街区原先种植花木的空间转为种植蔬果；在河流两岸与铁路沿线，学校、医院、公屋地面，屋顶及阳台空地，废弃工业地，地方政府持有的工地等非传统地段推广果蔬农产品的种植。这种精细化的生活功能布局思路，值得我国许多面临土地指标限制的都市圈借鉴。

在增量减少甚至是减量规划的背景下，转变思路，由粗放型向集约型用地转变建设都市圈，是新形势下促进区域协调发展的必然要求。我国特大城市都市圈发展应从长远角度出发，重视资源的有效组合，一是在新型城镇化持续推进过程中以集约方式增强区域经济和人口承载力，在土地规划和各类用地及园区审批过程中，既注意职住之间总量的大致平衡，又重视居住者体验公共设施和零售商业的可达性问题，在提升居民享受服务和便利生活可达性过程中顺势推动低碳出行，以高混合度的街区设计让慢行交通与轨道交通吸引力不断增强。二是以立体化、精细化、主题化思维有效组合都市圈内各类生活功能。协调财政、自然资源、文旅、园林、生态环保、农业规划等各部门，以建立联席会议、联合规划、定期协调机制等形式，在都市中心区提高绿化的立体化水平，利用河岸滩涂等“边角料”地段发展游憩和休闲空间，在都市圈范围内通过主题化将各类散落各地但富有组合特色的自然和人文景观进行整合，形成服务于都市圈居民日常休闲的精品廊道，推动发展和保护两大任务在都市圈范围内由对立走向互利。

下 篇

功能与支撑

第四章　我国首都一小时美好生活圈空间优化研究

立足首都一小时生活圈美好空间布局现状和问题，遵循世界大国首都一小时生活圈的空间演化规律，以促进京津冀协同发展为目标，以非首都功能疏解为契机，以满足人民美好生活为导向，构建“一核三极四组团”的空间布局结构，打造成为彰显大国首都风范、引领美好生活需求、共筑魅力田园城乡的首都一小时美好生活圈。

第一节　首都一小时美好生活圈空间布局的现状与问题

一、生活服务资源丰富、组合条件好，生活圈服务范围不断外扩

首都一小时美好生活圈范围内生态资源和文化资源富集，北部和西部地区为燕山山脉，南部分布有湖泊、湿地和温泉资源，总体来看，山地生态、草原风情、温泉湖泊、名胜古迹、都市农业和原生态乡村等资源组合条件好，高品质生活服务资源较多、开发潜力大，具备发展都市生活服务业的资源基础。特别是近年来，随着国民生活消费水平的提升，尤其是人民群众对美好生活的向往需求增加和京津冀

交通条件逐渐改善，首都都市生活消费服务半径逐渐外拓。2018年北京人均GDP突破2万美元，居民生活消费迈入高端消费、绿色消费和个性化消费阶段，消费层次和消费能力明显上升，消费空间距离空间拓展明显。此外，2014年京津冀协同发展战略实施以来，教育、医疗、养老、物流等非首都功能加速外溢，农产品供给、城市物流配送等日常生活服务功能的区域化配置倾向明显，一小时美好生活圈逐渐形成。

二、缺乏统筹设计引导，无序竞争问题突出

当前，首都一小时美好生活服务圈仍然停留在市场自发组织阶段，缺乏顶层设计和区域层面的统筹引导，导致无序竞争问题突出、高品质供给格局尚未形成。具体表现在：一方面，环京地区主动对接首都消费服务需求，但缺乏必要的分工协作，尤其在交通联通、旅游线路设计、公共服务共建共享等方面问题突出，存在功能定位雷同，同质化恶性竞争问题；另一方面，围绕非首都功能疏解，环京地区在专业市场、物流服务、教育医疗和健康养老等领域竞争日趋激烈，缺乏特色功能分工和有序引导，“拾到筐里都是菜”，一窝蜂式的承接竞争不利于生活圈高品质服务功能格局的形成。

三、设施短板制约明显，综合承载能力不足

从伦敦、巴黎、东京等国际一流一小时生活圈的配置标准来看，我国首都一小时美好生活圈的设施短板问题还比较明显。比如，交通基础设施短板，虽然京津冀协同发展战略实施以来，交通互联问题得到极大改善，但北京与周边地区之间的“断头路”和“断头桥”的问题依然突出，多种交通方式之间的顺畅衔接存在问题。此外，高品质

生态文化资源地区，接待服务设施不足或者不能满足高等级服务需求的问题突出，不适应高标准一小时美好生活圈的服务需求。总体来看，北京与周边地区在生活设施配置标准和服务水平、交通通达程度等方面与高品质生活服务需求还具有较大差距，设施短板制约明显，综合承载能力不强，影响高品质首都一小时美好生活圈的构建。

四、跨界合作难度较大，行政分割依然严峻

我国首都一小时美好生活圈的区域范围涉及到北京、天津、河北三省市和多个区县，生活圈的建设需要在功能互补、设施共建、交通互联、环境治理等方面加强协作。但由于生活圈空间范围大，涉及到不同行政单元，在生活圈缺乏顶层设计的背景下，行政分割、各自为政的问题依然严峻，各地建设发展从各自角度出发，市场保护、线路分离等问题依然存在，体制机制障碍和约束明显，一体化空间发展的格局仍未形成。

第二节　首都一小时美好生活圈的空间总体布局

一、布局原则

（一）坚持服务首都、兼顾地方

以服务首都生活需要为导向，兼顾地方生活服务需要，加快完善面向首都需要的优质生活资源和设施，积极承接首都健康养老、教育医疗、城市物流等服务设施外溢，构建服务和保障首都、兼顾地方需求的生活圈空间格局。

（二）坚持需求导向、优化供给

以高端化、多样化、外溢化的首都生活消费需求为动力，积极整

合首都一小时范围的生态资源、人文古迹和休闲设施，建设若干具有鲜明主题的生活服务功能区，全面提升优质生活服务供给能力，推动形成供给和需求相匹配的生活圈空间格局。

（三）坚持交通先行、组团发展

从首都生活服务需求与外围生活服务供给的双向关系出发，加快畅通重要生活功能板块与首都的快速交通联系，依托主要交通廊道和主要资源地，重点布局若干生活服务组团，推动不同组团之间分工协作，形成交通联系便捷、组团分工有序、廊带交织成网的功能布局结构。

（四）坚持统筹规划、分步实施

统筹制定首都一小时美好生活圈布局规划，全面部署生活圈空间结构、分工协作、功能区建设、区域政策创新等工作，明确阶段性工作目标和重点任务，按照分步实施、动态调整的原则，推动生活圈空间格局不断优化。

二、总体布局

根据世界大国首都一小时通勤地区的空间演化规律，综合考虑首都一小时范围的资源禀赋、交通支撑、现状功能和发展潜力，以促进京津冀协同发展为目标，以非首都功能疏解为契机，以满足人民美好生活为导向，按照“核心带动、三极支撑、组团发展”的布局思路，构建“一核三极四组团”的空间布局结构，形成主题分工明确、功能支撑有力、交通基础完善、协同效应明显的发展格局，打造成为彰显大国首都风范、引领美好生活需求、共筑魅力田园城乡的首都一小时高品质生活服务圈。

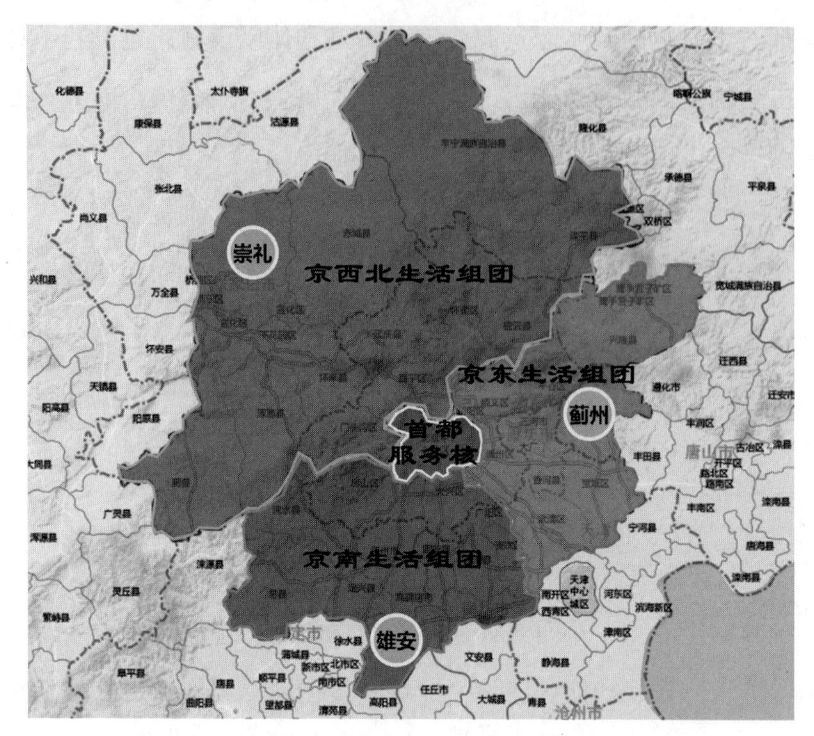

图 4-1　首都一小时美好生活圈空间布局的框架结构

资料来源：作者自绘

（一）一核：首都高端生活服务核

发挥首都核心区的区位优势，面向首都高端消费群体的日常生活需求，以非首都功能疏解为抓手，加大对疏解腾退空间进行改造提升、业态转型和城市修补，重点发展高端居住、时尚购物、文化休闲、科技展览、民生服务等生活服务功能，打造成为服务首都高端消费群体的生活服务核。

（二）三极：雄安新区、崇礼区、蓟州区

综合考虑资源禀赋、现状基础、未来潜力和交通支撑等条件，选择雄安新区、崇礼区和蓟州区为三大极点，在特色功能引领、交通服务组织、旅游线路协作等方面发挥组织引领功能，推动京南生活组团、京西北生活组团、京东生活组团跃能升级，打造成为主题鲜明、服务完善、辐射引领、魅力突出的生活服务核。

1. 雄安新区

贯彻落实“千年大计、国家大事”的战略部署，以承接北京非首都功能疏解为动力，以白洋淀湖泊湿地为核心，推动温泉资源的高端化开发，建设优质共享的公共服务设施，建立连接北京的安全便捷智能绿色交通体系，缓解北京人口过度集聚压力，建设成为北京重要一翼，塑造新时代高品质生活的典范城市，打造成为首都一小时美好生活圈的南部发展极核。

2. 崇礼区

发挥原始森林覆盖面积大、长城遗址遗迹多、塞外风情独特美的资源优势，紧紧把握2022年北京冬奥会的建设机遇，以冬奥雪上基地建设为牵引，重点建设冬奥会场馆群、奥运村、滑雪装备生产基地、冰雪旅游小镇、冰雪博物馆、国际滑雪学院等项目，大力开发“春赏花、夏避暑、秋观景、冬滑雪”的全域四季旅游产品体系，加强与张家口市区、承德市区的交通联系和旅游协作，提升与周边地区的联动发展水平，构建与北京联系的多层次交通体系，打造成为首都一小时美好生活圈的西北部发展极核。

3. 蓟州区

充分研判北京通州副中心建设带来发展重心东移的战略机遇，以京津都市消费需求为导向，积极整合山水、古城、湿地等独特资源，重点建设大盘山景区、渔阳古城、于桥水库、青甸洼湿地公园等功能区，引导北京优质公共服务资源向蓟州倾斜性布局，完善慢行游步道、旅游厕所、酒店餐饮、商务会展、特色民俗等接待服务设施建设，大力发展旅游休闲、商务休闲、养老休闲等功能，加快推动蓟州与北京及京东区县的交通对接，全面增强对京津都市消费群体的生活吸引力，打造成为首都一小时美好生活圈的东部发展极核。

（三）四组团：首都核心区生活组团、京东生活组团、京南生活组团、京西北生活组团

根据世界级城市群的生活圈空间分布规律，结合首都一小时美好生活圈的资源禀赋、区位分布、功能联系和分工要求，从北京都市生活消费需求出发，依托主要交通轴线，打造首都核心区生活组团、京东生活组团、京南生活组团、京西北生活组团四大功能组团，明确不同组团功能分工，制定特色差异化的发展举措，共同构筑首都一小时美好生活圈。

1. 首都核心区生活组团

区域范围：指北京四环以内的功能区域，集中承载了国际交往、科技创新、文化展示、金融服务等职能，是首都功能最为集中的区域，也是高端生活服务需求最大的区域。

主要功能：承担高端居住、时尚购物、文化休闲、科技展览、民生服务等功能。

发展举措：面向首都高端消费群体的日常生活需求，以非首都功能疏解为抓手，加大培育国际交往、高端居住、科技展览、文化休闲、时尚购物等功能，打造高端生活服务功能极核。以疏解腾退区域性商品交易市场、大型医疗机构等非首都功能为抓手，对疏解腾退空间进行改造提升、业态转型和城市修补，疏解腾退空间优先用于保障中央政务功能，还用于发展文化与科技创新功能、增加绿地和公共空

间、补充公共服务设施、增加公共租赁住房、改善居民生活条件等生活服务功能。鼓励发展符合核心区功能定位、适应老城整体保护要求、高品质的特色文化产业，调整优化传统商业街区，促进其向高品质、综合化发展，突出文化特征与古都特色。做好商业网点布局规划，打造规范化、品牌化、连锁化、便利化的社区商业服务网络。加强城市修补，坚持“留白增绿”，创造优良人居环境。开展生态修复，建设绿道系统、通风廊道系统、蓝网系统，提高生态空间品质。

2. 京东生活组团

区域范围：指首都一小时通勤半径内的京东地区，包括北京通州区、顺义区和平谷区，天津蓟州区、武清区和宝坻区，河北省三河市、大厂回族自治县、香河县和兴隆县，与北京交通联系紧密，一体化发展程度高、活力足、潜力大，是首都一小时美好生活圈的重要组成部分。

主要功能：主要承担通勤居住、养老居住、康养运动、旅游休闲和物流服务等功能。

发展举措：充分发挥毗邻北京的地缘优势和山水组合优势，以蓟州区为核心，以日常通勤居住、首都养老服务、中小型商务会展和城市日常物流服务四大功能为主攻方向，重点建设蓟州品质生活之城、北三县通勤居住服务区、兴隆康养运动谷、武清特色购物休闲小镇、京东城市物流集聚区等重点生活功能区，积极完善会议、展览、运动、康体、购物、娱乐、餐饮等配套服务设施，巩固成本领先和产品差异优势，推动不同区县之间的差异化分工，创新生活服务功能多元化供给模式，打造具有鲜明地域特色的居住休闲产品体系，加快建设连接北京的轨道、高速、公交等立体化交通体系，全面融入环北京1小时生活圈和商务圈，建设成为重点面向北京的复合型生活服务组团。

3. 京南生活组团

区域范围：指首都一小时通勤半径内的京南地区，包括北京市的房山区和大兴区，河北省的雄安新区、广阳区、安次区、涞水县、易县、涿州市、固安县、永清县、定兴县、高碑店市和霸州市，是保障北京、服务雄安的关键区域。

主要功能：主要承担休闲运动、优质农产品生产、农产品物流服务和居住服务等功能。

发展举措：以保障北京和服务雄安为出发点，以雄安新区为核心，积极整合湖泊温泉、优质农产品、历史文化资源等，大力发展优质农产品生产、农产品物流服务、湿地生态休闲和居住服务等四大生活服务功能，加快建设雄安优质服务之城、涞水山地生态旅游区、高碑店农产品物流基地、永固霸温泉度假区等重点功能区，配套发展娱乐购物、商务休闲、交通服务、运动康体、乡村旅游等功能设施，加强与北京的快速便捷通畅交通联系，强化重要服务节点的综合承载能力，推动不同区县错位分工协作发展，全力构建大农业、大湖泊、大温泉为特色的京南生活服务组团。

4. 京西北生活组团

区域范围：指首都一小时通勤半径内的西部太行山和北部燕山地区，包括北京市的密云区、怀柔区、延庆区、昌平区和门头沟区，河北省的张家口中心城区、赤城县、怀来县、涿鹿县、蔚县、宣化区、下花园区、崇礼区、丰宁满族自治县、滦平县，生态旅游资源丰富、绿色产品供给能力强，是环北京 1 小时生活圈的重要生态功能区。

主要功能：主要承担生态旅游功能，延伸发展体育运动、休闲度假、生态农产品供给、养老服务等功能。

发展举措：紧紧把握2022年北京冬奥会的重大赛事机遇，依托太行山和燕山的生态资源优势，深度挖掘山水、草原、冰雪、温泉和农业等资源潜力，按照全域旅游的发展理念，整体打造、统筹推进、联动发展、分步实施，以崇礼冬奥之城为核心，以燕山—太行山千里风景长廊建设为轴线，重点建设京北生态旅游区、京西山地旅游区、崇礼国际冰雪旅游区、蔚县历史文化古城、桑洋河谷葡萄长廊、赤城山地温泉度假区、丰宁草原风情旅游区等重点生活功能区，积极布局旅游通用机场、国家牧场、国际狩猎场等，着力发展低空旅游、狩猎旅游、冰雪运动等新型旅游业态，加快培育山地运动会、草原音乐节、国际登山节等一批具有重要影响力的节庆活动和徒步、露营、越野等野外拓展活动，着力破解交通瓶颈，推动大山区与大都市有效对接，构建以生态旅游为特色、以运动康体和生态产品供给为主题的国家山地度假示范区和面向首都的优质生态产品供给基地。

三、重点功能区建设

根据空间布局框架安排，充分考虑资源禀赋、发展基础和未来潜力，兼顾区域平衡发展的需要，按照休闲旅游、康养服务、运动休闲、文化娱乐和生活保障五大类别，谋划建设京北生态旅游区、京西山地旅游区、北三县通勤居住服务区、高碑店农产品物流基地、京东城市物流集聚区、武清特色购物休闲小镇、桑洋河谷葡萄长廊、丰宁草原风情旅游区、涞水山地生态旅游区、永固霸温泉度假区、蔚县历史文化古城、赤城山地温泉度假区、兴隆康养运动谷等十三个重点功能区，引导重大生活服务项目向重点功能区布局，联合打造成为首都一小时美好生活圈建设重要功能节点。

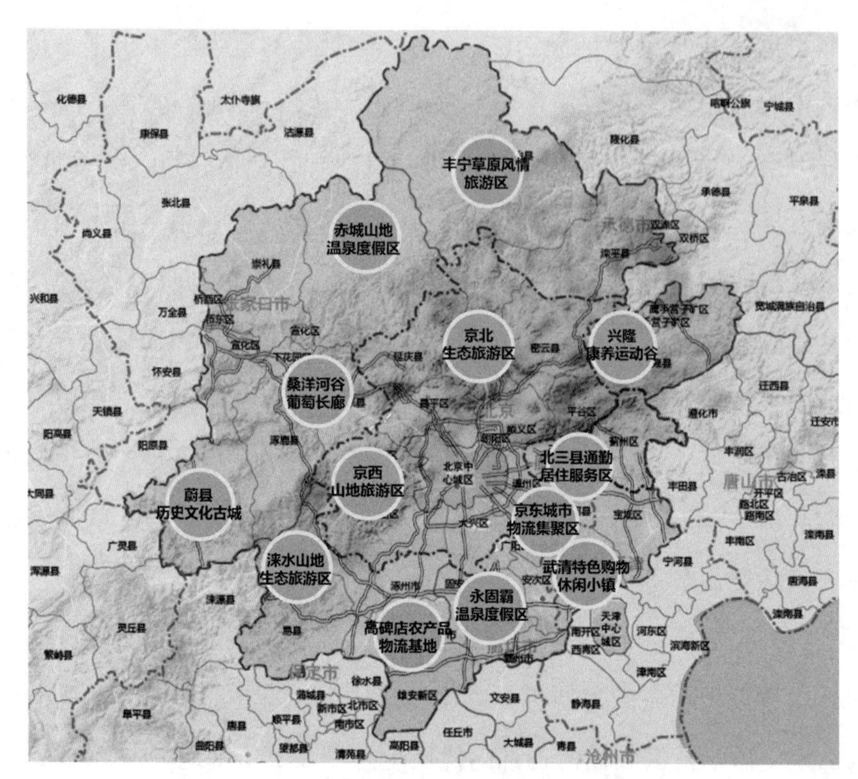

图 4–2　首都一小时美好生活圈重点功能区布局

资料来源：作者自绘

（一）休闲旅游类重点功能区

1. 京北生态旅游区

充分发挥密云、怀柔和延庆等生态涵养区的生态优势，面向首都日常都市休闲需求，重点发展生态观光、运动康养、主题游乐、休闲农业等生活服务功能，加强生态保护力度，完善休闲接待设施，打造成为首都近郊首选的生态旅游区。

2. 丰宁草原风情旅游区

依托丰宁满族自治县的草原、森林、冰雪和温泉等特色资源，重点建设坝上草原旅游区，着力发展草原观光、森林穿越、骑马越野、冰雪运动、山地越野、草原运动等旅游，探索发展直升机、动力伞、飞艇、热气球等特种飞行器旅游，完善丰宁至北京的快速交通体系，打造成为国际知名、国内一流的草原风情旅游区。

3. 涞水山地生态旅游区

依托涞水独特的山水生态资源，以野三坡国家森林公园为核心，重点面向北京都市休闲消费需求，着力开发生态观光、山地度假、文化体验和健康养老等产品，加快完善涞水至北京的旅游快线体系，努力提升旅游接待能力和服务水平，全力打造成为京西生态休闲第一地。

4. 桑洋河谷葡萄长廊

依托张家口怀来县、涿鹿县和宣化县等桑洋河谷地区，发挥气候和土地适宜葡萄种植优势，在葡萄酒规模种植基础上，着力完善葡萄采摘、葡萄酿造、葡萄酒品鉴、葡萄酒展览、葡萄酒交易等于一体的葡萄酒产业链条，积极培育一批国际知名葡萄酒品牌，建设成为国内一流的葡萄酒庄园聚集区和葡萄酒文化体验地。

（二）康养服务类重点功能区

1. 兴隆康养运动谷

发挥兴隆森林覆盖率高、空气质量好、夏季气温低等“华北之肺”的资源优势，面向首都巨大的康养休闲市场，重点培育健康养老、运动休闲、生态观光等生活服务功能，健全与首都的快速交通联系，完善综合服务设施，打造成为服务首都的康养运动谷。

2. 永固霸温泉度假区

依托永清、固安和霸州丰富的地热资源，大力开发温泉度假休闲产品，加快建设温泉 + 养生、温泉 + 会展、温泉 + 主题游乐、温泉 + 文化体验等旅游产品体系，构建以温泉度假为主体，以商务会展、主题游乐、乡村旅游等为重要补充的温泉度假区，打造京南温泉度假休闲区。

3. 赤城山地温泉度假区

依托赤城山地温泉资源特色，重点建设赤城温泉和汤子庙温泉两大温泉度假区，推动露天温泉体验区、温泉度假村等级提升，推进历史文化景观恢复，加强与崇礼联动发展，构建“白天崇礼滑雪、晚上赤城泡泉”的旅游产品组合，打造中国一流的山地温泉度假区。

（三）运动休闲类重点功能区

1. 京西山地休闲区

依托门头沟和房山的山地生态优势，积极挖掘京西文化资源潜力，重点打造山水生态游、历史文化游、古村古道游三大旅游产品，着力塑造一批具有重要影响力的山地运动品牌，加强山地生态修复力度，加强京西连接主城的轨道交通建设，打造首都高端山地休闲度假区。

（四）文化娱乐类重点功能区

2. 蔚县历史文化古城

发挥蔚县国家历史文化名城的丰厚民俗文化资源优势，围绕暖泉镇、宋家庄镇、涌泉庄乡等重要节点，建设古堡群、影视基地、剪纸艺术博物馆、草原旅游区等重点项目，培育兼职、泥塑、社火等民俗演艺项目，完善遗址保护体系，重点健全服务北京的交通体系和自驾车服务体系，打造京北民俗文化休闲区。

3. 武清特色购物休闲小镇

依托京津城际铁路和 G2、S15 等交通优势，努力壮大佛罗伦萨购物休闲小镇，重点发展品牌购物、汽车休闲、文化体验和休闲娱乐等功能，延续意式建筑风情，营造都市休闲氛围，打造成为服务京津的特色购物休闲小镇。

（五）生活保障类重点功能区

1. 北三县通勤居住服务区

依托廊坊市三河、大厂和香河三市毗邻北京的优越区位，发挥距离近、房价低、交通快的优势，建立多元住房供应体系，增强就近就业服务功能，完善与首都快速交通联系，加快北京优质教育和医疗资源向北三县地区延伸，打造成为服务北京的通勤居住服务区。

2. 高碑店农产品物流基地

发挥高碑店市与北京、雄安的邻近优势，主动承接北京农产品物流企业转移，加快推进新发地农产品物流园建设，积极完善冷链物流、交易结算、流通服务等农产品物流服务功能，打造成为保障北京、服务雄安的农产品物流基地。

3. 京东城市物流集聚区

依托廊坊广阳区和北三县、天津武清区等京东地区，发挥北京大兴国际机场、G2 和 G3 等交通优势，积极承接北京“摆不下、离不开、走不远”的城市物流服务业，加快引进大型物流服务巨头企业，着力建设若干服务北京日常生活需求的城市物流基地，打造成为具有重要影响力的京东城市物流集聚区。

第三节　首都一小时美好生活圈空间布局的优化策略

一、重点打造组团生活服务中心

（一）依托重大战略推动生活服务中心建设

根据京津冀协同发展的重大战略布局调整，发挥政策导向、投资倾斜、服务溢出的风向标功能，加快推动三大生活服务中心建设。依托雄安新区作为“千年大计、国家大事”的重大战略，积极引入京津优质教育、医疗卫生、文化体育等资源，加快构建多层次、全覆盖、人性化的公共服务网络，形成综合承载能力强、辐射能力突出的生活服务中心。依托2022年北京冬奥会重大赛事战略机遇，加强崇礼各项基础设施建设，完善国际生活服务功能，建成辐射京西北地区的生活服务中心。依托北京市政府东迁通州的战略机遇，积极把握北京市人口重心东移对蓟州的生活服务溢出趋势，积极承接首都生活服务功能和设施的外迁，加快蓟州建设面向首都需求的生活服务设施，形成辐射京东地区的生活服务中心。

（二）明确组团生活服务中心定位

立足雄安、崇礼和蓟州三大生活服务中心的现状基础，结合宏观战略演化格局，加快明确功能定位，雄安定位发展成为高端生活服务中心，崇礼定位发展成为冰雪生态旅游基地，蓟州定位发展成为山水文化宜居之都，推动三大生活服务中心错位分工，分别形成支撑京南生活组团、京西北生活组团和京东生活组团的三大生活服务中心，共同打造成为支撑首都1小时生活圈的区域性生活服务中心。

（三）积极承接非首都生活功能外溢

根据雄安、崇礼和蓟州三大生活服务中心的战略定位，按照非首都功能疏解的时间表和路线图，按计划有重点地承接北京的教育医疗、健康养老、生活市场、城市物流等非首都功能设施外迁，加快生活服务承接平台建设，着力构建与本地生活服务基础匹配的优质生活服务设施体系，塑造兼顾首都高端都市消费需求和本地居民生活服务需求的生活服务功能，形成首都一小时美好生活圈的重要支撑。

（四）完善组团服务中心与首都交通联系

根据首都一小时美好生活圈三大中心的服务首都和空间组织需

求，加快完善雄安、崇礼、蓟州三大中心与首都的快速交通联系，构建城际轨道、高快速路和城际公路等一体化交通体系，畅通三大中心与周边地区的交通联系，积极提升三大中心对周边地区的生活组织能力，全面提升三大中心的功能组织中枢功能，强化三大中心在京津冀协同发展大格局中的战略节点作用。

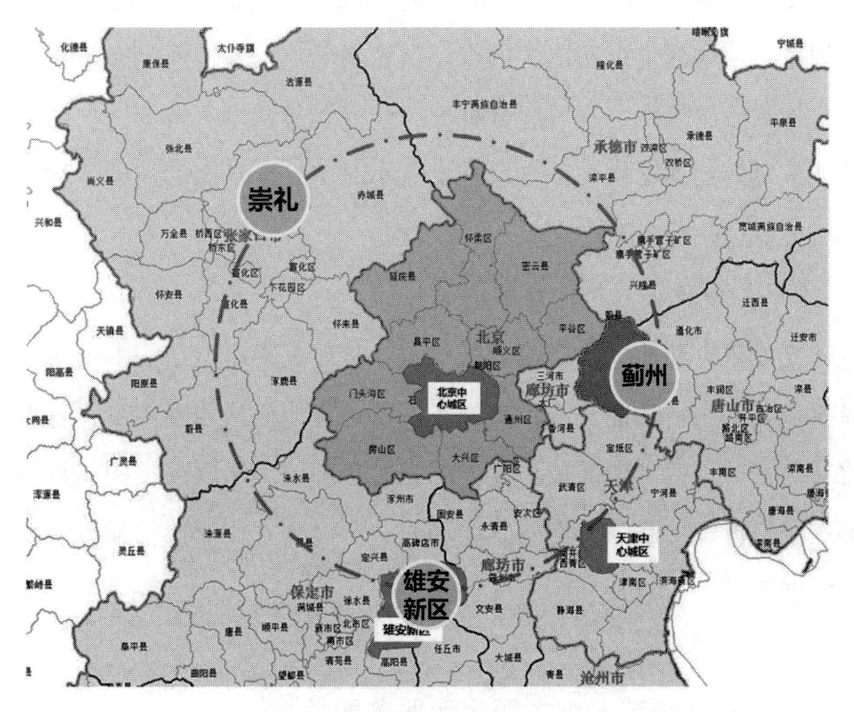

图 4–3　首都一小时美好生活圈三大生活服务中心布局

资料来源：作者自绘

二、着力建设重点功能区

（一）突出重点功能区发展主题

根据十三个重点功能区的资源禀赋、发展基础，结合首都都市圈的生活消费升级趋势，明确各功能区发展主题，围绕发展主题优化资源配置，着力在土地、资金、人才、政策等方面破解发展短板，增强主题功能在都市圈中的战略定位，打造特色定位鲜明、发展活力十足、功能支撑有力的重点生活功能区，成为满足首都特色生活休闲需求的重要支撑点。

（二）加强不同功能区之间的协作

根据不同功能区的定位和布局，按照首都都市生活消费的特点和规律，从增强重点功能区的生活消费吸引力出发，通过完善交通组织、加强旅游协作、开展联合推介、建立智慧共享平台等，加强不同功能区之间的战略协作，支撑首都一小时美好生活圈的建设，推动生活服务节点联网成圈。

（三）加强与首都的功能联系

立足重点功能区的资源禀赋优势，从首都都市生活需求出发，积极承接首都生活功能外溢，加快发展特色优质生活服务体系，重点强化对北京的生活消费展销力度，加强与首都的交通联系，构建承接首都、服务首都、联系首都的发展局面，形成全方位对接首都生活发展的发展格局。

三、积极培育七大主题生活服务圈层

（一）优质农产品供给圈层

依托首都一小时范围内地理条件多样、市场流通体系健全、资本和科技要素获取便利等条件，面向首都优质农产品需求，以都市现代农业为主要方向，突出服务、生态、科技功能，重点发展蔬菜水果、蛋奶生产、山地特色种植等，建立“中央厨房”供应基地和“农业硅谷”，打造农业信息化高地，建成首都“菜篮子”“米袋子”和“肉铺子”的重要供给区、农业先进生产要素集聚区和农业多功能开发先行区，建成首都一小时鲜活农产品供应保障圈。

（二）城市生活服务配送圈层

围绕服务北京，充分利用京冀攻坚物流基础设施投资支持政策，整合利用环首都物流仓储设施，加快在北京周边与北京共建多功能大型现代化仓储和配送设施，重点建设特色农产品物流配送基地、绿色建材家装物流配送基地、日用消费品配送基地、应急储备保障基地，大力发展为京服务的电子商务线下仓储、分拨集散业务，搭建京冀商贸物流信息共享平台，构建京冀统一协调、反应迅捷、运行有序、高效可靠的首都一小时生活服务配送圈层。

（三）都市日常通勤居住圈层

发挥邻近北京的区位交通优势和房价落差优势，围绕首都巨大的通勤居住服务需求，结合区域重大交通廊道建设，着力布局建设廊坊“北三县”、武清、固安、涿州、怀来等通勤居住服务区，加快完善教育、医疗、商业等综合配套服务设施建设，增强重点通勤地区的人口承载能力，率先破解跨界交通瓶颈，构建重点通勤居住服务区与北京的一体化、多方式的交通连接体系，打造服务功能完善、交通联系便捷、支撑能力强大的都市日常通勤居住圈层。

（四）环京健康养老服务圈层

瞄准北京健康养老的高端消费需求，发挥廊坊、保定、张家口等紧邻北京的区位优势和生态环境优势，按照“优势互补、互利共赢、共建共享”的原则，加快建设廊坊燕达国际健康城、保定涿州码头国际健康产业园等一批健康养老基地，统筹解决跨区域医疗机构和养老机构分割布局问题，重点破解跨区域养老服务的身份和户籍障碍，打造“医、护、养、学、研”一体化新模式，建设环京津健康养老产业圈，着力打造国际化、高档化、信息化的环京绿色生态医疗健康和老年养护基地。

（五）山地生态运动休闲圈层

发挥太行山和燕山两大山脉的山地生态资源优势，面向都市运动休闲需求，在山地观光和山地度假的基础上，重点打造一批运动休闲产品，着力建设以直升机观光、动力滑翔伞、热气球观光等为主的空中项目，以山体攀岩和空中冒险乐园为主的岩壁项目，以山地越野、山地露营、山地自行车、房车露营等为主的地面项目，以皮划艇和垂钓为主的水上项目等，培育长城国际马拉松、山地国际越野、国际攀岩大赛等一批具有国际影响力的重要赛事，打造环京山地生态运动休闲圈层。

（六）环京历史文化休闲圈层

发挥环京地区历史文化资源富集、名声古迹众多的资源优势，推动文化与旅游深度融合，按照“历史文化发展旅游，旅游展示历史文化”的理念，围绕皇家文化、长城文化、古城文化、民俗文化、红色文化五大文化，重点建设京北长城带、蓟州古城、蔚县古城、易县皇陵等重要历史文化节点，突出京畿文化特色，培育一批以影视、动漫、演艺为主题的文化创意产业基地，积极提升文化体验、文化创意、文化演艺和文化交流功能，打造环京历史文化休闲圈层。

（七）环京乡村旅游度假圈层

发挥环京乡村地区生态、文化和农业等资源组合优势，面向首都郊野休闲需求，以农为本、以乡为魂，结合乡村振兴战略，大力开发乡村旅游产品。燕山、太行山地区依托山区乡村特有风情，开发山村避暑、休闲度假等产品，推动乡村旅游与山区综合开发融合发展；环重点景区加强景村共建，形成“游在景区、住在乡村”互动发展的新格局；毗邻北京地区以首都服务需求为导向，开发农业公园、市民农园、乡村旅游综合体等项目；传统村落区在保护民居建筑、民间艺术和民俗风情的前提下，开发特色民宿、专题博物馆、传统技艺体验等产品。依托乡村闲置农宅、山场、农田等资源，开发一批独具特色的民宿，重点培育太行山水人家、湖泊湿地船家、长城文化老家、华北田园农家、海滨海岛渔家、坝上草原牧家等六大“回家”品牌，打造首都居民休闲度假的“第二家园”，构建服务北京的环京乡村旅游度假圈层。

第五章　我国首都一小时美好生活圈生活休闲和生活保障功能建设研究

生活休闲圈和生活保障圈是首都一小时美好生活圈的两大核心功能圈。首都一小时美好生活圈范围内历史文化、生态休闲旅游等资源丰富，但分布较为分散，整合开发利用效率不高，挖掘与深度开发不够，面向京津客源市场的高端产品较少；物流基地围绕空港枢纽、铁路场站、物流口岸等进行布局，整体呈现南多北少、东多西少的空间格局。首都一小时美好生活圈的建设应按照“补短板、提品质、优布局、促共享”的原则，充分发挥自身独特的区位优势与资源禀赋优势，以满足京津休闲度假需求为主导，大力发展休闲度假、康养服务、运动体育、文化娱乐等产业，培育新业态、新产品、新模式，提升服务品质，全面推进首都一小时生活休闲圈建设；以日常农产品物流保障、日常生活物流保障、优质农产品供应为重点，建立稳定、便捷、高效的产供销系统和物流服务系统，提高环北京鲜活农产品的流通服务能力，构建首都一小时生活保障圈。

第一节 首都一小时美好生活圈生活休闲功能和生活保障功能的现状与问题

一、发展现状

北京及周边地区北倚燕山、西临太行，多条河流穿境而过，自然本底条件较好。作为汉唐边防重镇与元明清首都及拱卫之区，历史文化资源丰富。作为首都的环卫地区，综合交通运输发达，公共服务水平较高，打造优质生活圈具有诸多优势和条件。

（一）生活休闲资源优势突出，供给规模与层次加速提升

对接首都、服务首都、融入首都已经成为首都一小时美好生活圈内各区县产业选择与培育发展的主要导向。围绕首都及周边地区生活服务市场不断上升的需求规模与需求层次，积极发展休闲旅游、运动、健康、娱乐等生活休闲产业，成为首都一小时区县发展的重点所在。近些年来，首都一小时美好生活圈内重点县区的旅游业和第三产业增速均快速上升并高于GDP增速，显示了环京地区较高的生活休闲需求。京东生活组团的天津蓟州区，2018年接待游客数量和旅游总收入分别增长11%和9%，第三产业增加值长9.8%；京西北张家口接待游客与旅游总收入分别增长17.5%和23.4%；京南保定2018年接待游客与旅游总收入分别增长18%和25%。2018年，河北环首都14个县（市、区）第一、三产业比重分别提高0.2和3.6个百分点，第三产业增加值增长8.7%，高于6.5%的GDP平均增速。

（二）空间上呈圈层布局，基地覆盖多个生活休闲领域

从首都一小时美好生活圈范围内各县市近几年政府工作报告中的新上重点项目来看，休闲旅游项目遍布整个地区，已经形成以北京为

核心的环状环绕布局。基于地形地貌差异，京西北地区主要以浅山生态旅游、运动休闲资源为核心推进休闲旅游产业发展。京南地区主要以平原区县农业观光休闲为核心打造休闲农业基地。京东地区既有平原又有浅山，在休闲旅游形态上较为综合，适宜发展休闲产业。分项目来看，康养类产业项目浅山区和平原区均有分布，东南平原县区相对较多。运动类项目则主要分部在京西北、京东的浅山县区，平原地区则相对较少。文化娱乐项目主要集中在京东平原地区和京西北拥有知名历史文化遗迹的浅山县区。

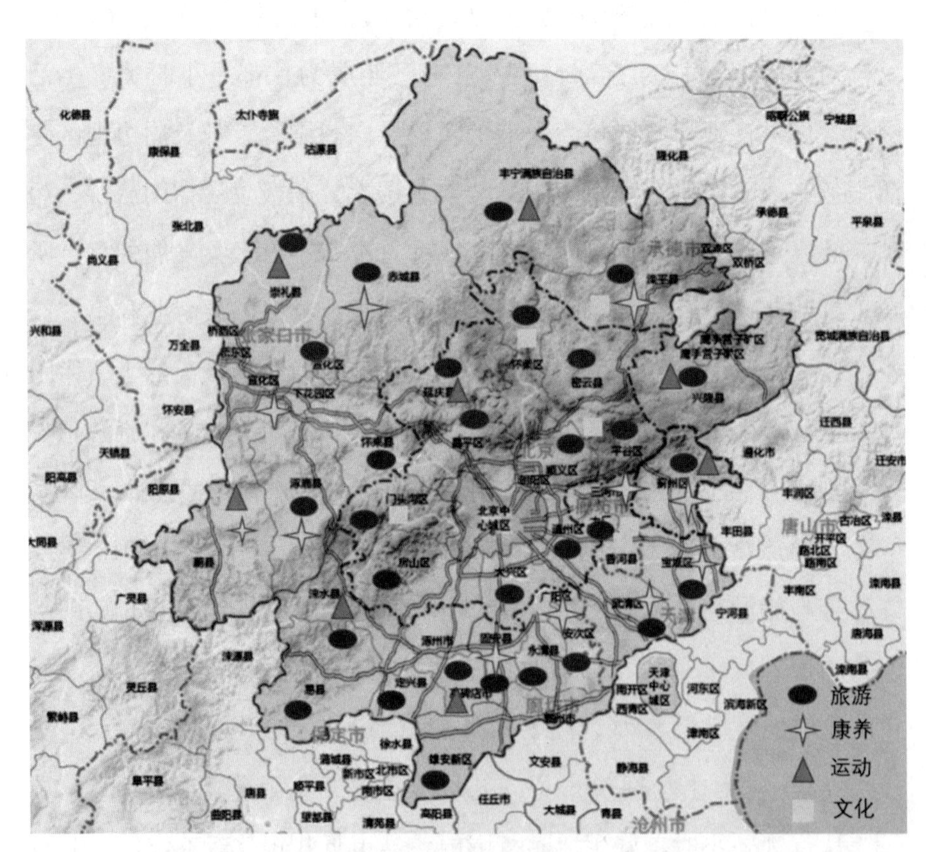

图 5–1　基于重点项目汇总的首都一小时美好生活圈四大生活休闲功能布局

图片来源：课题组绘制

（三）物流基地沿交通廊道分布，京东、京南为主要集聚区

从首都一小时美好生活圈范围内各县（市区）物流基地布局来看，与人口集聚、城市发展与交通干线相适应，物流基地布局呈现南多北少、东多西少的空间格局。主要物流基地围绕空港枢纽、铁路场站、物流口岸等进行布局，以满足服务首都居民生活的快速需求。京东物流基地主要分布在顺义、平谷、武清，顺义是北京首都机场所在地，是北京空港物流基地；平谷是连结北京与天津港、京唐港等港口的重要内陆口岸，是北京依托海运进口货物的主要物流集散地；武清是依

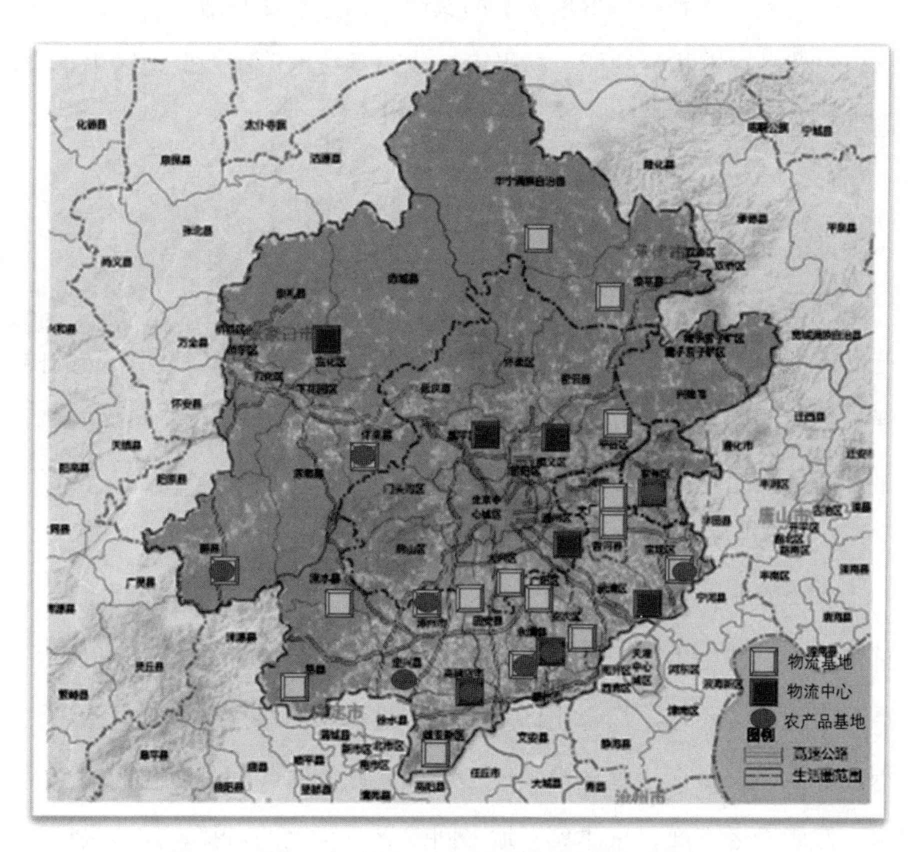

图 5-2　首都一小时美好生活圈物流基地与农产品基地分布

图片来源：课题组绘制

托天津港、京沪铁路面向京津冀地区的重要物流基地，是国内外知名电商重要物流仓储基地。京南物流基地主要分布于大兴、固安、永清、霸州、涿州和高碑店，大兴、固安拥有紧邻大兴国际机场区位优势，以空港物流为主。永清、霸州主要依托京九铁路与大广高速，涿州、高碑店主要依托京广铁路与京广高速等入京大通道打造服务首都及周边地区的物流基地。北部昌平主要依托京藏高速、京张铁路成为西北地区生活物质进入首都的重要物流基地。

此外，高碑店市、广阳区、昌平区等县市区成为服务首都的重要农产品基地。如高碑店承担了南部农产品物流仓储基地功能，广阳区承担农产品冷链物流功能，昌平南口成为承接内蒙等西北地区牛羊肉进京冷链物流配送服务基地。

二、突出问题

首都一小时美好生活圈内的各区县，休闲资源较为分散，产业产品依旧处于传统发展阶段，整合开发利用效率不高，许多产品的内涵挖掘与深度开发不够，面向京津客源市场的高端产品较少，与高质量、高品质的首都市场需求不相适应。

（一）生活休闲产品品质有待提升

在大众休闲、高速交通、移动互联网快速发展的时代大背景下，首都一小时美好生活圈内的县区过度依赖旅游景区资源，且多以观光产品为主，多元化、综合化休闲产品不足，产品结构不合理。旅游资源的分散与综合衔接管理水平跟不上大众旅游时代和品质化的消费需求。健康养老方面，京津冀三地之间缺乏政策上的对接，异地报销的制度壁垒较高，成为首都一小时美好生活圈地区吸纳北京养老人群发展健康养老产业的重大瓶颈。文化娱乐、运动休闲的短板在于产业融合程度低，产业链条偏短，在深度和广度上发展不充分，不能与其他产业形成融合发展格局。融合旅游、健康、体育的高品质生活休闲地域营销体系还未形成，大多游客都直奔旅游目的地而忽略文化底蕴深厚的老城区，降低了中心城区的旅游服务功能，城区的品牌知名度、竞争力、影响力还需进一步提升。

（二）生活休闲配套服务设施滞后

休闲与旅游交通服务是制约休闲旅游产业发展的重要因素。目前来看，首都一小时美好生活圈内山区、浅山区与平原景区传统景区（点）道路承载力有限，在节假日高峰期极易造成交通拥堵。在新开发景区（点），道路交通问题已经成为制约其规范化、规模化发展的最大制约因素。此外，休闲场所与旅游景点配套服务设施缺乏，停车位不足，从城区通往各重点景区的公交专线和各景区之间的旅游专线数量还不充足，旅游交通沿线的基础服务设施建设滞后、标准不高，商业配套也存在不规范和旅游商品较单一，没有形成完整的“吃、住、行、游、购、娱”服务体系，难以满足游客多样化的消费需求，还停留在原始的收门票阶段，影响区域自身的整体旅游形象。此外，县区城市生活服务功能较弱，旅游集散中心、咨询中心的数量不足、作用不明显，中心城区的集散功能没有体现出来。

（三）生活休闲类产品同构化严重

从产业培育与选择来看，首都一小时美好生活圈内各区县，无论是生态旅游资源比较丰裕的浅山区县，还是以先进制造业为重点发展方向的平原区县，在产业选择上很多区县都将健康与医疗产业作为重点发展和培育对象，并将对接服务北京市场作为产业发展的主打方向，很多区县也将自身定位为承接或服务京津的大健康产业的集聚区。不可否认的是，拥有较多中产阶层的京津两大都市是一个具有较高吸引力的大市场，但是否需要首都一小时美好生活圈内的绝大部分区县均成为大健康或医疗服务业的集聚地，是一个有待商榷的问题。在当前各个区县一窝蜂大干快上大健康产业项目的背景下，各区县之间存在乱打仗、打乱仗的局面，迫切需要进行跨行政区的协调。

第二节　首都一小时美好生活圈完善生活休闲和生活保障的战略方向

由于独特的区位条件和历史开发较早，平原地区与浅山地区均拥有较好的历史文化遗迹、生态资源。因此，各县市区要紧紧抓住京津冀协同发展的历史机遇，按照“补短板、提品质、优布局、促共享”的战略方向，充分发挥自身独特的区位优势与资源禀赋优势，加快融入首都一小时美好生活圈，优化休闲功能布局，提升休闲产品品质，共筑跨区域产业发展轴带，提升发展水平。

一、补短板

围绕健康服务跨区域政策对接、文化娱乐与运动体育融合程度较低、休闲旅游交通等配套设施不足等短板问题，加强京津冀三地之间的政策对接，消除首都一小时美好生活圈内三地间的制度壁垒、交通瓶颈，推动合作体制机制创新，加大公共服务支持力度，推进休闲资源的共享整合，促进各县市区的相互协调，在统一规划与政策衔接之下，进一步深化各县市区主要载体之间的空间联系与分工整合，为打造定位清晰、功能互补、统筹衔接的首都一小时美好生活圈创建良好的基础。

二、提品质

顺应消费大众化、需求品质化、产业现代化的发展新趋势，对接80后、90后与老年消费市场多元、时尚、潮流等方面的新需求，创新发展无景点旅游、网络互助游等新型旅游方式，积极培育适应自助游、自驾游、自由行的城市休闲设施。顺应微信传播、定制旅行、社交旅游等新业态的发展需求，依托历史文化和生态风情资源，以旅游需求引领产品供给，以优质供给拉动旅游消费需求，高标准推进文化旅游、体育休闲等景区和设施建设，打造生活休闲精品，提升都市圈的城市生活休闲品质，为都市圈高质量发展提供新支撑。

三、优布局

结合首都一小时美好生活圈范围内历史文化、山水风景资源的空间布局，顺应北京及周边地区人口和经济发展重心空间重塑需要，以满足休闲度假需求为主导，按照“合理布局、特色发展、整合集聚、提升品质”的要求，围绕健康服务、休闲旅游、运动体育、文化娱乐等重点领域，破除核心景区间交通瓶颈，优化产业功能布局，构建多元化产品体系，推动休闲线路有机衔接组合，打造若干个发展极核与产业轴带，推动首都一小时美好生活圈内各区县生活休闲资源的跨区域整合与互动，构筑“一环四核多节点”的空间发展大格局，形成“一带三区九组团”空间格局。

四、促共享

积极促进首都一小时美好生活圈三地生活休闲产业共享发展与合作，支持京津冀三地各区县政府部门、行业组织机构、旅游营销平台、旅行社等打造首都一小时美好生活圈休闲业联盟，在整合资源、共享共赢基础上推动互惠互利共享机制建设，共同谋划打造互为休闲旅游目的地的精品休闲旅游线路，着力培育一批各具特色的休闲旅游产业集群，构建配套完善的生活休闲综合产业体系，实现资源共享、设施共用、信息互通、功能互补，放大聚集效应，推动区域生活休闲业的协调互动发展，促进三地休闲资源与客流融合共享。

第三节　打造四大生活休闲功能圈

以满足京津休闲度假需求为主导，加强供给侧结构性改革，实施品牌引领战略，大力发展休闲度假、康养服务、运动体育、文化娱乐等产业，培育新业态、新产品、新模式，提升服务品质，全面推进一小时生活休闲圈建设。

一、以健康服务业为重点，增强健康养生功能

依托邻近北京的区位优势和资源优势，紧抓京津冀协同发展机遇，围绕京津老年高端消费人群的市场需求，以康养服务业为核心，大力推进健康养老、生态康养、温泉康养等重点领域，按照“医、护、养、学、研”一体化新模式，谋划建设大型康养服务综合体项目，推进康养产业与旅游、文化、体育等休闲产业的融合发展，构建首都一小时健康养老产业圈。

（一）发展重点

以健康养老、康复疗养、健康体检和健康管理服务业为重点，发挥政府推动、市场主导和社会参与的多重作用，合力撬动社会资本和资源，围绕京津冀协同发展打造互补互利的养老服务产业集群。

健康养老。围绕老年人预防保健、医疗卫生、康复护理、生活照料、精神慰藉等需求，首都一小时美好生活圈内各县市应支持社会力量通过市场化运作方式和特许经营、公建民营、民办公助等模式，开办具有医疗卫生和养老服务资质、能力的健康养老机构，积极开发老年人用品用具和服务产品，积极吸引京津老年群体来此休闲养老。

康复疗养。围绕亚健康、中老年慢性病患者的康复理疗需求，结合区域旅游和温泉资源，推进康养综合体建设。依托康养综合体，加强与京津冀综合医院、中医院、康复护理专科医院的合作，设立相关康复科室或成立中医药保健服务中心，重点发展预防诊断、康复评估、康复治疗、康复训练和处理、康复心理咨询、保健咨询和体检、康复护理等项目，为京津康复患者、慢性病患者和老年人提供康复医疗服务。

健康管理。引导体检机构提高服务水平，开展连锁经营。支持体检机构向健康管理机构转变，开展慢性病风险评估和生活方式、危险因素的干预。发展第三方社会服务机构，为健康服务业机构提供质量认证、行业评价、人力资源、财税、法律、专利、后勤管理等专业化服务，开展与健康服务业相关的委托管理、管理咨询服务。

（二）发展路径

发挥首都一小时美好生活圈内京津冀三地各自优势，鼓励有实力的健康养老企业走跨区域的品牌化、连锁化发展道路，加强养老产业协作和资源整合，打造跨区域联动的养老产业空间格局。支持各县区市依托自身要素资源禀赋特点，结合旅游景区、有机农产品基地等，积极谋划建设康养服务产业园，打造以健康为核心、联动旅游、生态农林业等为一体的完整产业链条，建设一批高质量康养休闲旅游基地，为首都一小时美好生活圈高质量发展提供高品质支撑。

打造蓟州康养基地，服务京东组团。以天津市蓟州区为核心，依托良好的山水自然生态和温泉资源，以健康养生养老为主题，大力发展专业化的健康养老、森林康养、温泉康养、医疗康养、康养饮食等细分行业，建设集休闲、颐养、商业、宜居、医疗于一体的高品位健康养老养生基地，形成以森林、温泉、武术、北方江南为特色的面向京东地区的生态康养基地，带动兴隆、平谷、三河等周边地区健康产业发展。

打造崇礼康养基地，服务京西北组团。以张家口崇礼区为核心，发挥原始森林覆盖面积大、长城遗址遗迹多、塞外风情独特美的资源优势，紧紧把握2022年北京冬奥会的建设机遇，以冬奥雪上基地建设为牵引，重点强化以冰雪等特色资源为核心的健康旅游功能，推动建设冰雪度假、温泉养生、健康养老、葡萄产业特色小镇建设，增加各类户外休闲体验项目，解决各大滑雪场季节性经营问题；延伸滑雪运动产业链，引导发展滑雪文化创意、专业训练、滑雪用具和设备制造等关联产业，将崇礼打造成为京西北冰雪温泉康养度假核心基地，带动赤城县、怀来县大健康产业发展。

打造涿州康养基地，服务京南组团。以保定涿州市为核心，依托涿州国际健康产业园等产业功能载体，以医疗研学、健康科技、健康服务产业为核心，进一步集聚高端医疗服务资源，推动医疗、医疗研究、康复期护理、健康疗养、医疗培训等医疗服务类产业发展，建设一批医疗科技成果中试平台、云医疗、远程医疗、医疗数据中心，培育壮大医药特色博览、高端医疗论坛等医药会展功能，形成“医、教、研、康、养、造”六位一体、共融发展的复合型健康全产业链体系，带动京南保定、廊坊平原地区康养产业发展。

表 5–1　各区县“十三五”规划中重点休闲健康产业与重点项目

县区	现状重点休闲产业	在建区域性重点项目
涞水县（保定）	健康养老产业	野三坡品道创意运动休闲基地
三河市（廊坊）	健康休闲	燕达健康养护中心；健康休闲旅游文化节
定兴县（保定）	休闲食品产业	休闲食品小镇；喜之郎集团河北生产基地
广阳区（廊坊）	康养休闲	国寿高端养生公寓
固安县（廊坊）	休闲康养	全国智能化养老实验基地
滦平县（承德）	休闲康养	金山岭融和健康颐养中心
兴隆县（承德）	休闲康养	雾灵山养生谷项目
赤城县（张家口）	休闲康养	黑龙山森林公园生态养生旅游项目
蔚县（张家口）	文化旅游	荣盛太行产业新城康养小镇项目
下花园（张家口）	旅游休闲	蓝城康养小镇
蓟州区（天津）	休闲康养	盘山康养谷、渔阳温泉养生基地
宝坻区（天津）	健康文化	帝景温泉度假村；京津新城温泉小镇
东城区（北京）	健康休闲	融坤养老中心
延庆区（北京）	冰雪休闲	新华家园养老住区（延庆）等项目

资料来源：各区县“十三五”规划与政府工作报告。

建设一批康养休闲综合体。立足京西北、京东的良好自然条件，依托知名景区、森林基地、生态农业基地、花卉休闲基地、中药材生产基地等特色资源，支持社会资本规划建设一批功能复合的生态休闲康养场所，打造集健康体检、健康咨询、颐养休闲、康复护理、体育健身、文化教育、娱乐休闲等为一体的健康综合服务休闲康养基地。

推进互联网 + 大健康平台建设。依托新一代信息技术，以政府为主体深入推进三地康养服务平台建设，打造统一、开放、共享的首都一小时美好生活圈“互联网 + 医疗”平台，促进新一代信息技术与“大健康、新医疗”产业的融合，实现跨机构、跨部门、跨地区的信息互通和资源共享，为居民和患者提供医疗、健康管理、远程会诊和保健服务，为政府监管提供大数据支撑，为健康服务机构和企业提供健康相关信息服务。

推进产业多元融合发展。依托燕山、太行山重点景区、农林基地、历史文化遗存等，面向京津冀康养市场，盘活存量康养资源，开发集高端医疗、户外运动、中医药特色、康复疗养、休闲养生为一体的健康旅游产品、运动休闲产品等，促进康养与其他多元化产品的融合发展。依托三大核心基地，推进康养与旅游等融合示范基地建设，形成以旅促康，以康带旅的互动发展格局。

建设健康服务业人才培训平台。利用京津一流的医疗机构和科研院所，采取合办、引进等多种方式，加大相关教育资源整合力度，加大对高等专科学校、高等职业技术学校健康相关专业的扶持力度，构建高等教育、职业教育和成人教育协调互促的“大健康、新医疗”产业人才培养体系，在生态涵养区县重点打造健康管理、健康养生、中医药保健、健康旅游、健康制造等领域的实用型人才培养基地。充分依托职业院校和成人（社区）学院，积极开展健康产业从业人员的在岗培训和继续教育，加快推进老年护理、康复护理等行业的实训基地建设。

二、以融合创新为重点，增强休闲旅游功能

依托京津冀交通一体化网络建设，紧抓京津冀协同发展重大战略机遇，以满足京津居民高品质旅游休闲需求为导向，以旅游功能区和旅游产业集聚区的优化提升为重点，整合利用区域旅游资源与品牌，强化辐射带动作用，拓展京津冀旅游产业协同发展的新空间，提升全域旅游发展品质。

（一）发展重点

围绕京津冀消费市场需求，挖掘首都一小时美好生活圈内不同县区优势资源，坚持品质发展、特色发展、融合发展，以休闲度假、美丽乡村、红色经典、新兴旅游业态为重点，创新旅游产品体系，提升产品竞争力，通过创新供给带动旅游业高质量发展。

休闲度假。以2.5天休闲度假为发展方向，结合首都一小时生活圈内山地、森林、草原、滨海、冰雪、温泉、历史等特色优势资源，发挥现有精品景区、度假村、休闲农庄、旅游小镇、运动基地等项目的带动作用，加强森林氧吧、精品度假酒店、养老社区、“第二家园”、乡村民宿等度假产品开发，大力推动山地型、冰雪型、温泉型、乡村型等旅游度假区建设，着力打造适应北京居民周末“微度假”需求的精品休闲旅游项目，打造适应京津中高端群体短期休闲度假旅游产品体系。

乡村旅游。紧紧围绕“看得见山，望得见水，记得住乡愁”这一精神内涵，依托乡村闲置农宅、山场、农田、花卉、林果等特色资源，开发一批乡村度假和居住产品，推进乡村旅游发展。燕山、太行山地区要依托山区乡村特有风情，开发山村观光、采摘、精品民宿、休闲度假等产品，推动乡村旅游与山区综合开发融合发展；平原地区要以城市客源需求为导向，开发农业公园、花卉公园、乡村旅游综合体

等项目和观光娱乐、自由采摘、摄影写生、科普教育等互动体验产品。

旅游新业态。适应新一代年轻群体的休闲需求，大力发展低空游、自驾游、徒步游、研学游等新兴旅游业态。低空旅游：以国家开放低空飞行为契机，依托蓟州、丰宁、三河等一批通用机场，大力开发以通用航空、低空飞行为主的航空旅游产品。自驾游与徒步游：抓住自驾游蓬勃发展趋势，重点在燕山—太行山，规划建设一批不同类型、特色突出的自驾车房车营地和露宿营地，推进呼叫中心和紧急救援基地建设，开发满足自驾游、背包客等需求的露营产品，配套住宿、餐饮、休闲、娱乐、健身、汽车保养与维护等综合服务功能。研学游：依托品牌高等院校、高精尖科研院所、科技园区、大型工业企业和物流仓储基地等资源，配套旅游展示体系，强化体验功能，建设一批研学旅行基地，发展科技考察修学、科普教育、科教文化体验旅游。

（二）发展路径

贯彻落实京津冀协同发展战略，依托各自资源特色，以满足京津休闲度假需求为主导，加强供给侧结构性改革，推进旅游资源的一体化开发，提升优质旅游产品供给能力，增强旅游景区配套设施与公共服务水平，推动邻近精品旅游线路与资源整合，提升首都一小时美好生活圈精品休闲旅游服务的供给能力。

推动景区旅游资源与周边功能设施的一体化开发。首都一小时美好生活圈内各类文化旅游资源丰厚，充分发挥休闲旅游的渗透融合作用，支持重点景区通过“旅游+”探索旅游资源与周边要素资源的一体化开发新模式，实现景、村、工、路等资源的旅游化整合，推动形成全域旅游大格局。融合“红色、长城、运河、京畿、皇家”等历史文化特色，提升旅游景区的文化内涵与历史厚重感。融合美丽乡村建设，积极发展生态游憩、乡土游乐、有机农业、农耕体验、市民农园、休闲酒庄等农业休闲业态，提升休闲旅游业一体联动发展能力。融合现代化工业车间、工业遗址、智能化仓储物流等空间，推动工业旅游与周边传统休闲旅游资源的互动开发，提升游客对传统与现代的感知能力，增强休闲旅游的内涵。

提升优质旅游产品的供给能力。牢固树立全域精品的发展理念，结合首都及周边地区居民日常旅游休闲需求，加强旅游业供给侧结构性改革，大力发展休闲度假新业态、新产品，提升服务品质，积极打造具有较强市场吸引力、品牌影响力和产业拉动力的引擎性休闲旅游项目。一是打造旅游核心引擎项目。围绕首都一小时美好生活圈旅游资源布局，依托核心景区资源，完善产品体系，丰富产业形态，推动多业态聚集，建设若干具有较大影响的支撑项目。二是发挥精品项目的带动作用。聚焦避暑、冰雪、休闲、红色、乡村、长城、运河、皇家等主题，以重点景区项目为核心，依托各区县自然历史资源，升级改造一批景区项目，建设一批休闲度假项目，谋划开发一批新业态项目，构建核心景区、周边景区、景观大道、慢行通道等相结合的精品主题线路，提升休闲旅游产品供给能力。

推进三地旅游资源整合与线路对接。按照京津冀旅游协同发展的要求，发挥首都一小时美好生活圈内各地比较优势，依托长城文化、运河文化、皇家文化、红色文化、寺庙文化等不同文化遗存，推进京津冀三地资源的整合与旅游线路的对接，推动三地旅游业的协同发展。以打造京东休闲旅游示范区为抓手，依托京津冀协同发展机制，发挥不同区县特色旅游资源优势，以蓟州盘山旅游区等核心景区为载体，推动平谷、宝坻、蓟县、兴隆、遵化、三河等京东区县之间的旅游资源整合与旅游线路对接，打造标准化、一体化的旅游公共服务体系，共同开拓京津及周边地区休闲旅游市场。以张家口崇礼冰雪运动为核心，推动密云、延庆等区县共建京北冰雪运动休闲旅游带，推动冰雪运动资源整合。以京西百渡休闲度假区为核心节点，推进房山、涞水、涞源、涿州等区县共建京西南生态旅游带建设。以武清佛罗伦萨小镇（奥特莱斯）为核心，推进与周边地区如廊坊等地区的合作，推动京南休闲购物旅游区发展建设。

高标准推进休闲旅游配套设施与公共服务平台建设。适应大众汽车时代休闲旅游需求，推进旅游集散体系、游客服务体系、自驾车服务体系建设，全面提升路况、路标等次，提升景区交通智能化水平高，建设交通枢纽至景区景点的常态化公交线路，在景区通道沿线塑造绿化、美化、亮化的立体景观体系，优化配置观景台、特色驿站、生态厕所、汽车营地等服务设施。依托智慧城市建设，完善旅游公共服务信息平台，优化智慧旅游服务系统，加快推动智慧景区建设，为市民和游客无偿提供旅游景区舒适度、交通路线、气象、住宿、医疗救护等信息，扩展智能导游、电子讲解、在线预订、信息推送等功能的覆盖范围。健全首都一小时美好生活圈休闲旅游统筹协调机制，统筹推进多区县的旅游行政管理、景区运营监管、旅游线路策划对接、项目招商引资和市场综合执法等工作。

表 5–2　环京各区县“十三五”规划中重点休闲旅游产业与重点项目

县市区	现状重点休闲产业	在建区域性重点休闲项目
高碑店市（保定）	旅游休闲	欧洲风情小镇
定兴县（保定）	旅游文化休闲	休闲食品小镇、喜之郎集团河北生产基地
易县（保定）	休闲农业、观光旅游	易县狼牙山现代生态休闲农业园区

续表

县市区	现状重点休闲产业	在建区域性重点休闲项目
雄安新区（保定）	文化旅游产业	雄县京南花谷小镇、白洋淀景区
安次区（廊坊）	旅游休闲	第什里旅游文化休闲农业景区
固安县（廊坊）	商务旅游休闲	温泉休闲产业度假示范区
永清县（廊坊）	生态农业休闲	杨家营现代农业观光采摘园、绿野仙庄、盛德生态农业休闲度假区项目
大厂县（廊坊）	休闲观光、文化旅游	大厂皇家景泰蓝文化产业、央视传媒高科技拍摄及制作工场、热带万果园项目
香河县（廊坊）	文化休闲	中国维亚康姆文创旅游小镇
丰宁县（承德）	旅游休闲、运动休闲	丰宁蒙古大汗行宫、京北第一草原景区
滦平县（承德）	农业观光休闲、文化旅游休闲	凤凰谷生态农业休闲庄园、金山岭巴克什营文化产业园
兴隆县（承德）	旅游休闲	兴隆山旅游景区、雾灵山养生谷项目、兴隆·台湾农业康乐产业园
赤城县（张家口）	生态休闲	黑龙山森林公园生态养生旅游项目、赤城县海陀小镇生态旅游度假项目
怀来县（张家口）	葡萄文化休闲、生态旅游休闲	怀来官厅葡萄酒庄园、怀来休闲度假综合开发项目
涿鹿县（张家口）	生态文化旅游休闲	石字坡生态休闲农业园、灵山山地运动谷、中盐冰雪小镇
宣化区（张家口）	农业与文化休闲	假日绿岛欢乐农场、黄羊山文化园、春光乡莲花葡萄小镇、国玉陶瓷文化园、大新门与西城垣公园
崇礼区（张家口）	生态旅游	翠云山国际旅游度假区
下花园（张家口）	旅游休闲	“蝶恋花”文旅小镇
蓟州区（天津）	生态旅游休闲	盘山文化产业园、欧洲风情度假小镇、营山野运动休闲旅游小镇
武清区（天津）	农业观光	天狮国际生命健康产业园、君利生态农业示范园
宝坻区（天津）	乡村旅游	帝景温泉度假村、京津新城温泉小镇、梦东方国际旅游度假区
东城区（北京）	文化休闲	大通滨河公园

续表

县市区	现状重点休闲产业	在建区域性重点休闲项目
朝阳区（北京）	文化休闲	温榆河公园朝阳示范区
丰台区（北京）	生态休闲	北天堂滨水森林公园、南苑森林湿地公园
石景山区（北京）	生态休闲	西山国家公园生态文化核心区、麻峪湿地
门头沟区（北京）	文化休闲	戒台寺郊野公园，潭柘寺镇、斋堂镇、军庄镇整体开发项目
房山区（北京）	生态农业休闲	房山区青龙湖森林公园
通州区（北京）	商旅休闲	台湖万亩游憩园建设工程
顺义区（北京）	绿色休闲旅游	舞彩浅山郊野公园
大兴区（北京）	生态休闲	大兴永定河国家滨河公园、狼垡生态公园
平谷区（北京）	生态休闲	夏各庄滨水生态休闲公园
密云区（北京）	生态休闲	白河城市森林公园、北京玫瑰谷时尚小镇项目、云蒙山风景名胜区开发建设项目、冶仙塔公园

资料来源：各区县“十三五”规划与政府工作报告。

三、以户外健身为重点，拓展运动体育功能

充分利用首都一小时美好生活圈内冰雪、森林、湖泊、江河、湿地、山地、草原等独特的自然资源和传统体育人文资源，以户外运动为重点，完善健身休闲服务体系，大力引进具有消费引领性的健身休闲项目，打造各具特色的健身休闲集聚区和产业带，提升运动体育产品和服务的供给种类与产品服务质量。

（一）发展重点

依据生活圈内不同区县资源禀赋和发展基础，重点发展冰雪运动旅游休闲、山地户外运动旅游休闲、水上运动旅游休闲等户外健身项目，同时将冰雪、山地、水上等运动项目与自行车越野、滑板、马拉松、登山、极限运动等国际流行的户外健身运动结合，打造专业性、

群众性体育健身旅游基地，促进体育休闲运动全面发展。

冰雪运动。以京张携手筹办2022年冬奥会为契机，以崇礼、延庆为核心，依托冬奥基地，连带周边区县，扩大现有雪场规模，扩展现有冰雪项目种类，积极引进国际顶级高山滑雪赛事、山地户外运动赛事及极限运动赛事，以初、中级滑雪爱好者为重点，大力开展青少年滑雪培训活动。鼓励和引导社会组织、商业机构举办群众性、趣味性、参与性强的大众冰雪活动，提升全民参与的热情，进而吸引其他地区的游客。开发团队娱乐项目，强调团队合作和游客群体参与。

山地运动。以首都周边燕山—太行山山水资源为依托，以中高端品质度假为开发方向，紧密结合美丽乡村建设，着力解决交通瓶颈，以山地运动为主打产品，建设一批山地自行车赛道、登山步道、健身步道、滨水步道等山地运动设施，大力开发山地运动康体健身旅游产品。推进山地运动与山地度假、乡村旅游、红色旅游等资源一体联动开发，营造山地休闲运动精品，打造首都一小时美好生活圈户外山地休闲运动品牌，提升对大众基本健身休闲需求的高品质保障能力。

水上运动。依托北京周边的湖泊、河流与水上公园等载体和专业水上运动培训人才，大力推动水上运动休闲中心建设，积极开展垂钓、游轮、赛艇、桨板、龙舟、滑水等多项专业性和群众性水上运动。以青少年爱好者为重点，支持城市公园、旅游区依托水域开展水上运动表演、培训教学、运动赛事、拓展活动等多种多样的水上运动，增设水上闯关、摩托艇、滑水、水上飞人等水上娱乐项目，增强与周边温泉度假、养老养生、渔家庄园等休闲旅游项目的融合互动能力，共同提升旅游景区的休闲品质和吸引力。

专栏 5-1 白水洋运动休闲体验基地

临海白水洋镇总面积 217 平方公里，山水秀美，群山环抱，拥有浙东南第二大高峰大雷山、浙江具有生态优势的滑翔伞基地安基山、全国八大赏枫基地黄南古道，绿树成荫、林幽鸟鸣，风光旖旎。白水洋运动休闲体验基地依托自然资源和人文景观资源，以运动休闲项目为引领，体旅互动，加大特色运动休闲产业板块打造力度，打造临海白水洋桃花源半程马拉松赛、环白水洋百公里骑行活动、白水洋篮球联赛和安基山滑翔伞越野赛等白水洋四大传统赛事。

发展与运动赛事相配套重点项目，开拓山地与水上运动项目，探索空中运动项目。2012 年，白水洋皮划艇比赛被中国体育旅游组委会评为“中国体育旅游精品项目”，此外还连续多年被评为“中国体育旅游十佳精品景区”，2017 年白水洋被国家体育总局、国家旅游局认定为“国家体育旅游示范基地”。白水洋镇把运动休闲项目贯穿四季：春季桃花源烧烤、踏春、安基山采茶等体验；夏季安基山和大雷山露营、果蔬采摘；秋季低空滑翔、古道赏枫和梯田观光；冬季登山越野赛、山地自行车赛以及古村探秘。

目前，该镇在空间上形成南部、中西部和东北部等三大区块的布局。以镇政府驻地为中心的南部区块，依托市民广场、滨河公园、永安溪湿地公园开展健身锻炼和球类运动，依托黄沙溪和双港溪开展绿道骑行、垂钓、烧烤等运动休闲项目；东北部区块依托丁公园、界岭水库、黄坦梯田和大泛古村等景点资源，提供多样化运动休闲项目，如安基山整体山形呈扇形 180 度东南方向打开，是滑翔伞起飞绝佳位置，海拔 800 多米安基山起飞至降落均停留时间达 30 分钟；安基山与大雷山相连，山势蜿蜒盘旋，可供山地自行车赛和汽车越野体验，加上安基山下界岭水库，面积广阔，将低空滑翔与水上运动完美结合。而中西部区块则登千年古道，赏万亩梯田、观千年红枫，徜徉古村、古道和古风情。

资料来源：屏南县政府官网。

表 5-3　环京各区县“十三五”规划中运动休闲产业与重点项目

县区	现状重点休闲产业	在建区域性重点休闲项目
高碑店市（保定）	体育休闲	京南体育小镇
涞水县（保定）	运动休闲	涞水野三坡品道创意运动休闲基地
安次区（廊坊）	体育休闲	安次区北田曼城国际（体育休闲）小镇
丰宁县（承德）	运动休闲	京北第一草原景区
兴隆县（承德）	运动休闲	雾灵山养生谷项目
涿鹿县（张家口）	运动休闲	灵山山地运动谷、中盐冰雪小镇
蔚县（张家口）	运动休闲	华融极限运动小镇项目
崇礼区（张家口）	运动休闲	奥运村、古杨树场馆群等冬奥重点项目
蓟州区（天津）	运动休闲	营山野运动休闲旅游小镇
朝阳区（北京）	体育休闲	北京东方和瑞体育文化产业项目
海淀区（北京）	体育休闲	五棵松冰上运动中心
门头沟区（北京）	运动休闲	门头沟区体育文化中心建设工程
昌平区（北京）	文体休闲	回龙观文化体育公园
延庆区（北京）	冰雪休闲	北京市冰上项目训练基地

资料来源：各区县“十三五”规划与政府工作报告。

（二）发展路径

以提升区域体育产业发展质量和效益为主线，充分利用津冀两地优质的山水、冰雪资源，高水平推进运动体育基础设施建设，培育多元化市场主体，完善公共服务平台，打造一批龙头精品项目，举办一系列专业和群众大型赛事活动，打造一批特色运动休闲品牌，推动首都一小时美好生活圈运动体育服务业互补发展、联动发展。

打造两个运动休闲带。燕山—太行山运动休闲带。燕山—太行山一带的区县，山水林草和冰雪资源丰富多样，是市民郊野户外运动休闲主承载地，发展潜力巨大。应围绕自身的区位禀赋和资源特色，重点培育发展登山、徒步、攀岩、露营、自行车骑行、汽车自驾、水上运动、航空运动、冰雪运动、马术运动等户外运动休闲产业，探索与旅游业融合发展的路径和模式，实施一区（县）一品，培育一批特色体育旅游综合改革实验区和国家、市级体育产业基地、示范项目。**环京平原时尚运动休闲带**。位于京南、京东南的平原区县，大力培育健身休闲、竞赛表演、体育培训、体育旅游、体育保健康复等体育服务业。加强与国际、国内体育组织等专业机构的交流合作，引进和承办一批国内外精品赛事。重点承办游泳、足球、篮球、乒乓球、武术等群众基础好、观赏程度高的国内外重大体育比赛，不断满足群众参加体育健身、观赏体育赛事的需求，为群众提供更优质的体育服务。

提升休闲运动场馆与设施配套能力。完善体育基础设施建设，加快公共体育场地设施免费或低收费向社会开放，逐步提高企事业单位和学校体育场馆的对外开放度。鼓励和引导各类社会资本利用废旧厂房、库房、堆场和商业、文化等附属用房，兴办各类经营性专项体育健身场所，开展市场需求大的羽毛球、乒乓球、足球、篮球、网球、游泳、攀岩、马术、冰雪等项目的经营。提升体育场馆的信息化水平，建设“互联网＋”应用平台，建设以体育场馆为中心，线上线下互联互通的运营模式，提升场馆跨行业资源整合的能力。

引进与培育多元休闲运动市场主体。鼓励社会参与，制定民营经济发展体育支持政策，鼓励民营资本、境外资本以多种方式投资休闲运动产业。鼓励高等学校设立休闲运动产业相关专业，支持体育培训机构、体育企业建立体育产、学、研、训基地，培训复合型体育人才。鼓励社会力量联合举办省级优秀运动队，支持创建职业体育俱乐部，大力发展各种类型的运动健身团体。加大对中小微企业的扶持力度，创新政府购买、信贷支持、加强服务等多种形式，支持中小体育企业创建自主品牌，提高经营管理水平，增强市场竞争力。

积极开展群众性体育活动。鼓励和引导社会组织、商业机构举办群众性健身体育赛事，特别是市民喜闻乐见、参与度高的羽毛球、乒乓球、足球、篮球、排球、网球等项目的城市联赛、社区联赛、行业联赛、大中小学联赛等。加强对群众性赛事的专业技术指导和运营监管，采取政府购买、奖励等办法扶持群众性体育赛事，注重特色赛事和品牌赛事的培育，调动社会主体自主办赛的积极性，增强赛事自我发展的能力。引导社会资本发展职业体育，支持有条件的企业参与组建各种类型的职业体育俱乐部。组建专业体育表演团队，加强与文化、广电、旅游等部门合作，依托体育场馆和运动休闲景区，动员现役和退役运动员，组建专业体育表演团队，发展驻场演出，搞活首都一小时生活圈体育表演市场。

四、以融合拓展为重点，强化文化娱乐功能

适应首都及周边地区文化休闲需求，充分发挥京津冀三地历史文化遗存、艺术资源富集的优势，支持首都一小时美好生活圈范围内县区依托重点景区，推进主题公园建设，积极策划与其相关的旅游文娱演出，丰富主题演艺产品，推进文博场馆建设，开发一批具有浓郁地域文化特色的旅游娱乐项目，不断增强景区的文化魅力。

（一）发展重点

以文化演艺、文博会展、娱乐休闲为重点，丰富现有娱乐场所产品种类，培育新兴文化业态，延伸产业链条，推进文化娱乐休闲产业与旅游、康养等产业融合发展，提升文化娱乐产业品质。

文化休闲产业。依托各县域人文景观、传统工艺、历史遗存等资源，引导和鼓励制造企业投资发展文化产业，培育传统特色文化产业群，培育旅游演艺、特色酒店、主题公园等新业态，合理开发农业文化遗产，推动传统文化资源富集县、自然和文化资源丰富县、传统农业特色县合作开文化产业项目，打造经济发展新的增长点。

文化演艺。鼓励精品和原创作品创作生产，重点扶持能够代表北京地域文化特色、具有地方历史文化色彩的剧目创作，成就一批能够体现时代精神、富有艺术内涵，具有广泛社会影响力和票房号召力的驻场演出项目和地域经典文化剧目。以剧目演出和制作为核心，培育和引进相关的演艺培训、音像制品、演艺道具和衍生品开发等产业业态。

文化博览。盘活用好文物、古迹、名胜、民俗、节庆、地方传说、特色文艺等文化资源，支持景区、小镇、企业、个人等建设专题博物馆，增强景区的艺术文化品位与历史厚重感。加强茶室、酒吧、咖啡厅、文化广场、特色商圈、滨水空间等休闲空间建设，支持重点旅游景区、小镇特色文化创意街区、小型剧场、艺术聚落等业态发展，提升景区休闲旅游的文化魅力。

休闲娱乐。结合年轻人群日常休闲需求，推动建设一批富有现代艺术气息，集娱乐体验与亲子教育等功能为一体的主题游乐园区，策划与其相关的旅游文娱演出，丰富主题演艺产品，开发一批具有浓郁地域文化特色的旅游娱乐项目。支持传统文化、历史文化、自然资源资源富集的县区依托景区开展文化节庆活动，举办休闲娱乐项目，提升节事活动的文化魅力。

专栏 5-2　　文化娱乐业发展案例

山西许村国际艺术公社

许村保留了较为完整的“明清一条街”建筑，是远近闻名的历史古村。2011 年，许村被改造成许村国际艺术公社。现在，由和顺县和许村国际艺术公社共同打造的国际艺术区已初具规模，包括许村国际艺术公社创作中心、艺术家接待中心、艺术家工作室、艺术图书馆、新媒体中心、陶艺工作坊、山西民间艺术研究基地以及艺术家休息的乡村酒吧与餐馆等，被誉为“中国乡村版的 798”。

江苏盐城“七彩阜宁”国家农业公园

全国休闲农业与乡村旅游五星级园区，公园以“精致农业示范、水乡花洲营建、农旅产业复合、园区—社区”共进为四大发展战略，打造集农业示范博览、农业科技研发、农业休闲旅游、农产品加工贸易、现代乡居生活、农业创意产业孵化等功能于一体的现代农业产业园。空间上布局“水、花、稻、蔬”四大主题片区，构筑农旅互融产业体系。

浙江省诸暨市米果果小镇

全国休闲农业与乡村旅游五星级企业。园区分种养功能区、种养废弃物资源高效利用功能区、农副产品深加工功能区、休闲旅游功能区、农特产品展销功能区、青少年农业科普教育功能区六大板块，是一个集农业生产、农事体验、农家休闲、农庄度假、观光采摘、科普教育、会议会展于一体的农业生态综合特色园区。

福建漳州东南花都

福建漳州东南花都位于漳州漳浦马口，是历届“海峡两岸（福建・漳州）花卉博览会”举办地，是国家 4A 旅游景区和全国农业旅游示范点，也是福建漳州国家农业科技园区的核心区。景区设有“六园六馆一市一庄和一个俱乐部”。“六园”即锦绣漳州园、棕榈园、榕景园、沙生植物园、闽南瓜果园、儿童娱乐园；“六馆”即荫生植物馆、沙漠植物馆、奇石馆、盆景精品馆、洋兰馆、国兰馆；“一市”即花卉超市；“一庄”即花博园紫溪山庄；“一个俱乐部”即策士溪乡村俱乐部，拥有欧式别墅群、水疗中心、会议中心和酒楼等，是一个集花展会务、商贸购物、休闲度假、生态观光、户外拓展训练为一体的多功能综合生态旅游区。

资料来源：郭焕成、郑健雄、吕明伟：《乡村旅游理论研究与案例实践》，中国建筑工业出版社，2010年9月。

（二）发展路径

建立首都一小时美好生活圈文化娱乐产业发展跨区统筹的体制机制，加大政策支持力度，推进一批文化娱乐产业项目建设，支持大型企业集团跨区域整合文化旅游资源，整合河北、天津与北京特色文化资源，打造文化旅游的新品牌。

推进一批文化娱乐产业项目建设。利用创意开发、科技提升、合资合作等方式方法，推动环京文化资源优势转化为富有环京特色的文化娱乐产业项目。围绕传统优势产业、新兴文化产业以及融合性文化产业，规划建设一批具有创新性、代表性、引领性的重点项目，以项目建设促进文化产业结构调整和产业转型升级。

支持企业跨地区整合文化娱乐资源。鼓励扶持有条件的大型演艺机构充分利用自有资源，跨地区兼并关联企业，搭建集演艺演出、场馆经营、体育赛事、休闲旅游为一体的文化艺术经营综合体，建立贯穿艺术生产、制作、宣传、票务销售和演出场所等在内的全产业链。

加强文化娱乐品牌培育。实施“美丽生活圈”等文化品牌塑造计划，整合红色太行、壮美长城、山水蓟州、神韵京畿、冰雪崇礼等特色文化资源，完善提升老品牌，开发培育一批彰显环京各地区特色的文化名企、名品和品牌；创新营销推广模式，加大线上线下传播力度，提升首都一小时美好生活圈各县市文化吸引力影响力。

表 5-4　各区县“十三五”规划中文化休闲产业与重点项目

县区	现状重点休闲产业	在建区域性重点休闲项目
涿州市（保定）	文化休闲	范阳文化园
高碑店市（保定）	文化休闲	欧洲风情小镇
香河县（廊坊）	文化休闲	中国维亚康姆文创旅游小镇
滦平县（承德）	文化休闲	金山岭巴克什营文化产业园
怀来县（张家口）	文化休闲	怀来官厅葡萄酒庄园
蔚县（张家口）	文化旅游	中国·蔚县国际艺术区
宣化区（张家口）	文化休闲	国玉陶瓷文化园、大新门与西城垣公园
下花园区（张家口）	文化休闲	“蝶恋花”文旅小镇、文化创意产业新区
蓟州区（天津）	文化休闲	盘山文化产业园、欧洲风情度假小镇
武清区（天津）	文化休闲	中国艺术家聚集区
朝阳区（北京）	文化休闲	国际文化硅谷
石景山区（北京）	文化休闲	绿地环球文化金融城
门头沟区（北京）	文化休闲	戒台寺郊野公园、潭柘寺镇、斋堂镇、军庄镇整体开发项目
顺义区（北京）	文化休闲	国际文化产品展览展示及仓储物流中心、北京国际文化商品展示交易中心
怀柔区（北京）	文化休闲	北京电影学院怀柔新校区

资料来源：各区县“十三五”规划与政府工作报告。

第四节　建设区域性生活保障功能圈

深入推进农业、农产品生产流通领域供给侧结构性改革，从保障本市农产品日常供应、提高生活性服务业品质和京津冀协同发展的要求出发，实现北京市农产品现代流通体系建设的进一步完善与提升。完善城乡物流保障功能，加强首都生活必需品物流服务保障。

一、建设高端都市农业基地

依托首都一小时美好生活圈内有机蔬菜、经济林果和特种养殖等产业基础，结合京津优质农产品市场需求，优化农业生产与种植结构，建设环京都市农产生产与供应基地，高附加值花卉林果基地，都市农业休闲观光基地，提升品质农业供给能力。

（一）发展重点

依据不同的地理区位条件，平原地区以都市现代农业为主攻方向，突出服务、生态、科技功能，将其建设成为京津“菜篮子”产品重要供给区、农业先进生产要素聚集区和农业多功能开发先行区。浅山地区应根据地理条件重点发展现代山地特色高效农业及观光、休闲、旅游等农业生产经营新业态，打造现代农业、扶贫开发、休闲农业、生态建设综合发展示范区。

京南：打造五大优质农产品基地。涿州基地：重点发展现代农业，建设国家级农业高科技产业园区，特色农业基地。高碑店基地：重点打造绿色食品加工和供应基地，京津冀农副产品“一站式”采购供应基地和物流集散中心。定兴基地：重点发展绿色健康食品产业，建设科技成果孵化转化基地。霸州基地：以特色化、品牌化、基地化为主攻方向，加快发展食品产业，提升食品集聚发展水平，建设京南休闲食品产业基地。永清基地：依托北京研发高地，加速导入高端科研资源，承接成果转化落地，推动农业科学与生物技术深度融合，打造国家设施农业集成创新基地。

京西北：打造两大优质农产品基地。蔚县养殖基地：以京津冀市场为对象，重点打造蔬菜、杂粮和肉鸡产业集群。怀来县基地：以养生文化、酒（葡萄酒和黄酒）文化、“口菜”饮食文化为主题，加快开发葡萄采摘、休闲农业、养生度假、酒庄风情体验、酿制工艺观赏、“口菜”品鉴及制作体验等特色旅游产品。

京东：打造三大优质农产品基地。蓟州基地：重点打造天津北部远郊区设施蔬果生产与畜牧业聚集区。武清与宝坻京津新鲜蔬菜供应基地：“京津鲜菜园”生产聚集区、潮白河沿岸设施果菜产业带、水产健康养殖发展区。建设都市型休闲观赏渔业发展区。

（二）发展路径

以强化蔬菜水果供给保障能力重点，加大政策对优质农产品的支持力度，着力提升农产供需、生产的信息化水平，适应都市餐饮节奏加快的趋势，推进建设“中央厨房”供应体系建设，打造建设高效便捷物流体系，构建优质的首都一小时农产品保障圈。

完善优质农产品供需信息系统。依托新发地等大型农产品集散地，持续完善新发地等农产品集散地电子商务交易平台，支持电子商务企业向首都一小时美好生活圈内各区县延伸业务，引导帮扶地方农产品企业和农业合作社上线销售，逐渐实现生产智能化、精准化，经营网络化，管理快捷化。

完善促进“菜篮子”产品生产全程信息化系统。以标准菜园、标准果园、规模化养殖场为载体，推进气象信息观测、肥水药精准实施、设施自动化控制等物联网技术的聚合应用，推广健康养殖管理信息技术。开发农资生产经营主体监管、直销配送、合作消费、质量追溯等信息系统。

完善服务京津市场“中央厨房”供应体系。以市场优势为动力，以合理膳食为导向，加快发展主食加工，重点扶持主食加工业示范企业，加快主食产品研发，促进主食规模化、标准化、专业化生产，健全产品可追溯体系，实现全程质量控制和一体化管理。挖掘“老字号”发展潜力，培育壮大一批主食品牌。

引导农产品的集中配送和纵向一体化服务。鼓励引导农产品批发市场和大型连锁超市设立农产品配送中心，链接农产品生产基地和消费终端。推进农产品公路、铁路、航空联运，统筹使用农产品物流资源，构建高效便捷的农产品城市集中配送链条。构建农产品产地市场冷链物流和配送体系，优化农产品物流配送中心布局，完善农产品配送网络。进一步优化物流组织模式，积极推广末端集中配送、共同配送，提高集约化程度。

建设农产品物流设施资源的供需信息发布平台。积极引导社会闲置物流资源的共享利用，促进货源、车源、仓储和物流服务信息的高效匹配，有效提高物流设施利用率和区域物流设施资源共享率。建立京津冀农产品质量安全信息共享平台，实现监管动态实时更新、提高监管时效，确保联合监管措施有效推进。

二、统筹谋划建设生活保障现代物流基地

以保障城市运行为基础，以提高生活性服务业品质为核心，以服务首都城市战略定位为出发点，提升物流服务保障能力和水平、加快城市物流升级和转型，推动首都一小时美好生活圈物流便利化、规范化、高效化、集约化发展，构建“功能匹配、布局合理、集约高效、绿色低碳”的现代城市物流服务体系。

（一）发展重点

围绕保障城市功能运转、服务区域协同发展等核心目标，优化完善生活必需品配送体系，进一步夯实确保特大型城市正常运转与市民生活品质提升的物流保障。以有序疏解北京非首都功能、推动京津冀协同发展为目标，推进首都一小时美好生活圈农产品生产基地与首都市场产销对接和产业协作，建设服务区域协同发展的物流保障体系。

生鲜农产品冷链物流。支持企业在津冀县区建设蔬菜、肉蛋等农副产品生产基地和物流仓储设施，鼓励农产品生产基地、批发市场、冷链物流企业加强冷链基础设施建设，推广现代冷链物流管理理念、标准和技术，建设具有集中采购和配送能力的冷链物流中心，配备预冷、低温分拣加工、冷藏运输、冷库等冷链设施设备，建立覆盖首都一小时美好生活圈农产品生产、加工、运输、储存、销售等环节的全程冷链物流体系，提高冷链设施水平和农产品物流配送效率。

医药品物流。依托物流领域先进技术，完善药品电子监管体系，实现药品流通和配送过程的可视化管理，建立健全药品流通可追溯体系。支持连锁药店开展统一配送，规范药品行业统一配送运行体系，进一步提高药品末端统一配送率。鼓励药品配送企业与医疗机构依托信息化管理系统进行深入对接，实现药房精细化管理。鼓励、引导大型医药物流企业加强整合供应链上下游资源和药品流通渠道，以信息化技术构筑辐射范围合理、网络健全、手段先进、配送及时的医药物流服务体系。

日用品物流。围绕北京日常用品消费需求与厂商供给现状，发挥武清、霸州、涿州、昌平等县（市）区交通干线枢纽节点与区位优势，顺应北京日用品主要由线上电商企业与线下专业市场提供的趋势，推进服务首都大型电商、超市与专业市场的仓储型、仓干配一体化的仓储物流基地，增强物资配送中心、商业企业配送中心、日用品批发商贸中心等功能，形成从原材料采购到最终配送到终端消费者整个物流配送环节的供应链条。支持企业发展线下连锁取货点，鼓励探索使用多种配送服务模式，有效缓解“最后一公里”配送难的问题。优化物流配送组织方式，支持高校、商业区（楼宇）、社区建设电子商务物流共同配送网点，提高末端配送的社会化、集约化水平。

会展业物流。培育专业特色会展物流服务提供商，提高会展物流专业技术水平和服务能力，提供高效、安全、实时的全方位、一体化专业会展物流服务。进一步提升国际会展物流通关通检效率，借助保税政策功能区优势，鼓励发展保税展示。创新会展物流服务模式，推进专业化信息平台建设，构建展品全程监管体系，增强北京举办重要会展、体育赛事、外事外交活动的服务保障能力。

（二）发展路径

立足京津冀协同发展的大视角，围绕服务首都城市战略定位，创新物流运作模式，完善生活必需品供应物流网络，缓解北京交通枢纽物流压力。有序疏解非首都功能、加快推动京津冀物流一体化，组建物流信息共享平台，打造首都一小时美好生活圈物流配送网络，引导物流设施优化布局调整，着力打造“物流基地 + 物流配送中心 + 末端配送网点”的城市物流节点网络，形成功能完备、分工明确、布局合理的多层次物流网络体系。

依托重要通道打造五大日用品物流仓储基地。对接北京顺义空港基地[①]、通州马驹桥物流基地[②]、大兴京南物流基地[③]、平谷马坊物流基地[④]功能，以京石、京开、京承、京张、京哈、京津等主干道为通道，以重要节点县区为枢纽，建设一批面向京津冀市场的都市配送型、农产品供给型、空港服务型现代物流基地，使之成为承载京津物流外置的载体、满足区域市场供应的基地、东出西联物流网络的重要节点，打造连接首都核心市场的西北、东部及东南、南部方向的农产品、生活必须品进京输运通道和生活物流枢纽。

表 5-5　主要物流基地与专业发展领域

主要基地	专业领域
依托入京西北通道建设怀来物流基地	西北通道以京新、京藏高速为依托，以怀来为核心，衔接以张家口为主的其它区域，辐射内蒙古及山西省等地区，主要供应首都冬季土豆、夏淡季蔬菜，精细菜及肉类等，服务北京农产品市场。
依托入京东北通道建设滦平物流基地	以京沈、大广高速为依托，以滦平为核心，衔接承德、赤峰为主的区域，辐射辽宁内蒙地区，主要供应牛羊肉等产品，服务北京肉类市场。
依托东部及东南通道建设武清两个物流基地	以京哈、京津、京沪高速为依托，以武清为核心，衔接以天津、承德为主的区域，同时辐射渤海湾地区，主要供应应季蔬菜和冬季反季节蔬菜及进口海产品、水产品，发挥国际多式联运优势，助推鲜活农产品电商业务的发展。结合大型批发市场与电商布局，将武清建设成为面向京津冀乃至环渤海地区、服务家居等日常生活商品交易的大型电子商务与商贸物流园，服务京津双市场。
依托西南通道建设高碑店物流基地	以京昆、京港澳高速为依托，衔接以保定为主的区域，同时辐射山西地区，主要供应首都季节蔬菜和冬季反季节蔬菜、水果、肉类、禽蛋等，主要功能为农产品物流基地，服务北京市场。

① 国际物流及快递类包裹集散功能，打造北京内外贸及国际电子商务中心。

② 承接朝阳口岸功能，与天津口岸经营主体通过项目资金互投，利用经济纽带促进口岸合作。

③ 发挥京津冀区域联动功能，打造成为京津冀一体化的重要物流枢纽。

④ 以“口岸＋冷链＋交易”为核心，建设保障首都、协同津冀的“特色口岸”型商贸流通节点，打造北京国内贸易与跨境电子商务融合发展的创新示范区和服务品牌。

续表

主要基地	专业领域
依托南部通道建设霸州物流基地	以京开、京台高速为依托，以霸州为核心节点，衔接以廊坊为主的区域，同时辐射天津、山东及南方地区，主要供应品种为季节蔬菜和反季节蔬菜、水果等，主要功能还应包括医药、会展等功能，以适应临空经济快速集散需要。

资料来源：环首都 1 小时鲜活农产品流通圈规划，天津物流十三五规划，各县市区政府工作报告等。

推进首都一小时美好生活圈内区域物流公共平台的应用建设。加大现代信息技术的应用，推进电子商务、物流仓储、配送管理的一体化发展，建设开放共享与智能实时的大型物流信息平台，整合物流统一配送、共同配送需求，促进车、货、仓储服务等信息的高效匹配，构筑智能共享的电子商务物流体系，有效降低车辆空驶率，促进社会化资源高效协同。

构筑以"物流基地＋物流配送中心＋末端配送网点"为核心的三级配送节点网络。发挥物流基地对城市物流系统的重大基础性作用，支持公路、铁路货运场站提升物流配送服务功能，并在环京交通干线枢纽建设功能完善的新型综合化城市物流配送中心。加快推动现有物流服务设施的整合利用，鼓励建设集零售、配送和便民服务等多功能于一体的末端配送网点。在城市社区和村镇布局建设共同配送网点，鼓励商贸企业在末端配送领域开展横向合作。进一步优化物流组织模式，积极推广末端集中配送、共同配送等模式，完善商贸流通网点的装卸货配套设施，提高集约化程度和物流设备利用率，降低配送车辆出行需求，促进物流绿色发展。

加大重点项目的政策支持。加强对关系民生的城市保障型物流设施、物流公共基础设施、物流产业结构升级、信息化、集约化示范等重点项目的政策引导和资金支持力度。鼓励物流企业发展定制化物流服务，支持物流企业加强横向联合，鼓励倡导城乡连锁经营，支持企业发展统一采购、统一仓储和统一送货模式。拓宽投融资渠道，鼓励社会资金投向物流行业。支持金融、融资性担保机构为物流企业发展提供融资服务，为重点项目建设提供更便利的融资服务，改善物流企业融资环境。

表 5–6　环京各区县“十三五”规划中物流产业与重点项目

县区	承担的物流功能	区域性重点物流项目
涿州市（保定）	多式联运、现代仓储、货运配载、物流装备、商贸流通、物流社区、城市配送	涿州市现代物流园区
高碑店（保定）	服务北京农产品基地	高碑店路路通仓储物流、北京新发地高碑店农副产品物流园区
涞水县（保定）	城市配送型物流	涞水京南物流园区
易县（保定）	围绕北京民生物资和国家战略储备物资“运、仓、配”需求	建筑材料进京“公转铁”绿色物流项目
雄安新区（保定）	主动服务北京国际交往中心功能	菜鸟智慧物流
霸州市（廊坊）	过境物流	天津港霸州（胜芳）物流中心项目
三河市（廊坊）	提供运输、仓储、加工、包装、报关及信息处理等	燕郊空港物流园项目
广阳区（廊坊）	在京津之间搭建冷链服务平台	广阳物流产业基地、广阳农产品冷链物流基地
安次区（廊坊）	物流仓储	普洛斯物流基地项目
固安县（廊坊）	京东集团华北区外埠订单履约中心	京东集团固安智能物流中心一期园区
永清县（廊坊）	形成北方多式联运基础平台，与中铁联运在国内布局的网点形成畅通的物联网，服务京津冀	新陆港物流基地、京津冀公铁联运大型物流基地

续表

县区	承担的物流功能	区域性重点物流项目
香河县（廊坊）	仓储配送、信息服务	香河京东枢纽物流中心项目
丰宁县（承德）	联通城乡、服务三农	丰宁县农村电子商务平台建设项目
滦平县（承德）	形成环首都1小时鲜活农产品物流圈	承德市现代商贸物流园区
怀来县（张家口）	过境物流	怀来国际商贸物流港
蔚县（张家口）	仓储	恒通现代物流园
宣化区（张家口）	辐射京西北区域的枢纽物流集散地	京张奥物流园区、深井现代农业示范园区
蓟州区（天津）	辐射华北地区	蓟州区B型保税物流中心、渔阳国际物流园区、蓟州州河物流园
武清区（天津）	过境物流	环渤海绿色农产品物流交易中心、国际保税物流园
宝坻区（天津）	过境物流	居然之家智慧物流生态园、嘉民物流；普洛斯物流、中信达万信冷链物流项目
朝阳区（北京）	农产品冷链物流配送	黑庄户农产品物流配送中心、东郊农产品物流配送中心、双桥货物改造
海淀区（北京）	城内物流配送	北京超市发物流配送中心
丰台区（北京）	服装批发市场的货运、托运及物流	国际商品展示中心、大红门货场改造
石景山（北京）	配送服务；铁路运输中转生活物资	石景山区医药物流产业基地项目、石景山货场改造
门头沟（北京）	配送服务；铁路运输中转生活物资	三家店货场改造
通州区（北京）	辐射环渤海地区及全国的重要物流枢纽	智慧物流、通州口岸
顺义区（北京）	国内航空物流以及航空指向性不明显的生产型物流、商业物流和流通加工产业	空港物流中心改扩建项目

续表

县区	承担的物流功能	区域性重点物流项目
大兴区（北京）	进出北京货物集散、采购和分销中心	金隅国际物流园项目、西毓顺农产品物流配送中心、京南昌达物流园西区
昌平区（北京）	承接内蒙等西北地区牛羊肉进京冷链物流配送服务	南口农产品物流配送中心
平谷区（北京）	具有内陆口岸、货物集散、商品配送、流通加工、商品检验、物流信息服务	北京平谷口岸功能区二期、马坊物流基地扩区工程、顺丰丰农国际华北总部基地项目

资料来源：各区县"十三五"规划与政府工作报告。

第六章　我国首都一小时美好生活圈人口变动与居住空间构建研究

住房短缺、房价高企是世界城市的共有问题，也是首都一小时美好生活圈建设需要解决的核心问题。北京的住房问题尤为突出。2019年北京房价收入比高达22.5[①]，远远超过国际房价收入比合理区间（3—6）[②]，反映出北京居民面临着巨大的购房压力，经济适用房、限价房和公租房（廉租房）等安居工程覆盖范围有限，住房价格对大部分中低收入和夹心层家庭来说仍难以承受。同时，大部分保障性住房分布在城市边缘区，存在配套服务设施滞后、交通出行不便等缺陷。另外，随着居民收入提高，休闲住房、养老住房等“第二套房”需求不断增强，需要增加供给。如何在北京非首都功能疏解深入推进和中心城区用地紧张的情况下，基于人口的空间分布趋势，整合周边和环京地区房产资源，弥补我国首都居住功能短板，是我国首都一小时美好生活圈需要解决的重大问题。

---

① 贝壳找房:《2019新一线城市居住报告》，2019年

② 来源：http://www.yjcf360.com/licaijj/742200.htm

第一节　首都地区人口与居住空间演变的国际经验

一、大伦敦

大伦敦（Greater London）都市区，由33个区构成，划分为伦敦核心区、内伦敦和外伦敦，面积1611平方公里（622平方英里），占全国的0.6%，2011年普查人口达到817.41万人，占英国总人口的近13%，人口密度为5074人/平方公里。

（一）人口空间分布经历了“集聚—分散—再集聚”的演变过程

大伦敦都市区的人口发展经历了“人口向心聚集——郊区化引发人口外流——中心城区复兴吸引人口回流”的过程，总体来看呈现人口不断增长、不断集聚的特征（吴唯佳等，2014）。1801年大伦敦人口为101万，此后以平均每年2.14%的速度增长，直至1939年达到历史峰值861.52万人；随后，大伦敦人口数量呈下降趋势，1981年下降到了660.85万人；但1991年以来的20年间，大伦敦人口又呈现出增长态势，并于2011年达到817万人（毛新雅等，2013）。如图6–1所示，内伦敦的人口在1911年之前持续上升，且远高于外伦敦地区，表现出向心集聚的态势；1911年之后，内伦敦人口开始下降，并于1941年左右低于外伦敦人口，呈现出人口郊区化态势；而1991年后，内伦敦在中心城区复兴的背景下，吸引人口回流，人口持续上升，人口再集聚态势明显。

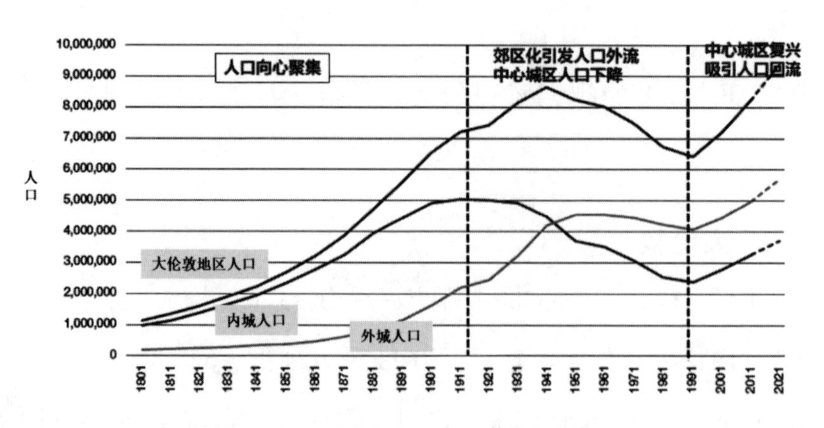

图 6-1　大伦敦都市区人口增长变动情况

（来源：The London Plan，2017）

（二）住房供给与人口分布相匹配，并呈现圈层间的差异化特征

伦敦每年都有大量新增住宅以保障大量迁入人口带来的住房需求的增长。住宅建设用地占总建设用地比例从 1971 年的 70.2%增加到 2005 年的 87.3%。从伦敦的住房供应分布看，与人口增长的空间分布高度匹配，且呈现圈层的差异化特征。从住房结构特征看，内伦敦以联排住宅为主、密度较高，外伦敦以双拼住宅为主、密度较低（如图 6–2）。

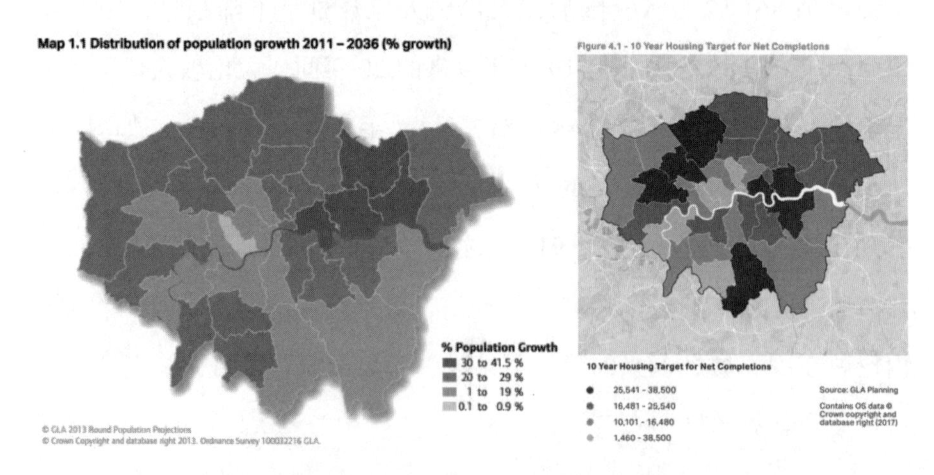

图 6–2　伦敦大都市圈人口增长空间分布（左）和住房供给空间分布（右）

（来源：The London Plan，2017）

二、日本首都圈

日本首都圈由东京和三个邻县（埼玉、神奈川、千叶）、四个外围县（群马、枥木、茨城和山梨）组成，其中东京和三个邻县（埼玉、神奈川、千叶）构成了东京圈。近10年来，日本东京圈和首都圈增速远高于全国平均水平和其他地区，人口集聚能力持续提高。

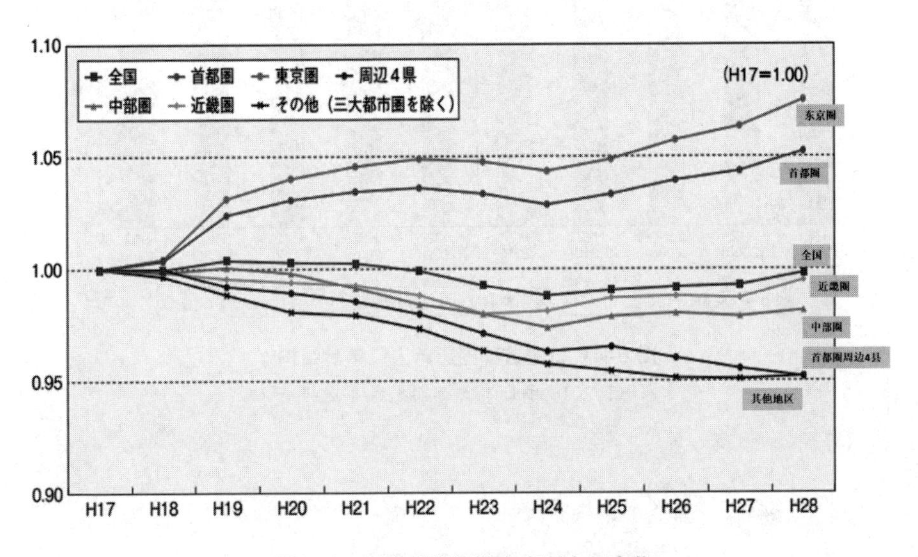

图6–3　日本首都圈和东京圈人口变化

（来源：2016年日本首都圈整备年度报告）

（一）人口结构上呈现老龄化、少子化特点

从东京都和首都圈人口年龄构成历年变化情况来看，两个区域范围内人口与日本全国的年龄构成比例相似，均呈现出“老龄化、少子化”的状况。东京都和首都圈“少子化”情况比全国及周边县严重，而“老龄化”情况却优于全国及周边县，说明作为日本的核心都市区，东京都及首都圈集聚了更多的劳动力人口。预测至2035年，首都圈大部分区域老龄化率均达到30%以上，有的区域甚至将超过50%。

从老龄化率分布看，首都圈人口老龄化呈现逐渐由外围圈层向内圈层延伸的趋势。

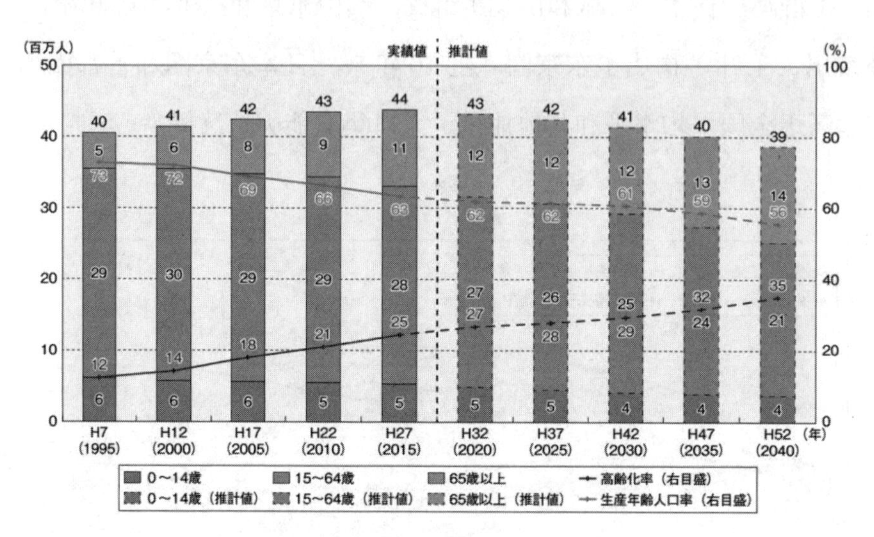

图 6-4　日本首都圈历年人口年龄结构

（来源：2016 年日本首都圈整备年度报告）

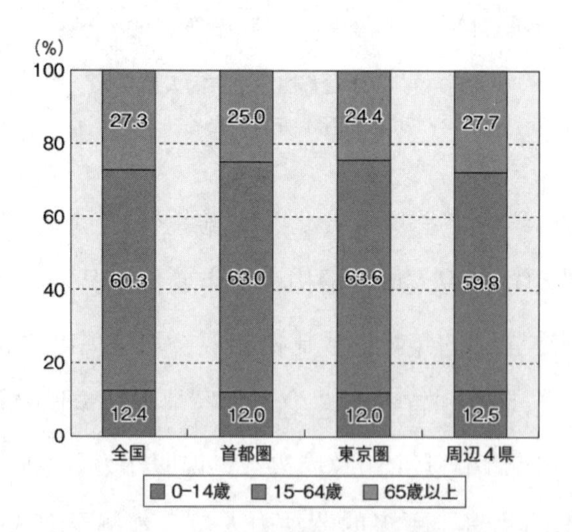

图 6-5　2016 年日本首都圈人口年龄结构分布

（来源：2016 年日本首都圈整备年度报告）

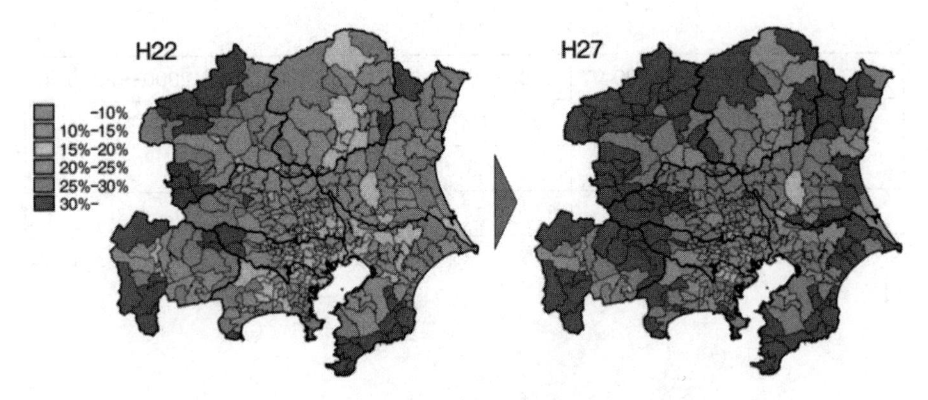

图 6-6　2010 年和 2015 年日本首都圈各地区老龄人口占比

（来源：2016 年日本首都圈整备年度报告）

（二）人口空间分布演变历经郊区化与中心人口再回归

1955 年左右，东京都市圈人口以聚集为主，1960 年以后，逐步走向疏散。到 1980 年左右，人口疏散的过程基本完成，1985—1995 年间，东京都人口呈现负增长。1995 年开始，首都圈、东京都及东京区部人口开始增加，并超过了 1990 年以前的人口数量。其中，都心 3 区人口增长率变化最大，由 1995 年前的负增长变为正增长，且增长率绝对值较大，变化显著。首都圈的近邻 3 县人口从 1985 年开始就一直保持增长态势，周边 4 县人口增长逐步放缓，并于 2010 年左右呈现负增长。近年来，东京都市圈人口增长主要依靠东京都和临近 3 县拉动，呈现中心人口回归态势（图 6-7）。

表 6-1　东京都市圈人口增长率　　单位：%

	1985—1990 年	1990—1995 年	1995—2000 年	2000—2005 年
东京都市圈	4.7	2.6	2.3	2.6
东京都	0.2	–0.7	2.5	4.2
东京都区部	–2.3	–2.4	2.1	4.4

续表

	1985—1990 年	1990—1995 年	1995—2000 年	2000—2005 年
都心 3 区	−18.2	−8.4	10	21.7
近邻 3 县	8.1	4.3	2.6	2.6
周边 4 县	3.5	3	1	0

数据来源：王德、吴德刚、张冠增：《东京城市转型发展与规划应对》，《国际城市规划》，2013 年。

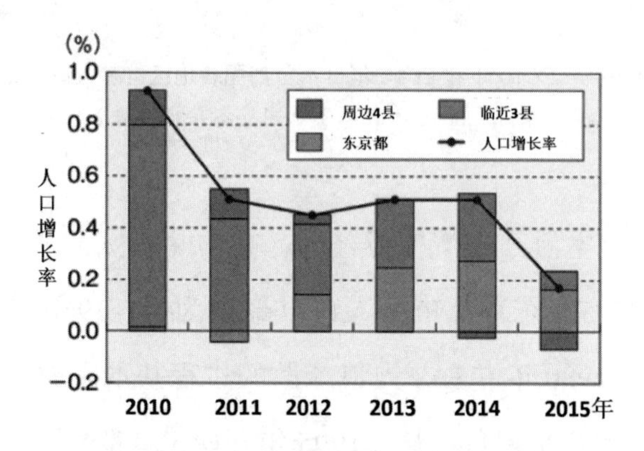

图 6–7　日本首都圈人口增长空间分布

（来源：2016 年日本首都圈整备年度报告）

（三）逐渐形成多核心多圈层的人口分布结构

1985 年日本颁布的《首都改造计划》提出了培育功能核心城市和自立都市圈，围绕首都圈规划了五个自立都市圈。其中，功能核心城市则是自立都市圈的核心，是位于东京都市区周边，具有区域社会经济自立性，提供高档次城市服务的中心城市。“功能核心城市”的标准包括：（1）广域的经济社会生活中心；（2）有助于东京圈的合理布局；（3）能够保障核心设施、业务设施用地；（4）功能一体且具有集合效率的区域，原则上以市町村为单位。这些自立都市圈逐渐发展成为日本首都圈人口和产业集聚的区域次核心。

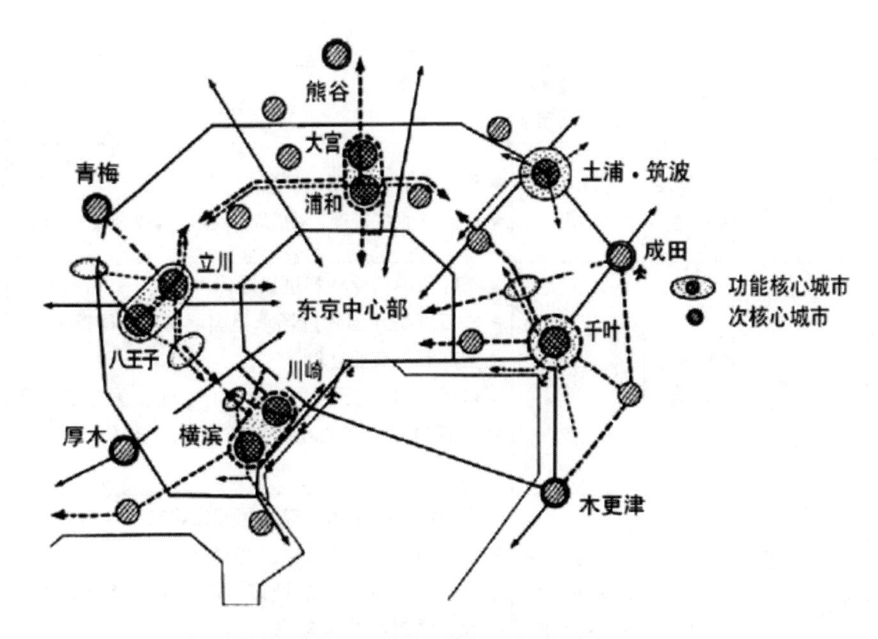

图 6-8　日本首都圈自立都市圈分布

资料来源：高慧智、张京祥、胡嘉佩：《网络化空间组织：日本首都圈的功能疏散经验及其对北京的启示》,《国际城市规划》，2015 年。

表 6-2　日本首都圈自立都市圈

自立都市圈	东京区位	范围	业务城市（核心城市）	主要功能
多摩自立都市圈	西部	三多摩地区	八王子市、立川市	● 八王子市发挥富饶的自然环境、广域交通体系、大学等多元特色，承担**生态休闲、教育、居住等功能** ● 立川市建设具备**业务、商业、信息和文化功能**的复合型街区，建设南关东地区大规模灾害情境下的**广域防灾基地**，以及以**绿色与文化为主题的世界级国家公园**
神奈川自立都市圈	西南	神奈川县区域	横滨市、川崎市	● 横滨聚集**国际性的业务、商业、文化等多元城市功能**、建设以电子信息港为核心的**国际信息中心** ● 川崎市发展**研发、信息、国际交流等高层次复合功能**，建设“百合城市”，推进**高层次的文化、艺术、教育、研发等功能集聚**

续表

自立都市圈	东京区位	范围	业务城市（核心城市）	主要功能
埼玉自立都市圈	正北	埼玉县区域	大宫市、浦和市	● **承接政府行政职能转移** ● **行政与业务管理、高层次商业服务以及文化功能**
千叶自立都市圈	正东	千叶县区域	千叶市	● 千叶市承担**原材料进口功能** ● 成田围绕新国际机场承担**国际交流、国际物流、临空产业与商业功能** ● 幕张以日本会展中心为核心，建设**国际交流及具有高端新兴产业和研究开发**等复合功能的未来型城市
茨城市南部自立都市圈	东北	茨城市南部区域	土浦市、筑波研究学园城市	● 土浦市发挥**学术研究、国际文化交流**等功能 ● 筑波科学城以筑波大学为核心，建设开展高水平研究、教育活动的城市，**承接东京都国家实验研究、教育机构等转移**，培育**业务管理、高层次商业、文化、国际交流与研发功能**

资料来源：高慧智、张京祥、胡嘉佩：《网络化空间组织：日本首都圈的功能疏散经验及其对北京的启示》，《国际城市规划》，2015年。

（四）外围地区居住功能逐渐凸显，住房供给空间分布呈现多圈层差异化特征

东京都的住宅用地供应比重在1998—2008年期间下降了近21个百分点，相比之下，受东京住宅用地减少和就业人口增加的双重压力，东京都邻近县逐渐成为吸纳东京都劳动人口的居住地，居住功能逐渐增强，其住宅用地供应比重在2008年依然保持在70%—82%的比重[①]。1990年到2016年，东京都市圈70公里区域内，累计建设了超过1080万套住宅，其中独户住宅占比36.7%，联排别墅占比4.5%、

① 冯建超：《日本首都圈城市功能分类研究》，《吉林大学》，2009年。

公寓楼占比58.9%[①]。同时，首都圈不同圈层住房供给的结构不同，核心圈层以公寓式住宅为主，外围圈层以联排或独栋别墅为主（图 6–9）。

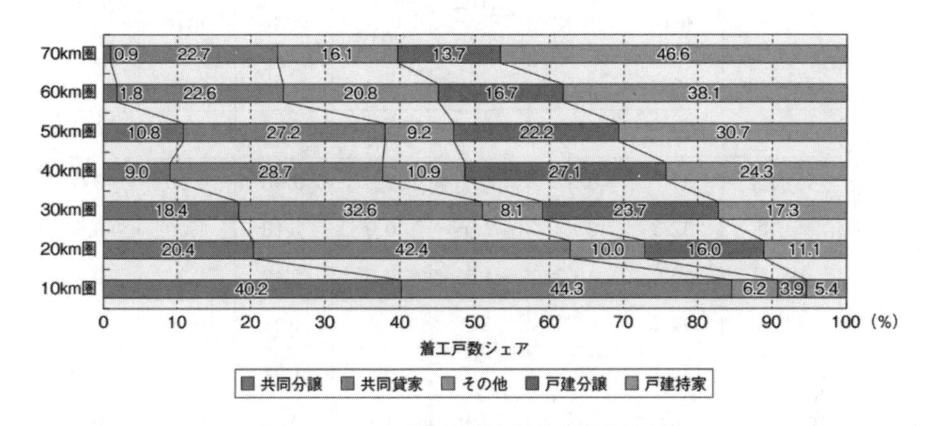

图 6–9　日本首都圈住房供给空间分布特征

资料来源：国土交通省：《平成 28 年度首都圏整備に関する年次報告》。

第二节　首都一小时美好生活圈人口现状特征及变化趋势

一、生活圈总人口增长显著，京津冀人口向生活圈集聚趋势明显

总量上看，生活圈人口增长显著，京津冀人口向首都一小时美好生活圈集聚趋势明显。2016 年，生活圈 47 县（市、区）人口达到 3615.8 万人，较 2010 年增长了 326.6 万人，年均增长速度达到 1.6%。生活圈人口总量占京津冀人口比重超过 3 成，2016 年达到 32.9%，相比于 2010 年提高了 2.05 个百分点，且生活圈人口增速远高于京津冀人口增速，2010—2016 年生活圈人口增速是京津冀人口增速的 3 倍。

① 2016 年日本首都圈整备年度报告。

表 6-3　2010—2016 年首都一小时美好生活圈人口变动情况

地区			人口（万人）		人口增量（万人）	年均增长率（%）	占比（%）		占比增加（%）
			2010	2016	2010—2016	2010—2016	2010	2016	2010—2016
京西北	京内	门头沟区	29.0	31.1	2.1	1.2	0.88	0.86	−0.02
		昌平区	166.1	201.0	34.9	3.2	5.05	5.56	0.51
		延庆区	31.7	32.7	1.0	0.5	0.96	0.90	−0.06
		怀柔区	37.3	39.3	2.0	0.9	1.13	1.09	−0.05
		密云区	46.8	48.3	1.5	0.5	1.42	1.34	−0.09
	京外	涿鹿县	34.6	35.3	0.7	0.3	1.05	0.98	−0.08
		怀来县	35.3	36.5	1.2	0.6	1.07	1.01	−0.06
		下花园区	6.3	6.7	0.4	1.1	0.19	0.19	−0.01
		宣化区	28.7	59.6	30.9	13.0	0.87	1.65	0.78
		蔚县	48.9	50.3	1.4	0.5	1.49	1.39	−0.10
		崇礼区	12.5	12.7	0.2	0.3	0.38	0.35	−0.03
		张家口中心城区	62.7	43.4	−19.3	−6.0	1.91	1.20	−0.71
		赤城县	29.4	29.9	0.5	0.3	0.89	0.83	−0.07
		丰宁满族自治县	39.7	41.1	1.4	0.6	1.21	1.14	−0.07
		滦平县	31.5	33.0	1.5	0.8	0.96	0.91	−0.05
京东	京内	顺义区	87.7	107.5	19.8	3.5	2.67	2.97	0.31
		平谷县	41.6	43.7	2.1	0.8	1.26	1.21	−0.06
		通州区	118.4	142.8	24.4	3.2	3.60	3.95	0.35
	京外	兴隆县	32.5	33.0	0.5	0.3	0.99	0.91	−0.08
		蓟州区	83.3	91.2	7.9	1.5	2.53	2.52	−0.01
		三河市	53.9	69.1	15.2	4.2	1.64	1.91	0.27
		大厂回族自治县	11.8	13.1	1.3	1.8	0.36	0.36	0.00
		香河县	31.8	36.8	5.0	2.5	0.97	1.02	0.05

续表

地区			人口（万人）		人口增量（万人）	年均增长率（%）	占比（%）		占比增加（%）
			2010	2016	2010—2016	2010—2016	2010	2016	2010—2016
京南	京内	房山区	94.5	109.6	15.1	2.5	2.87	3.03	0.16
		大兴区	136.5	169.4	32.9	3.7	4.15	4.68	0.54
	京外	宝坻区	79.9	93.0	13.1	2.6	2.43	2.57	0.14
		武清区	95.0	120.0	25.0	4.0	2.89	3.32	0.43
		霸州市	61.8	65.0	3.2	0.8	1.88	1.80	–0.08
		广阳区	50.0	49.2	–0.8	–0.3	1.52	1.36	–0.16
		安次区	36.8	37.2	0.4	0.2	1.12	1.03	–0.09
		固安县	43.3	51.1	7.8	2.8	1.32	1.41	0.10
		永清县	38.8	41.1	2.3	1.0	1.18	1.14	–0.04
		雄安新区	108.1	113.6	5.5	0.8	3.29	3.14	–0.14
		高碑店市	55.8	57.3	1.5	0.4	1.70	1.58	–0.11
		涿州市	64.6	69.2	4.6	1.2	1.96	1.91	–0.05
		定兴县	58.6	60.4	1.8	0.5	1.78	1.67	–0.11
		涞水县	35.3	35.8	0.5	0.2	1.07	0.99	–0.08
		易县	57.1	58.4	1.3	0.4	1.74	1.62	–0.12
北京城六区			1171.6	1247.5	75.9	1.1	35.62	34.50	–1.12
生活圈合计			3289.2	3615.8	326.6	1.6	100	100	—
京津冀人口			10666	10994	328.0	0.5	30.8	32.9	2.05

注：雄安新区包含雄县、容城、安新；张家口中心城区包含桥东区、桥西区

数据来源：北京、天津、河北统计年鉴

首都一小时美好生活圈中人口大区增长显著。昌平区、大兴区、通州区、武清区、雄安新区 2016 年人口超过百万，房山区、顺义区、宝坻区、蓟州区、涿州市、三河市、霸州市 2016 年人口超过 65 万人，近 6 年来这些人口大区（市）的人口规模平均增长了 15.8%。

表 6-4　2010—2016 年首都一小时美好生活圈人口大区（市）

地区	区位	2010 年人口（万人）	2016 年人口（万人）	2020—2016 人口增量（万人）
昌平区	京西北（京内）	166.1	201	34.9
大兴区	京南（京内）	136.5	169.4	32.9
通州区	京东（京内）	118.4	142.8	24.4
武清区	京南（京外）	94.99	119.96	24.97
雄安新区	京南（京外）	108.1	113.62	5.52
房山区	京南（京内）	94.5	109.6	15.1
顺义区	京东（京内）	87.7	107.5	19.8
宝坻区	京南（京外）	79.93	92.98	13.05
蓟州区	京东（京外）	83.27	91.15	7.88
三河市	京东（京外）	53.9	69.1	15.2
霸州市	京南（京外）	61.8	65	3.2

数据来源：北京、天津、河北统计年鉴

二、首都人口外迁趋势明显

按照北京城六区、京内远郊区、环京区域划分，在北京人口调控政策影响下，北京城六区人口增速下降明显，2010—2016 年年均增速为 1.1%，比京内远郊区和环京区域分别低 1.6 和 0.3 个百分点；总量增加 75.9 万人，分别比京内远郊区和环京地区人口增量少 59.9 万人和 39.01 万人；城六区占比由 2010 年的 35.6% 下降至 34.5%，下降 1.1 个百分点。京内远郊区人口增长最为显著，过去 6 年累计增加 135.8 万人，年均增长率达到 2.7%，远高于城六区和环京区域，其在生活圈中占比提高了 1.6 个百分点，达到 25.6%。环京区域人口增长趋势明显，但各地区人口增长水平差距较大，过去 6 年增加了 114.9 万人，年均增速达到 1.4%，占生活圈比重下降 0.5 个百分点，但宝坻区、武清区、固安县、涿州、雄安新区等地区人口增速较快，占生活圈人口比重提升明显。

表 6-5　2010—2016 年生活圈三大圈层人口变动情况

	人口（万人）		人口增量（万人）	年均增长率（%）	占比（%）		占比增加（%）
	2010	2016	2010—2016	2010—2016	2010	2016	2010—2016
北京城六区	1171.6	1247.5	75.90	1.1	35.6	34.5	-1.1
京内远郊区	789.6	925.4	135.80	2.7	24.0	25.6	1.6
环京区域	1328.0	1442.9	114.91	1.4	40.4	39.9	-0.5

数据来源：北京、天津、河北统计年鉴

三、京东地区、京内西北和京内南部人口增长显著

京东地区人口增长势头显著。京东地区京内和京外区域人口近 6 年分别增长了 46.3 万人和 29.9 万人，年均增速分别为 2.9% 和 2.2%，在生活圈人口占比合计达到 14.9%，较 2010 年增长了近 1 个百分点。其中顺义区、通州区、三河市和香河县人口占生活圈比重显著提高；大厂回族自治县和天津蓟州区人口占生活圈比重基本保持不变。

京内西北地区人口增长显著。虽然京西北地区整体人口增长相对较慢，整体人口占生活圈比重减少了 0.1 个百分点，但京内西北地区近 6 年人口增加了 41.5 万人，年均增速达到 2.1%，在生活圈占比增加了 0.3 个百分点。其中，昌平区人口增长尤为显著，过去 6 年增长了 34.9 万人，年均增速达到 3.2%，占生活圈人口比重增长 0.5 个百分点，2016 年人口达到 201 万人。

京内南部地区人口增长显著。京内南部地区是人口增长最为显著的板块，过去 6 年人口增长了 48 万，年均增长率达到 3.2%，是增速最快的板块，占生活圈人口比重提高了 0.7 个百分点，2016 年人口达

到279万人。房山区和大兴区人口增长显著，反映了北京核心区人口疏解取得一定成效，两区人口分别增长了15.1万人和32.9万人。

表6-6　生活圈各板块人口变动情况

板块 2010		人口（万人）		人口增量（万人）	年均增长率（%）	占比（%）		占比增加（%）
		2016	2010—2016	2010—2016	2010	2016	2010—2016	
京西北	京内	310.9	352.4	41.5	2.1	9.5	9.7	0.3
	京外	329.6	348.5	18.9	0.9	10.0	9.6	-0.4
京东	京内	247.7	294.0	46.3	2.9	7.5	8.1	0.6
	京外	213.3	243.2	29.9	2.2	6.5	6.7	0.2
京南	京内	231.0	279.0	48.0	3.2	7.0	7.7	0.7
	京外	785.1	851.3	66.1	1.4	23.9	23.5	-0.3
北京城六区		1171.6	1247.5	75.9	1.1	35.6	34.5	-1.1

数据来源：北京、天津、河北统计年鉴

专栏6-1　　2030年京东地区人口预测

1.北京市内京东人口变化（平谷、顺义和通州）

北京市新版城市总规提出2020年人口控制在2300万以内，并长期稳定在这一水平，同时，城六区人口控制在1085万人左右。按照规划，相比于2016年，城六区人口占比将下降10%个百分点，人口减少162万人。

京东地区2016年人口294万人，占北京市比重为13.5%。从2010年至2016年趋势看，城六区人口占全市比重每下降2.6个百分点，京东地区占比上升1个百分点。因此，北京京东地区（平谷、顺义和通州）未来人口将增长明显，在北京市人口2030年控制在2300万人基础上，京东地区人口将达到415万，占比达到18%左右，分别较2016年增加120万人和4.5个百分点。

2. 京东区域人口变化（平谷、顺义、通州、三河、大厂、香河、蓟州、兴隆）

2016 年京东区域人口为 537.15 万人，占首都一小时美好生活圈的 13.2%。2010—2016 年，京东区域人口年均增长约 12.7 万人，随着非首都功能疏解和北京副中心建设加快推进，京东区域人口集聚能力增强，人口增速加快，预计 2030 年，京东区域人口将达到约 750 万人，占生活圈比重达到 15%，较 2016 年分别增长 210 万人和 1.8 个百分点，其中京内地区增长 120 万人，京外地区增长 90 万人。

表 6-7 京东地区人口变化

京东	范围	2016 年人口	2030 年人口	增长人口规模
京内京东地区	平谷、顺义、通州	294 万人	415 万人	120 万人左右
京东区域	平谷、顺义、通州、三河、大厂、香河、蓟州、兴隆	537 万人	750 万人	210 万人左右，其中京内 120 万人，京外 90 万人

四、生活圈已进入老龄化社会，京外西北部和京外东部地区总抚养比较高，京外东部地区人口受教育水平较高

劳动力人口占比看，京内地区显著高于环京地区。京内地区各板块劳动人口占比相当，2010 年均在 82%—83% 左右，明显高于各板块京外劳动人口占比；在环京地区，劳动人口占比低于生活圈平均水平（80.1%），京南和京东地区劳动力人口占比相对较高，分别达到 77.1% 和 77.6%。

生活圈正处于老龄化社会，尤其是北京城六区、京外西北、京外东部地区老龄化程度较高。2010 年，生活圈 65 岁以上人口占比达到 8.6%，超过 7% 的老龄化社会标准。城六区和京外地区老龄化程度明

显较高，其中北京城六区65岁以上老龄人口占比达到9.4%，京西北和京东外部地区老龄化人口占比分别达到9.9%和8.8%。从抚养比看，环京地区总抚养比明显较高，尤其是京外西北部和京外东部地区，其总抚养比分别达到35.1%和30.5%。

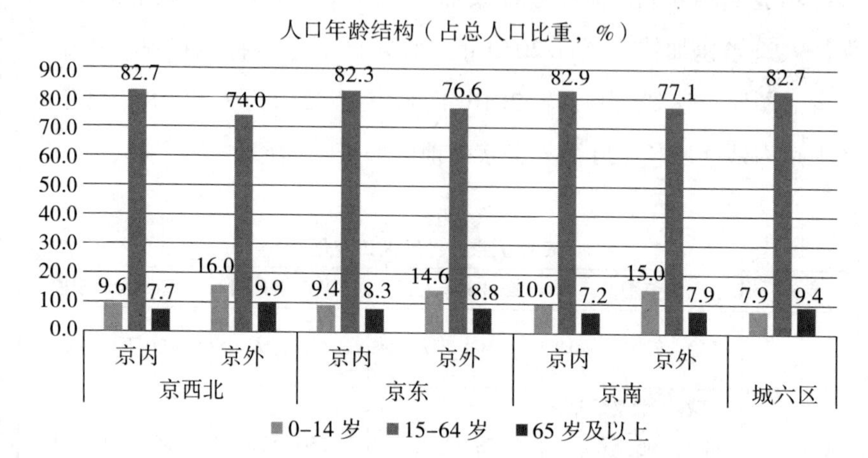

图6-10 生活圈年龄结构（2010年）

（资料来源：北京、天津、河北第六次人口普查年鉴）

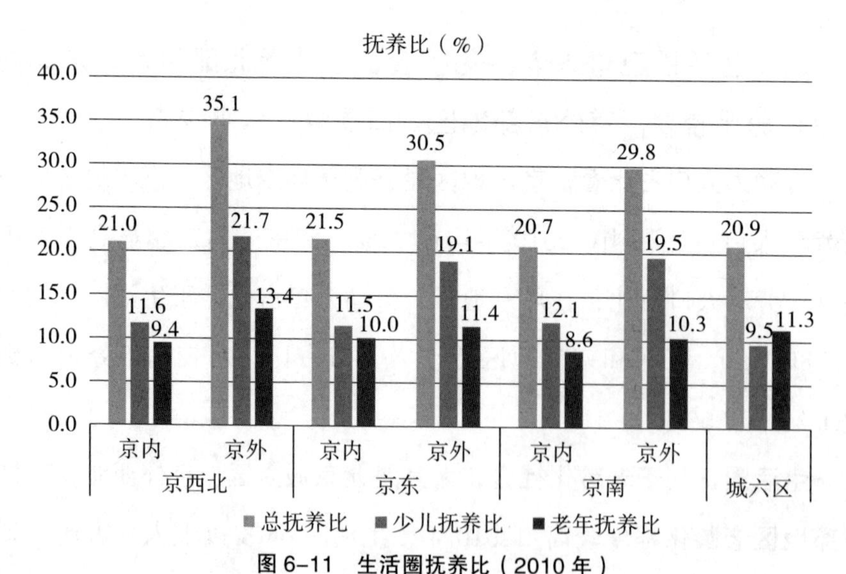

图6-11 生活圈抚养比（2010年）

（资料来源：北京、天津、河北第六次人口普查年鉴）

表 6-8　生活圈各地人口年龄结构和抚养比（2010 年）

区位		地区	占总人口比重（%）			抚养比（%）		
			0-14 岁	15-64 岁	65 岁及以上	总抚养比	少儿抚养比	老年抚养比
京西北	京内	门头沟区	10.2	78.8	11.0	26.9	12.9	14.0
		昌平区	8.3	85.9	5.8	16.5	9.7	6.8
		延庆区	10.7	79.4	9.9	26.0	13.5	12.5
		怀柔区	11.5	79.8	8.7	25.3	14.4	10.9
		密云区	11.6	78.2	10.3	27.9	14.8	13.1
	京外	涿鹿县	15.8	74.2	10.0	34.7	21.3	13.4
		怀来县	15.7	75.0	9.3	33.3	20.9	12.4
		下花园区	11.8	70.8	17.4	41.4	16.7	24.6
		宣化区	14.0	76.4	9.6	30.8	18.3	12.5
		蔚县	20.7	69.3	10.0	44.2	29.8	14.4
		崇礼区	15.2	73.4	11.5	36.3	20.7	15.7
		张家口中心城区	11.8	78.6	9.5	27.2	15.1	12.1
		赤城县	17.7	70.5	11.8	41.8	25.0	16.8
		丰宁满族自治县	18.2	72.5	9.4	38.0	25.1	12.9
		滦平县	18.5	72.6	8.9	37.7	25.5	12.2
京东	京内	顺义区	9.5	82.6	7.9	21.0	11.4	9.6
		平谷县	10.5	79.0	10.5	26.7	13.4	13.3
		通州区	9.0	83.3	7.7	20.1	10.8	9.3
	京外	兴隆县	17.0	74.7	8.3	33.8	22.8	11.0
		蓟州区	16.0	74.3	9.7	34.6	21.5	13.1
		三河市	13.3	79.2	7.5	26.2	16.8	9.4
		大厂回族自治县	12.5	78.1	9.4	28.0	16.0	12.1
		香河县	12.5	78.3	9.2	27.7	16.0	11.8

续表

区位		地区	占总人口比重（%）			抚养比（%）		
			0–14 岁	15–64 岁	65 岁及以上	总抚养比	少儿抚养比	老年抚养比
京南	京内	房山区	10.8	80.4	8.8	24.4	13.5	10.9
		大兴区	9.4	84.6	6.0	18.3	11.1	7.1
	京外	宝坻区	11.5	80.6	8.0	24.1	14.2	9.9
		武清区	13.7	78.1	8.2	28.0	17.6	10.4
		霸州市	17.4	75.6	7.0	32.3	23.0	9.3
		广阳区	12.3	80.1	7.6	24.8	15.4	9.4
		安次区	12.8	80.0	7.2	25.0	15.9	9.0
		固安县	14.8	76.9	8.4	30.1	19.2	10.9
		永清县	15.8	75.7	8.5	32.1	20.8	11.2
		雄安新区	18.1	74.2	7.7	34.8	24.4	10.4
		高碑店市	15.1	77.5	7.4	29.0	19.5	9.5
		涿州市	14.7	77.0	8.3	29.8	19.1	10.7
		定兴县	16.4	74.9	8.6	33.5	21.9	11.5
		涞水县	14.3	77.4	8.3	29.1	18.5	10.7
		易县	16.9	74.6	8.4	34.0	22.7	11.3
北京城六区			7.9	82.7	9.4	20.9	9.5	11.3
生活圈合计			11.2	80.1	8.6	24.8	14.0	10.8

资料来源：北京、天津、河北第六次人口普查年鉴

从人口教育结构看，京内人口受教育水平明显较高。拥有大学及以上学历人口占比在各板块显著高于京外地区。除北京城六区以外，京内西北地区人口受教育水品最高，拥有大学及以上学历人口占比高达 14.4%，其中**昌平区占比最高，**高达 21.27%。

环京地区中，京东地区人口受教育水平最高，拥有大学及以上学历人口占比达到 4.5%，其中，**三河市比重最高**，达到 10.72%，也是环京地区人口受教育水平最高的地区。

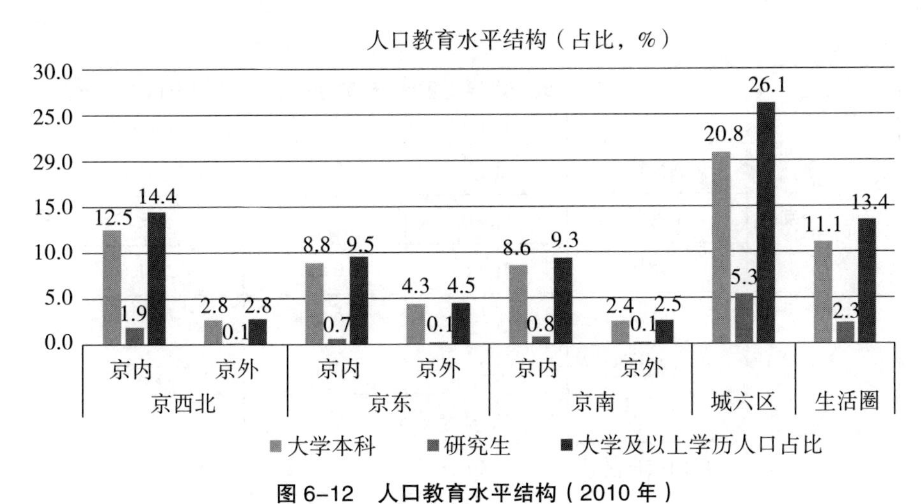

图 6-12　人口教育水平结构（2010 年）

（资料来源：北京、天津、河北第六次人口普查年鉴）

表 6-9　生活圈各地人口受教育水平（2010 年）

			大学本科比重（%）	研究生比重（%）	大学及以上学历占比（%）
京西北	京内	**门头沟区**	7.01	0.44	7.44
		昌平区	17.87	3.41	21.27
		延庆区	7.37	0.22	7.59
		怀柔区	6.45	0.32	6.77
		密云区	4.85	0.18	5.03
	京外	涿鹿县	0.98	0.02	1.00
		怀来县	1.37	0.03	1.40
		下花园区	2.09	0.04	2.13
		宣化区	3.65	0.10	3.75
		蔚县	0.83	0.02	0.84
		崇礼区	1.51	0.03	1.54
		张家口中心城区	7.42	0.27	7.68
		赤城县	1.20	0.02	1.22
		丰宁满族自治县	1.17	0.02	1.19
		滦平县	1.75	0.03	1.78

续表

			大学本科比重（%）	研究生比重（%）	大学及以上学历占比（%）
京东	京内	**顺义区**	8.04	0.47	8.51
		平谷县	5.01	0.18	5.19
		通州区	10.68	0.98	11.66
	京外	兴隆县	1.40	0.03	1.42
		蓟州区	2.29	0.03	2.32
		三河市	10.31	0.41	10.72
		大厂回族自治县	1.90	0.05	1.96
		香河县	1.24	0.02	1.26
京南	京内	**房山区**	7.74	0.49	8.24
		大兴区	9.15	0.94	10.10
	京外	宝坻区	3.24	0.07	3.31
		武清区	2.19	0.05	2.24
		霸州市	1.06	0.02	1.08
		广阳区	9.98	0.48	10.46
		安次区	7.37	0.43	7.80
		固安县	1.00	0.04	1.03
		永清县	0.90	0.01	0.91
		雄安新区	0.64	0.03	0.67
		高碑店市	1.19	0.07	1.25
		涿州市	3.10	0.20	3.29
		定兴县	0.66	0.03	0.69
		涞水县	1.21	0.04	1.25
		易县	0.97	0.03	1.00
北京城六区			20.77	5.33	26.10
生活圈合计			11.13	2.27	13.40

资料来源：北京、天津、河北第六次人口普查年鉴

第三节　首都一小时美好生活圈居住空间的现状特征

环京区域市场是深受京津冀战略发展进程影响的一个市场。它既是北京非首都功能疏解的实际获益者，也有着其特有的脆弱性和不稳定性。造成这一特性的原因是市场需求多以投资属性为主，其实际居住需求并不足以支撑市场的供应体量，因此在整个环北京市场上，距离在很大程度上决定了居住空间的发展水平和产业的发展水平。

一、住房供应量已过峰值，处于低位徘徊，年均增长率趋于稳定

从整个环京区域居住圈的发展历史来看，其发展脉络鲜明地分为了三个阶段：市场主导、自由发展——强政策调控——顶层设计、统筹谋划。

第一阶段从 2010 年开始至 2014 年第一季度，这一时间范围内，环京各县市的居住圈呈现出自发性的开发和增长，虽增速较快，但由于是纯市场化行为，缺乏统一规划，从宏观上呈现大量住宅爆发性增长，缺乏战略规划和调控的发展形势，尤其是在距离北京国贸 CBD 较近的廊坊市下辖燕郊、大厂、香河三县 70~90 平方米的刚需类住宅，呈井喷状发展。这一发展模式无论是对北京还是对环京各县市都带来了一定的负面影响。对于北京来说，由于上述区域仅实现了单纯的居住面积的增长，并没有将人口引流到周边实现缓解都市人口压力的目标，反而带来了大量的交通压力。而对于环京各县市来说，大量入市的住宅只是形成了若干新的“睡城”，单纯的房地产市场蓬勃发展，并没有支撑起产业结构调整，反而促成了房价的畸形增长。

第二阶段从2014年4月至2017年4月，标志性事件从保定成为“副首都”的传言开始，极大地推高了整个环京区域的市场预期。随后，在京津冀协同发展战略推动之下，有关环京各区域的利好和调控政策交替释放，让整个环京区域的居住市场在剧烈波动中发展。这一阶段，区域市场一方面呈现出很强的政策属性，成交受调控影响；另一方面，区域市场规则、监管体系、配套设施建设也在快速发展完善。尤其是2015年4月30日之后，随着国家顶层规划的介入，环京区域居住圈的发展正式进入了第二阶段。这一阶段整个居住圈呈现出有顶层战略规划、有层次、产业—居住区相融合的特点。

第三阶段从2017年4月1日至今。随着雄安新区的落地，整个环京区域发展进入到顶层设计周期，具体呈现为京东的燕郊、大厂、香河三县与北京副中心部分规划对接。与此同时，固安、永清等县也开始被纳入北京城市规划的视野范围。除此之外，廊坊、保定、天津蓟州区、武清区作为上述区域的外延，也拥有着承接外迁产业及人口的土地、交通和产业基础优势。同时还值得注意的是位于京北的张家口和承德两区域，尽管山地较多，但环境优势显著，具备建设高新技术产业的硬件基础。

从环京8县市住宅供应和成交量看，目前为止，环京房地产市场无论是房价、供应还是成交量都维持在低位，市场交易并不活跃，投资需求开始撤离，政府调控已见成效。

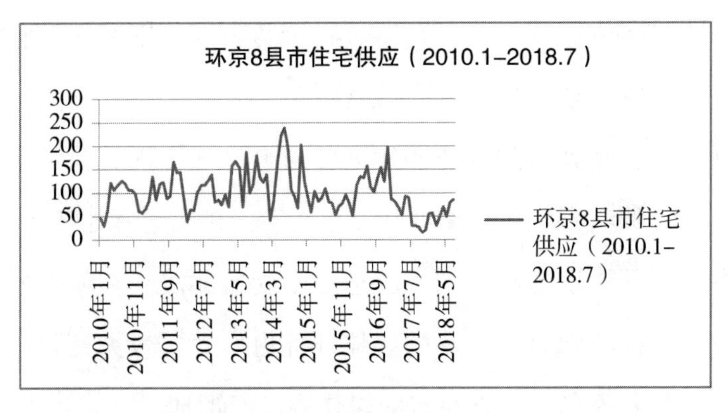

图 6-13 环京 8 县市住房供应面积（单位：万平方米）

（数据来源：Wind）

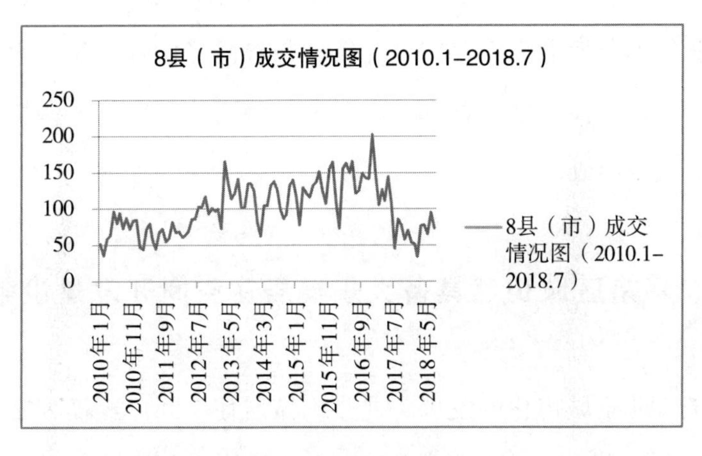

图 6-14 环京 8 县市住房成交面积走势图（单位：万平方米）

（数据来源：Wind）

二、疏解北京非首都功能背景下，生活圈居住空间需求不断向环京地区外扩

在京津冀的区域发展历史上，北京这座华北平原上的巨型城市对周边区域的虹吸效应一直存在。作为政治、经济、文化中心，北京一直是各级机关、研究院以及企业总部所在地。这在极大促进了北京城

市发展的同时，也导致人口、财富、物资乃至政策都在一定程度上向北京倾斜，优质资源源源不断从周边涌入北京。

最近几年，受到京津冀协同发展的影响，环京区域持续承接来自北京的外溢资源。无论是近者如固安、燕郊；亦或远者如怀来、霸州，环京县市在这一轮京津冀协同发展进程中受益匪浅。在城市发展水平得到了极大改善的同时，居民的居住环境也发生了较大变化。以北京为中心，通勤半径在一小时左右的居住圈已经形成。

而随着北京资源的外溢，不少科技型创业企业都能够在京郊或环京县市寻找到低成本的办公场所。目前，随着北京周边产业、商业、生活配套的不断发展，人口向外疏解的趋势已经比较明显，而为满足这些人口居住所需，整个首都一小时通勤距离范围内，一些特色居住圈也正在发展形成。

三、环京区域仍然具备大规模居住空间开发建设条件和潜力

伴随着北京城市化的发展，北京内城居住空间已经极为紧张。目前，北京市政府在公布《北京市新增产业的禁止和限制目录（2018 年版）》明确规定："在东城区、西城区，禁止新建房地产开发经营中的住宅类项目，禁止新建酒店、写字楼等大型公建项目。此外，在朝阳区、海淀区、丰台区、石景山区、东、西、北五环路和南四环路以内，禁止新建酒店、写字楼等大型公建项目。"同时，在北京市全市范围内，《目录》提出，禁止新建房地产开发经营中容积率小于 1.0（含）的住宅项目，相当于禁止了别墅类项目的搭建。这意味着，北京内城居住圈未来扩张空间将变得极为有限，在北京人口疏解的大背

景之下，环京区域作为北京外溢资源的承接者，将承担起从北京外溢而出的居住需求。

然而，土地资源对于环京地区来说却是丰富的优势资源。从京津冀土地分布能够看出，在环京的29个县（市）中（含天津市各区），目前已经在京津冀整体面积中占据近1/3的供应份额。其中，环京区域供给土地6.68万平方公里，占整个京津冀土地供应的30.94%。目前，环京居住圈主要人口承接区域集中在与北京相邻的河北、天津各县（区）。尤其是廊坊下辖香河、大厂、燕郊构成的"北三县"以及京南的固安县，由于紧邻北京且有高速公路直接连接，交通通达性强，因此自2010年以来，一直是环京区域大多数市场需求的主要集中区域。

四、居住空间分布呈现"南重北轻、东密西疏"特征

北京周边区域西部与北部为山区，东部和南部为平原，地形上天然的不平衡造成在发展历史上，产业资源一直在向更易开发的东部与南部倾斜。再加上北京城市重心在近年来不断向东、南方向发展，更进一步加剧了首都一小时范围内产业和居住圈发展的不均衡。

具体来说整个首都一小时居住圈具有南重北轻、东密西疏的分布特征。仅廊坊下辖的燕郊、大厂、香河三县的供应量均超过张家口、逼近承德。而相对来讲三县总面积739平方公里，仅为张家口市面积的1/49、承德市的1/54。同时，位于京东、京南的各县（市、区）在人口密度、人口承载能力上也要远远高于京西、京北各区域。

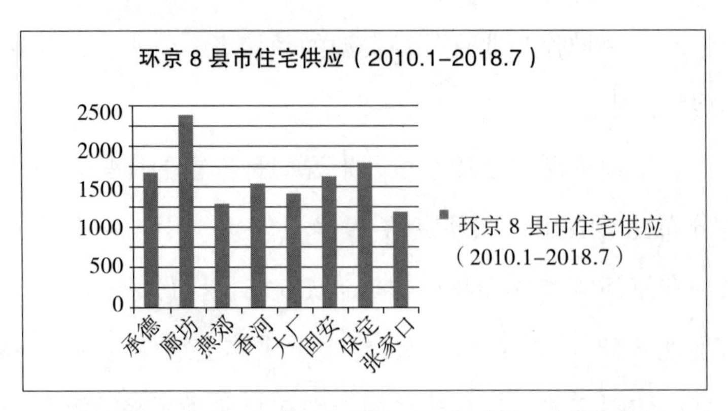

图 6–15 环京 8 县市住房供应总面积（单位：万平方米）

（数据来源：Wind）

同时，环京各区域中，人口密度最高的为天津市中心城区，每平方公里人口密度为 0.18 万人。其次就是廊坊市下辖的广阳区人口密度接近每平方公里 0.15 万人。而排在第三位的就是廊坊市下辖三河市，其人口密度达到每平方公里 0.11 万人。

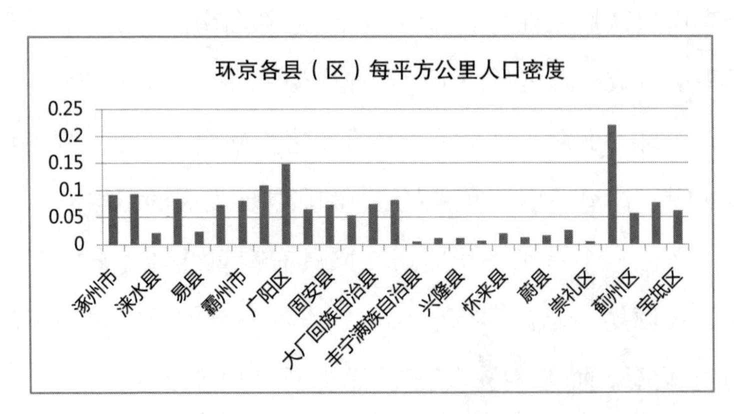

图 6–16 环京各县（市、区）每平方公里人口（单位：万人）

（数据来源：Wind）

而伴随着人口的聚集，环京居住圈也在东、南两个方向上形成了大量居住组团。除紧邻北京的“北三县”+ 固安构成的环京四县之外，在京南的永清、霸州、涞水，京东的天津市武清区、蓟州区也均有大量住房供应。而与之相对的是，北京西部和北部由于受山地地形影响，住宅供应有限，因此一直少有开发商进行造城式的住宅开发建设，迄今为止尚未形成大规模居住组团。

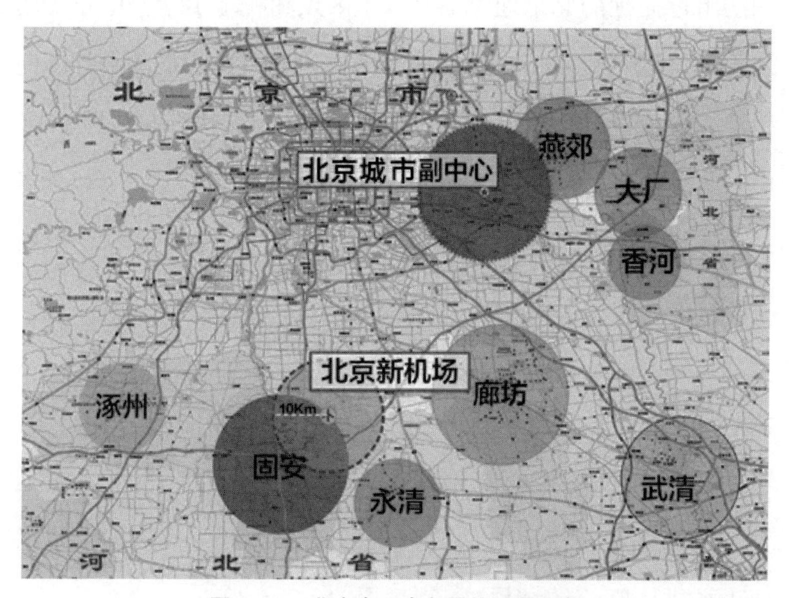

图 6–17　北京东、南各居住组团分布

五、首都圈“中央—组团”式居住格局正在形成

伴随着京津冀区域的整体发展以及区域城市化进程的不断加深，环北京周边的各个县市居住条件也发生了质的变化。标准化、规模化的房地产项目开发，在改变环京县市城市面貌的同时也深刻地改变了当地居民的居住环境。

工作和居住分离是北京城市结构的明显特征。根据 2015 年的统计数据显示，北京市六个区工作和生活比率最高的 12 条街道中，3 个位于二环路，4 个位于朝阳 CBD，2 个位于海淀区中关村。根据滴滴出行数据，高峰时段上班族使用互联网的终点分布显示，北京的就业中心位于东直门、国贸、中关村等地，除了西二旗和亦庄，大多数都集中在中心城区。伴随着北京城市化的不断发展，居住功能正越来越多的被北京各郊区乃至河北省各环京县市承担。

滴滴出行捕捉的北京通勤者在早上8点和晚上18点30分使用滴滴出行的通勤流程图显示，在早高峰时间，可以看出明显的由郊区向城内流动趋势，而流动的起点或终点呈现出明显的点状分布（图6–18和图6–19）。因此，以北京为中心，环北京一小时范围内已经形成了较为鲜明的“中央—组团”式居住格局。随着人口压力的增长，这一需求仍然有不断外溢的趋势。

六、环京地区住房供应过剩、配套设施和服务不足

整个环京地区的住房供应存在着一定程度的过剩情况，这是上一阶段整个环京区域在京津冀协同发展的预期之下，投资需求暴增，从而促使市场供应旺盛的结果。

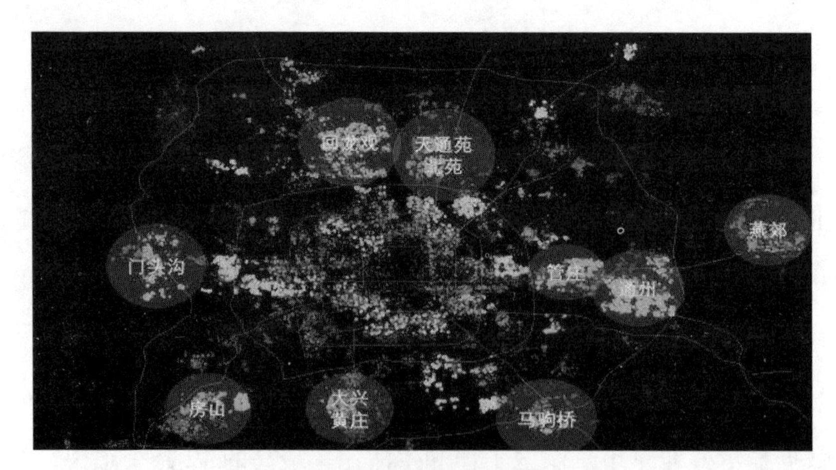

图6–18 北京早高峰通勤起点的分布图

（来源：滴滴出行）

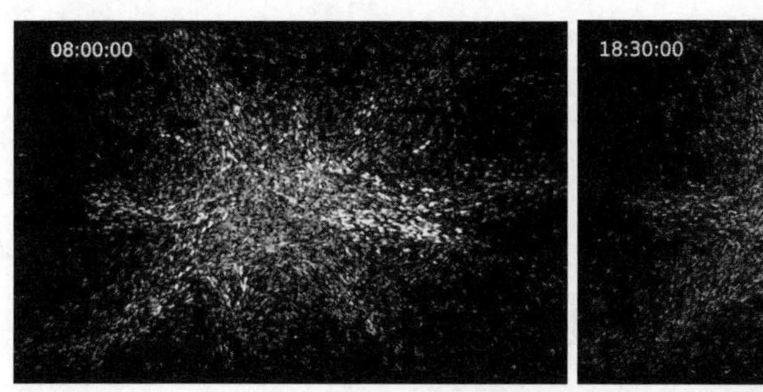

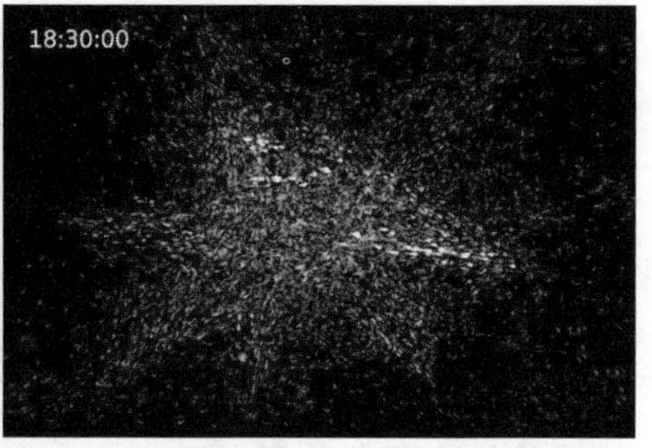

图 6-19　早高峰和晚高峰北京通勤流程图
（来源：滴滴出行）

环京 8 县市的库存供应总和在 2010 年以来一直保持在 820 万平方米之上，其中峰值出现在 2014 年 11 月，高达 2080 万平方米，如果全部按照 90 平方米标准住宅面积计算，这部分库存足够提供 23.1 万套住宅。即使按照 2018 年 7 月份 878 万平方米库存面积计算，依然能够提供 9.7 万套住宅。而与之相对的，环京 8 县（市）的月成交量在 2016 年 12 月达到峰值时也仅为 202 万平方米 / 月。2018 年 7 月

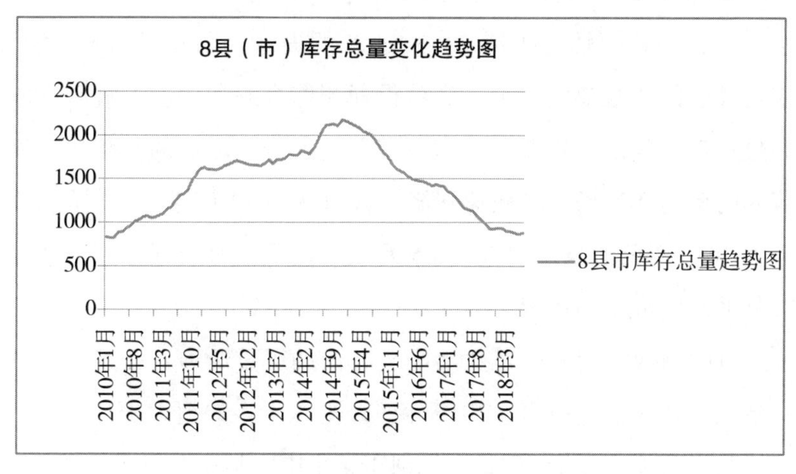

图 6-20　环京 8 县市住房库存面积走势图（单位：万平方米）
（数据来源：Wind）

的单月成交量则为73万平方米，按照如今的去库存速率，环京8县（市）目前库存量依然需要接近12个月的去化周期（全国百城库存平均去化周期为10个月）。

而比去库存更严重的问题在于，大规模供应的住宅并没有与之相匹配的配套。医疗、教育、生活设施乃至交通配套的缺失在环京各区域都是普遍存在的问题。

专栏6-2 燕郊教育资源紧缺
以发展最早、发展程度也相对较高的燕郊为例：作为距离北京城市副中心最近的环京区县，燕郊在地理上拥有着天然优势。而在发展历史上也享受了诸多政策照顾。早在1999年，燕郊便被批准为省级高新技术产业园区，2010年又被批准为国家级高新技术产业园区。但遗憾的是，燕郊的高新技术产业发展成绩被蓬勃发展的房地产业抢去了风头，受配套建设、技术配套、人力成本、交通等因素制约，过去20多年来，燕郊未能真正发挥其高新区、卫星城的功能。 2005年北京市出台的《北京城市总体规划（2004~2020）》，其中对于城市格局“两轴、两带、多中心”的设计，以及以通州、顺义、亦庄为代表的“东部发展带”和建设通州综合服务中心的规划，向公众和投资者释放出北京要“向东发展”的信号。随后的几年里，燕郊和燕郊的房地产市场一起快速膨胀。人口从1992年建区之初的2.3万人，到2014年已激增至目前的65万人。按照当时数据计算，燕郊每平方公里人口超过6100人。 人口的剧增，带来的是生活配套方面的沉重压力。在基础教育方面：根据《新京报》报道，2015年时，七八十人的超大班在燕郊已是普遍状况。三河市教育部门称，三河市整个中小学校教师缺口达500多

人，燕郊占400多人，仅今年一年中小学净增学生6000人，其中燕郊占5000多人。

同时，交通问题也同样困扰着燕郊这样的京郊区域。目前连接燕郊和北京的交通干线只有一条通燕高速。私家车道路利用率低、成本高昂、一天往返需要30元过路费；公路交通运力有限，难以支撑整个燕郊的通勤需求；由于区域壁垒所造成的原因，轨道交通则遥遥无期。

在京津冀协同发展的大背景下，基础教育服务却没有跟上人口疏散速度，三地教育资源也没做好统筹安排，是燕郊目前所面临的发展瓶颈。而燕郊所面临的问题，也同样是环京各区县在发展过程中所面对的挑战。

第四节　首都一小时美好生活圈居住空间建设重点及空间布局

一、重点建设三类居住空间

（一）通勤居住圈

通勤居住圈承担了大量在北京城区就业工作人口的居住空间，需要跨区域进行通勤交通。通勤居住圈应该重点向东南方向发展，形成以“北三县”为第一层级，以武清、廊坊为第二层级的多圈层配置体系。

受交通主干道和轨道交通建设影响，通勤居住圈逐渐向东南部拓展。自2010年以来，经过8年的发展，目前“北三县”和固安县已经形成了既有的生活居住圈。一些居住组团呈现出人口密度高，生活服务配套、教育配套、商业配套配比极度不平衡的状态。在未来发展过程中，这一聚集了大量人口的区域，也应该有针对性地向更外圈疏解，沿高铁线进一步向东南片区发展，结合天津的武清区和河北廊坊市，进一步承接由北京而来的外溢人口。尤其是随着城际铁路的普及，人们的通勤成本大大降低，让这样的“双城”生活方式成为可能。按照2017年国家发展改革委、住房城乡建设部、交通运输部、国家铁路局、中国铁路总公司联合发文显示：至2020年，京津冀、市域（郊）的五条骨干线路将基本形成。整个线路将串联5万人及以上的城镇组团和旅游景点，设计速度宜为100—160公里/小时，平均站间距原则上不小于3公里。届时，京津冀区域范围内将有京承铁路（通州—顺义—怀柔—密云）、京秦铁路（通州—燕郊—三河）、京唐城际（通州—燕郊—大厂—香河）。

目前由北京—武清的高铁仅需21分钟即可到达，而武清高铁站附近已经形成了非常成熟的居住圈，居住圈内有环北京区域最大的奥特莱斯商业综合体，以及大量商业配套。区域发展成熟，其通勤时间成本要大大低于燕郊—国贸商圈，且舒适度则更高。

廊坊在整个京津冀协同发展战略中属核心功能区，从定位来讲，廊坊最重要的是承接北京的高新技术产业外溢，是重要的物流和教育承载地。目前，廊坊市正在市区北部规划建设生态文化艺术新区，吸引了不少电子信息企业、医药企业入驻，将来很多企业可能会在廊坊排兵布阵。这一方面给了廊坊以产城融合发展的硬件基础，另一方面高铁的通达也同样使得廊坊可以承担部分由北京外溢而出的通勤需求。

因此，未来通勤居住圈应该重点向东南方向发展，形成以“北三县”为第一层级，以武清、廊坊为第二层级的多圈层配置体系，在供应端也应该注意调节供应结构，适当提升改善型住房的供应比例，从而吸引更高层次人口在本地安居落户。

（二）产城一体居住圈

产城一体居住圈指有较高职住平衡水平的区域，既包含了大量就业机会，也提供了充足的住房，以京南地区为主要拓展方向，主要在高铁沿线，产业疏解的重点聚集地周边兴建居住组团，形成以固安—永清为核心的产业通勤居住带和霸州—高碑店为核心的京雄走廊产城发展新支点。

由于京津已经形成了一定的发展规模，京津冀地区正处于城市快速城镇化的转换阶段，从一开始的“虹吸效应”转化为“溢出效应”。环京各县市都在积极行动，发挥自身特色，承接来自北京的外溢资源，进行产城融合式的发展。伴随着京津冀协同发展的进程，环京区域交通的改善为整个环京的发展起到了相当大的带动作用。伴随着高速公路、铁路的通车，大量北京外溢资源能够更顺利地同各市县对接，从而改变了整个环北京地区的产业格局。

京台高速的通车为永清带来了无限发展，新机场所在的廊坊永清地区也将受到新航城的直接影响，在经济、人口、生活配套的发展上受到很大的带动。位于北京和雄安新区之间的京—雄走廊则成为了产业外溢最大的承接地；向西南方向沿着京港澳高速和城际铁路，涿州、高碑店、霸州均迎来了一波发展热潮。2016 年，仅北京输出到津冀的技术合同成交额就已高达 155 亿元，可以说为产城一体式居住模式打下了一定的产业基础。

（三）休闲居住圈

休闲居住圈指依托高品质的自然风光、文旅项目、医疗养老等设施，开发的包含运动、康养、养老、休闲等功能的居住空间，主要分布在北京西部、北部和东部的部分县市，由于山地地形的限制和交通制约，造成了这些区域在很大一部分时间发展只能以旅游休闲度假为主，因此在居住圈的建设过程中，也多为旅游休闲度假属性的产品。

近年来，北京市民面临消费升级需求，生态休闲、疗养等需求增加，但受北京空间和自然条件限制，在北京的空间范围内很难得到充分满足，部分需求要在周边的空间中实现。比如旅游正呈现出从原来的休闲式到现在的参与式，从原来的观光式到现在的户外运动发展式，根据这一发展趋势，未来京西、京北、京东各居住组团的机会点将在生态休闲属性的居住空间。住宅建设也应在保证当地刚需住房需求的基础上，发展一定的休闲度假类住宅产品，辅以高品质的医养配套，打造集“疗养—医疗—康复—休闲”为一体的居住组团。

二、重点打造五大居住板块

（一）京东南通勤居住板块

京东南的通勤居住板块，以燕郊、香河、大厂和宝坻区、武清区为建设重点，打造面向北京劳动人口的通勤居住空间。在这一居住圈内的多为“北漂”人口，即没有北京户口或购房资格，但工作地却在北京东部，因此这部分人群选择在这些位于北京东南方向的环京县市购房，其主要需求也以能够满足通勤需求的居住为主。这一区域在2010年前后，伴随着北京CBD的发展、通州区的饱和以及外来人口的不断聚集，很快成为“北漂”聚集地。

图 6-21　环京地区五大居住板块示意图

图片来源：课题组绘制

在“北三县”区域范围内，居住项目也是首先以满足刚需人群购房需求为主的大量刚需房，直到后期才有若干满足改善型需求的别墅房源出现在较远区域。这一区域是以支撑北京东部外溢人口而发展起来的，其与北京的联通形式也是以高速公路和省际公路相连。随着京津、京唐发展轴交通联系加密，高铁和城际铁路的开通，京东南通勤居住组团的概念也向更外圈的廊坊市区以及天津的武清、宝坻区延伸。

（二）京东康养休闲居住板块

京东休闲居住板块，以位于北京东部的天津蓟州区为核心，辐射河北兴隆县，打造优质生态康养休闲居住板块。京东地区是最近两年来新兴的居住圈，在上一轮发展过程中之所以发展缓慢，主要是由于交通通达性还没有达标——北京东北方向上广袤的山区阻隔了经济的发展，但是目前京沈高铁的出现将解决这一问题。

京东康养休闲居住板块建设初具规模。一方面努力满足域内城市化需求，比如蓟州区的州河新城建设；另一方面也在尝试着进行休闲旅游市场的开发，以求吸引北京外溢客群在当地置办第二居所，比如恒大、万科、碧桂园等房企在当地打造的房地产项目，均选址在蓟州浅山带，带有很强的休闲度假属性。而蓟州区北部的兴隆县则更为明确地打算利用其丰富的生态资源，进行居住圈建设。未来区域内还应大力发展医疗养老行业，以增强该居住圈对于环京人口的吸引力。

（三）京西北体育休闲居住板块

京西北体育休闲居住板块，以2022年冬季奥林匹克运动会为契机，以张家口崇礼区为核心，突出冰雪运动主体，建设京西北体育休闲居住板块。崇礼作为冬奥会部分冰雪项目举办地，迎来了一轮跨越式的发展，这一轮发展过程以冬奥经济为主，片区的居住需求主要集中在京西北部的“怀来—张家口—崇礼”一线。

相对其他环京城市来说，张家口的地理位置非常特殊。它位于北京西北，是中原内陆面向塞北草原的一处交通重镇，沟通晋冀蒙的商品集散地。这里历史上就是陆上通商码头，更是屏护北京西北的战略要冲。张家口的地理位置，决定了其作为北京上风口和上水源地，为了保证附近地区的环境、供水、空气，近些年来，境内很多对环境影响较大的项目被迫转移。因此，其产业发展受限，目前也是以奥运概念下的旅游经济为主，居住圈除了满足本地居住需求之外，也带有一定的奥运经济属性。

从产业看，在冬奥会的吸引下，张家口市把“高端、智能、绿色”作为产业发展的重点方向，引进和实施了一批产业关联度高的重大项目。**从居住环境改善看**，近几年来，崇礼因为滑雪场的建设快速发展起来，成为有名的滑雪小镇。整个城镇的发展也受此带动呈现出旅游行业的一些特点。比如客户的非本地化、住宅产品的小型化和公寓化，尤其是崇礼成功吸引了一部分具有购买力的人群，将北京这个巨大的消费市场导入。**从交通改善看，**北京对张家口的服务业辐射将进一步增强，无论是企业投资建设滑雪场，为北京的大量滑雪爱好者创造了“玩”的条件，还是在此之后建设酒店配套、形成产业集群都将为北京的消费者提供了运动、户外、休闲的空间。

（四）京西生态休闲居住板块

京西生态休闲居住板块，地处山区，生态资源极其丰富，以京西的涞水县为核心节点，结合生态休闲旅游产业发展，打造集疗养—医疗—康复—休闲为一体的居住组团。

相对于京南各县，涞水重点承接现代物流业、生态养老、现代服务业和战略性新兴产业转移。因此在很长一段时间的发展过程中，整个区域形成了带有较强旅游度假色彩的居住圈。住房结构，除满足本地人口居住需求的刚需房之外，主要以改善型的别墅以及度假类的酒店式公寓为主。比如其中最大的一个房地产项目，华银·天鹅湖生态卫星城占地56平方公里，其中湖面占地2000亩，山地林场占地50000亩。

（五）京南产城一体居住板块

京南产城一体居住板块，以雄安新区为核心节点，辐射带动固安、永清、霸州、白沟等地，突出产城融合，打造职住平衡的产城一体化居住板块。

与京东南方向上主要满足北京市辖区范围内的工作人口住房需求不同，京南区域居住圈配备了较多的产业和就业机会。这一区域的规模化开发同样始于2010年前后，最初也是呈现出大量中小房地产企业进入市场的野蛮生长模式。不过随着之后规划的到位和大房企的进入，整个居住圈开始呈现出较为科学的产城融合式发展。其居住人群中仅有部分是在北京南部工作，大部分则是以周边产业园的产业人口为主。比如白沟的商贸中心、永清的第二机场概念以及固安大量的科技产业园，都为京南区域提供了大量的产业支撑。因此，这一区域内的居住结构也比较科学，呈现出40—60平方米公寓、70—90平方米刚需、120平方米改善类住宅的梯次配备，职住平衡的发展趋势。

第五节　首都一小时美好生活圈居住空间建设的保障措施

一、推动跨区域通勤轨道交通一体化

大运力、高效率的轨道交通运输是构建北京1小时居住圈的先决条件。目前区域内的通勤需求仍然依靠公路公共交通来解决，出行手段较为单一，没有轨道交通的支撑使得跨区域工作生活的时间成本巨大，不利于引导北京外溢人群的疏解。与此同时，大量的通勤人群带来巨大的交通负荷，使得区域间流动不堪重负。因此，只有通过高效

的铁路网络，便捷的换乘接驳系统，才有可能实现“双城”生活。

二、促进居住空间生活配套资源均衡化

从资源分配来看，首都一小时美好生活圈居民的生活配套资源分布极其不均衡。具体体现在北京城市核心区享有大量优质的公共服务，如医疗、教育、公共交通等等。由于人口的流动会造成教育、医疗、市政交通、生态环保等公共服务需求的空间变动，只有服务配套随之流动，才能够实现生活圈建设的初衷。京津冀三地的公共服务部门应当联动起来，根据人口流动趋势，建立人口流动和公共服务需求预测与评估机制，研判公共服务可能出现的缺口，提早介入解决。

三、加强居住就业产城一体化

产城一体发展是解决首都一小时生活圈居住空间功能单一、配套不足的重要路径。实现这一步，首先产业是支撑，没有产业支撑就会造成就业困难，没有就业就无法解决生活问题，同时，应促进产城融合，改变“睡城”功能单一现状。2016 年底，国家发改委、国土资源部、住建部等七部门联合印发《加强京冀交界地区规划建设管理的指导意见》，明确要求严控房地产开发建设，强化房地产市场管控，严控人口规模，摒弃以房地产开发为主的发展方式。按照《意见》要求，未来环北京地区房地产开发规模将受到抑制，将更加注重以产业发展为先导。

四、完善环京地区房地产调控政策

应重视首都一小时美好生活圈建设对房地产市场带来的影响，满

足居住需求、严控投资投机需求。建议参照“北三县”模式，改变环京区域楼市的市场准入政策，将整个首都一小时美好生活圈作为整体战略规划，纳入统一的调控管理中去。加强政策引导，加大政府保障性住房、公共租赁住房、共有产权房等多元化的住房供应。打破政策行政壁垒，推动跨区域公共服务共建共享，推动医疗保险、养老服务补贴等一体化，使北京老年人在津冀医疗机构可以享受与京内一样的医疗保障，津冀为京籍老年人服务的养老机构可以享受北京的养老机构补贴，推动生活圈内全面实现医保异地报销。

专栏6-3　谨防生活圈建设带来新一轮投机性住房投资

随着首都一小时美好生活圈的发展，投机性需求也将大量涌入，不但会带动房价的攀升，还会让房地产项目在市场作用下失衡发展，出现诸如“重住宅、轻配套”等问题。显然，这与如今中央层面着力倡导的“房住不炒”“美好生活”等理念是相悖的。然而，这一情况在整个环京区域时有发生。

由于河北房地产市场准入门槛较低，政府监管、指导调控的力度也不强，因此在2010—2016年六年多的时间里，环京市场经历了一波较大程度的上涨。比如涿州，在京石高铁开通前，“涿州高铁新城”房价仅5000元/平方米，而2012年高铁开通后，最高曾达到2.5万元/平方米，目前稳定在2万元/平方米左右。永清房价也从京台高速开通前的4000元/平方米，涨到如今的1.8万元/平方米，在2016年房价最高时甚至达到了2.2万元/平方米。

第七章　我国首都一小时美好生活圈公共服务配置与管理创新研究

优质公共服务圈是首都一小时美好生活圈的核心功能圈。随着我国社会发展逐渐从生存型向发展型转变，人民对基本公共服务的要求不再单纯停留在数量、规模、效率层面，而是越来越多的开始关注公平、参与、透明、廉洁、共享、责任、法制等方面，落脚点在于确保人民群众享受到更加充足、优质、公平、可及、共享的品质公共服务，这也是首都一小时美好生活圈公共服务配置与管理创新的目标和要求。我国首都一小时美好生活圈建设应坚持以人为本，围绕人民日益增长的公共服务需求，建设品质服务高地，构筑便捷公共服务圈，搭建优质公共服务网络，建立起区域性公共服务衔接机制，大力推进基本公共服务均等化，全面打造一小时优质公共服务圈。

第一节　生活圈建设对公共服务配置与管理创新的要求

从十六届六中全会提出“逐步实现基本公共服务均等化”，到十八大在“人民生活水平全面提高”的目标中明确强调“基本公共服务均等化总体实现”，再到“十三五”时期国家明确编制“基本公共服务均等化规划”，十九大提出“加快推进基本公共服务均等化”，基本公共服务均等化成为了全面建成小康社会目标中不可或缺的要求。我国社会主要矛盾转化为人民日益增长的美好生活需要和不平衡不充分发展之间的矛盾，首都一小时美好生活圈建设对包容、智慧、优质的公共服务发展提出了要求，深化公共服务领域体制机制改革，释放品质公共服务潜力，是未来发展的迫切需要。

一、生活圈包容发展对公共服务配置与管理创新提出了要求

首都一小时美好生活圈建设要求社会公平、区域公平、城乡公平的公共服务供给。党的十八届三中全会把“推进城乡要素平等交换和公共资源均衡配置”作为“健全城乡发展一体化体制机制”的重要内容，并强调要“统筹城乡基础设施建设和社区建设，推进城乡基本公共服务均等化。”2017年1月颁布的《“十三五”推进基本公共服务均等化规划》提出要推动城乡区域人群均等享有和协调发展，到2020年，城乡区域间基本公共服务大体均衡。统筹首都一小时美好生活圈公共服务领域资源配置问题既是破解城乡二元难题的出发点，也是推进区域协同的着力点，更是统筹兼顾、改善民生促进社会公平的归着点。

二、生活圈智慧发展对公共服务配置与管理创新提出了要求

随着京津冀协同发展的提速，三地整合资源，利用部门物联网、云计算、大数据等设施和数据，坚持民生优先，在智慧城管、智慧交通、智慧医疗、智慧社区、智慧环保、智慧政务平台、食品安全体系

等方面加快建设步伐，为未来首都一小时美好生活圈智慧高效发展提供了支撑。推动智慧公共服务深入发展，充分利用并推广数字智能终端、移动终端等新型载体，灵活运用宽带互联网、移动互联网、广播电视网、物联网等手段，持续推动公共服务向智慧化、网络化方向发展，努力缩小城乡、区域发展差距，实现基本公共服务与高品质公共服务的高效管理与便捷衔接，是生活圈公共服务发展的重要方向。

三、生活圈优质发展对公共服务配置与管理创新提出了要求

随着生活圈建设的深入推进和相关地区经济社会发展深度调整，对公共服务的品质配置与管理创新提出了要求。围绕供给侧结构性改革，公共服务供给和配置的内容主要包括公共设施的数量与规模、结构与布局、建设与更新，以及公共产品和服务的生产与传播等，涵盖人力供给、财力供给、资源供给、技术供给和制度供给等多个层面。公共服务需求主要是居民获取公共服务的意愿、能力及表达。健全公共服务制度，制定公共服务政策体系，在公共服务改革和协同方面率先突破，破解制约公共服务发展的体制机制障碍和难题，探索和激发市场机制在公共服务发展中的作用，对建设首都一小时美好生活圈意义深远。

第二节　首都一小时美好生活圈公共服务配置和管理现状

近年来，政府通过多项措施，着力推进基本公共服务均等化，努力实现惠及全体人民的基本公共服务均等化目标，首都一小时美好生

活圈地区在全面实现免费义务教育、劳动就业服务体系建设、社会保险制度改革、城乡基层医疗卫生服务体系建设、基本公共服务体系建设及实施保障性安居工程等方面均取得了显著成效。但是，京津冀基本公共服务还存在较为显著差异，首都一小时美好生活圈公共服务"高地"和"洼地"并存，部分地区公共服务管理仍存盲区，公共服务质量与人民需求不匹配现象难以消除，成为当前首都一小时美好生活圈公共服务配置和管理的现状特征。

一、京津冀基本公共服务存在显著差异

鉴于部分地级市和县（市、区）公共服务指标数据统计尚不完善，本研究采用三省市《"十三五"推进基本公共服务均等化规划》中期评估数据进行比照，以期反映首都一小时美好生活圈公共服务配置与管理的结构性差异。

表 7–1　京津冀基本公共服务主要指标比照（1）

指标	九年义务教育巩固率（%）			义务教育基本均衡县（市、区）的比例（%）			基本养老保险参保率（%）		
年份	2015	2016	2017	2015	2016	2017	2015	2016	2017
北京	87	82	——	100	100	100	99.56	99.63	99.48
天津	99	96.3	95.17	100	100	100	——	——	——
河北	95.94	96.63	97.17	59.36	74.2	87.6	98.4	98.3	98.57

数据来源：内部资料整理。

表 7–2　京津冀基本公共服务主要指标比照（2）

指标	基本医疗保险参保率（%）			孕产妇死亡率（1/10 万）			婴儿死亡率（‰）			5 岁以下儿童死亡率（‰）		
年份	2015	2016	2017	2015	2016	2017	2015	2016	2017	2015	2016	2017

续表

指标	基本医疗保险参保率（%）			孕产妇死亡率（1/10万）			婴儿死亡率（‰）			5岁以下儿童死亡率（‰）		
北京	99.96	99.58	99.55	7.16	8.34	5.68	2.42	2.21	2.64	3.02	2.67	2.64
天津	——	——	——	8.1	9.41	5.95	4.76	4.03	3.57	5.95	5.11	4.25
河北	95	95	95	14.1	15.03	13.11	5.48	5.56	5.22	7.74	7.58	7.06

数据来源：内部资料整理。

表 7–3　2017 年京津冀基本公共服务主要指标比照（3）

指标	养老床位中护理型床位比例（%）	生活不能自理特困人员集中供养率（%）	广播人口综合覆盖率（%）	电视人口综合覆盖率（%）	国民综合阅读率（%）	困难残疾人生活补贴和重度残疾人护理补贴覆盖率（%）	残疾人基本康复服务覆盖率（%）
北京	49	100	100	100	92.73	100	81.6
天津	83	21.7	100	100	81.5	100	70
河北	21.9	34	99.35	99.29	——	95	48.1

数据来源：内部资料整理。

从表 7–1 到表 7–3 可以看出，“十三五”时期，京津冀三地基本公共服务发展均取得了一定进展，基本医疗卫生、基本公共文化、基本社会保障等主要指标完成情况较好，基本教育、基本社会服务、残疾人公共服务等指标存在结构性差异。2017 年，河北省义务教育基本均衡县（市、区）的比例为 87.6%，低于北京市和天津市的 100%；河北省孕产妇死亡率远高于京津地区，婴儿死亡率、5 岁以下儿童死亡率均高于京津地区；京冀两地养老床位中护理型床位比例分别为 49% 和 21.9%，远低于天津市的 83%，津冀两地生活不能自理特困人员集中供养率分别为 21.7% 和 34%，远低于北京市的 100%；河北省残疾人基本康复服务覆盖率仅为 48.1%，远低于京津两市的 81.6% 和 70%。

二、公共服务“高地”和“洼地”并存

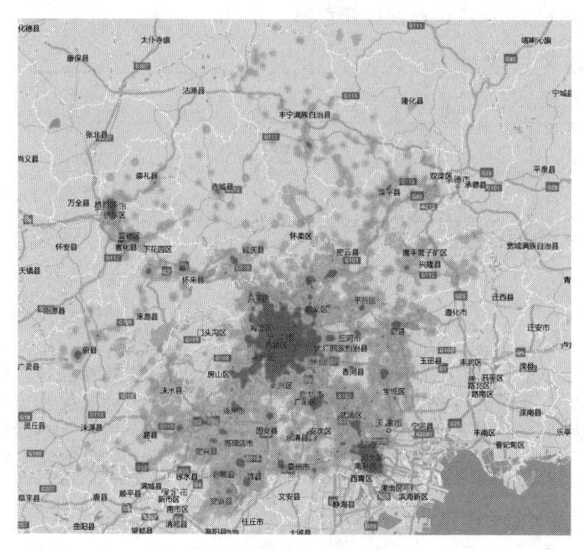

图 7-1　教育服务设施布局热力图

图片来源：课题组绘制。

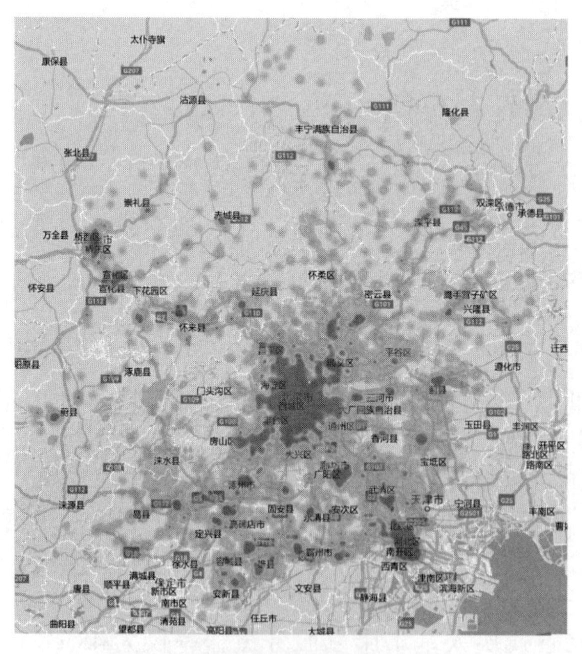

图 7-2　医疗卫生服务设施布局热力图

图片来源：课题组绘制。

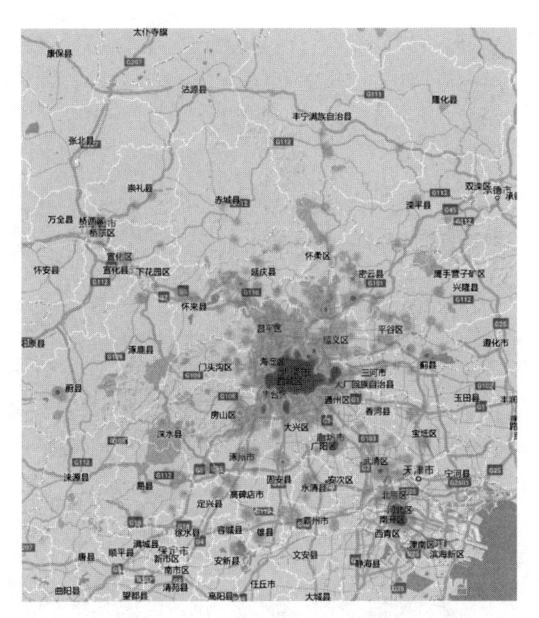

图 7-3　公共文化服务设施布局热力图

图片来源：课题组绘制。

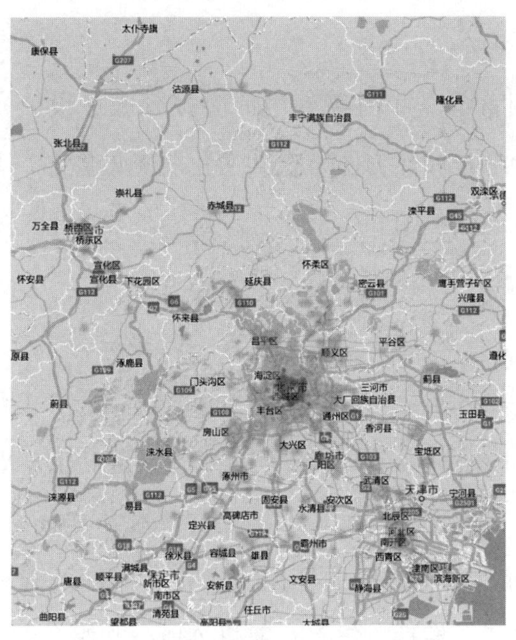

图 7-4　公共体育服务设施布局热力图

图片来源：课题组绘制。

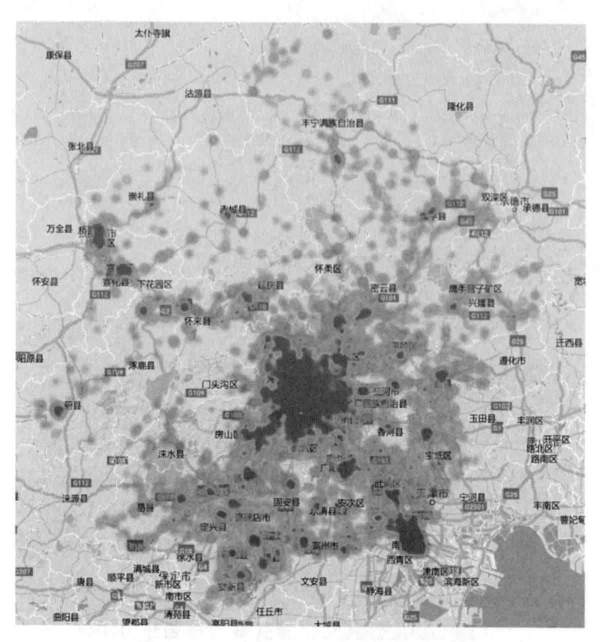

图 7-5　生活服务设施布局热力图

图片来源：课题组绘制。

通过绘制首都一小时美好生活圈教育服务设施布局热力图、医疗卫生服务设施布局热力图、公共文化服务设施布局热力图、公共体育服务设施布局热力图和生活服务设施布局热力图，充分考虑人口分布，可以看出：

（一）中心城区公共服务配置水平普遍较高

北京中心城区是生活圈内公共服务配置的最核心区域，位于生活圈内的张家口中心城区公共服务配置水平显著高于其周边地区。

（二）东、南、西北部均已出现公共服务县域高地

东部的蓟州，西北部的怀来、宣化，南部的涿州、高碑店、容城、雄县、安新、易县、定兴、霸州等地公共服务配置水平较高，与邻近的地市中心城区线性关联程度较强，已经初步形成了首都一小时

生活圈东、南、西北部公共服务发展的县域高地。目前，首都一小时生活圈西部县区公共服务配置和管理水平普遍较弱，尚没有形成较为突出的县域支点。

（三）初步形成公共服务配置外围圈层支点

处于首都一小时美好生活圈最外围的赤城、兴隆、崇礼等公共服务配置也呈现出极化特征，初步构成了首都一小时美好生活圈公共服务配置外围圈层上半环。南部由于雄安新区建设加速了公共服务资源在容城、雄县、安新三地集聚，同时带动了京雄连线地区公共服务的发展，故首都一小时美好生活圈外围圈层下半环环状特征不明显。

第三节　部分地区公共服务管理仍存盲区

北京市针对吸引民间投资、促进社会办医、发展养老服务业等出台了一系列优惠引导政策，持续深化“放管服”改革，开展公共服务类建设项目投资审批改革试点；天津市与雄安三县以及河北省两市六县劳务协作逐步加强，京津沪渝就业服务联盟初步建立，职工养老保险转移接续办法出台，医保异地就医实现直接结算，跨省异地就医结算系统实现统筹地区全覆盖，均取得显著成效。但是，首都一小时生活圈内地区城乡、区域间公共服务资源配置仍不够均衡，城乡之间公共服务软硬件资源仍然存在较大差距，区县级公共服务发展不平衡，涉农区域公共服务设施数量偏少、服务半径偏大，老旧社区公共服务设施建设相对滞后。

（一）公共教育：结构性供需匹配难度大

学前教育包括幼儿托养服务仍然滞后，学前教育“公益普惠”程度不高。随着农村人口向城市和乡镇转移，公办幼儿园“大班额”“超级园”现象加重，学前教育同时面临扩规模和提质量的双重考验。生育政策的调整客观上加剧了普惠性学前教育资源不足的问题，使得儿童“入园难”“入园贵”的问题更加严重。部分农村学校对配置的教学、生活设施设备疏于管理，新补充装备的教学仪器设备使用率较低，采购的图书过于陈旧、内容不符合中小学生的年龄特点。流动人口子女中，适龄儿童入学率较低，不能在应受教育的年限及时入学，绝大多数流动儿童被排除在正规学校校门外，客观上面临着无校可上的问题。受传统观念影响，职业教育发展面临生源掣肘，产教融合乏力。

（二）就业创业：精准帮扶存在信息壁垒

随着经济结构调整、动能转换加快，特别是新经济形态的蓬勃兴起，劳动者素质技能与产业发展需求不相匹配的结构性矛盾日益突出。经济领域矛盾和风险向劳动关系领域传导，一些用人单位侵害劳动者权益的问题时有发生，劳动者平等意识、权利意识不断增强，劳动争议和劳动违法案件持续高位运行。在创业扶持机制上，创业担保贷款管理体系不完善，反担保“门槛”较高，对创业者申请贷款的积极性形成了制约。流动人口中的大城市里的“半市民”、低学历“漂族”等就业不稳定的现象始终存在，迫切需要得到有效的就业创业帮扶。大多数返乡创业人员，存在着职业技能相对不优、信用相对比较低、担保相对比较难、抵质押物不充足、基层的融资渠道少等问题。

（三）社会保险：不保和断保现象较为突出

社会保障水平差距大，社会保险的“双轨制”造成农村及社会弱势群体得不到充分保障。城乡医疗保障制度分设、体制分割、机构分设、资源分散，管理成本增加、网络建设重复、信息难以共享等问题短期内仍然突出。医疗保险人均资金差异较大，存在农村投保人数少等现象。数字经济带来了就业的普遍灵活化趋势，灵活就业人员增加，但受部分参保政策影响，非户籍灵活就业人员不能在居住、就业地参加基本社会保险，造成了事实上脱保。

（四）医疗卫生：需求低下和利用不足并存

部分地区医疗卫生服务水平仍然相对较低，城乡医疗卫生资源配置不合理，农村医疗技术人才缺乏，普遍存在年龄老化、专业水平低的情况。疾病防治体系和基本公共卫生服务项目基础建设仍需进一步加强，医疗卫生服务能力有待提高。由于经济原因和不能享受完善的医疗保障制度的限制，流动人口中的农民工及其随迁家属等群体对医疗服务费用的承受能力相对较低。劳动年龄流动人口在基本公共卫生计生服务的利用上相对薄弱。

（五）社会服务：服务机构使用效率普遍不高

各类养老机构、儿童福利和救助保护机构缺乏、城乡社区服务设施、殡葬服务机构等民政公共服务设施建设历史欠账仍然存在。随着失能、半失能老年人的数量持续增长，养老机构和社区服务设施床位严重不足，供需矛盾突出，照料和护理问题日益严峻。健康养老产业发展水平不高，医养结合、社区养老、居家养老发展缓慢。社会救助制度建设滞后于经济社会发展，兜底脱贫对象保障水平还比较低，分享改革发展成果的程度还不高，临时救助救急难作用发挥不充分，流浪乞讨人员、重度及困难残疾人、孤儿及困境儿童救助保障水平不高。

（六）公共文化体育：服务质量不高与错位并存

首都一小时美好生活圈内公共文化体育服务内容、质量和水平仍存在较大的结构性差异，市县、城乡之间公共文化体育服务设施、内容等的差距较大。服务基层特别是农村的公共文化体育产品和服务项目种类少、数量不足、质量不高。一些公共文化体育设施利用率不高，活动不足，甚至出现闲置现象，公共资源没有实现最大社会效益。部分地区尚未构建形成上下贯通的应急广播体系。一些公共体育场地设施开放时间有限，难以满足人民群众需求。

（七）公共住房保障：公共住房体系仍然缺位

部分城市公租房选址位置偏远，与城市产业布局和主要居民区脱节，配套、交通不便，保障对象不愿选择，造成公租房保障效率受到影响。部分大城市公租房实际供给数量远无法满足常住人口要求，特别是城市“夹心层”处于无房可保的状态。公租房分配和准入机制不完善，“关系保”现象普遍存在，租户在经济条件改善后，没有准确的核查退出机制，部分地方甚至出现了长期“霸租”情况，严重影响了保障公平性。虽然公租房保障范围也开始由城镇低收入住房困难家庭扩大到中等偏下收入住房困难家庭，由城镇户籍家庭扩大到新就业无房职工、外来务工人员等新市民群体，但是由于外来中低端劳动力流动性较大，这些举措并没有完全解决流动人口城市住房保障的稳定性问题。

综上，首都一小时美好生活圈公共服务资源配置低效的体制机制障碍，主要包括，一是公共服务资源通过政府行政力量供给型主导的单向弊端；二是公共服务资源价格机制不能通过市场释放有效信号；

三是京津冀地区长期分割的公共服务资源配置竞争关系；四是公共服务资源缺乏区域合作的真实意愿基础。

第四节　首都一小时美好生活圈服务配置与管理目标情形

一、总体思路

公共服务配置包括基本生存性服务配置、公共发展性服务配置和基础设施建设服务配置三个核心功能，兼顾公共服务供需数量的匹配、配置结构的匹配和服务质量的匹配，涉及空间可达度、利用公平度和公众满意度的内容。其中，公共服务供需数量的匹配主要包括公共服务供给与需求的区域均衡配置、基本公共服务与非基本公共服务之间的区域均衡配置，以及公共服务设施供给与需求的区域均衡配置；配置结构的匹配主要考虑优质基本公共服务资源、一般基本公共服务资源和基本生存性公共服务资源的区域匹配；服务质量的匹配则主要侧重公共服务配置的种类及服务水平与居民需求的协调性和有效性。

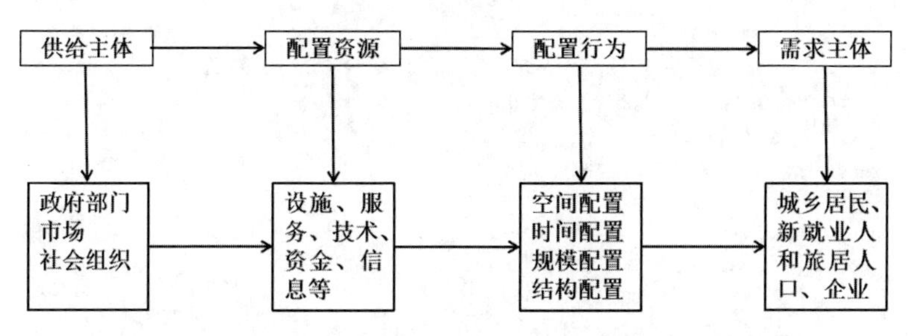

图 7-6　首都一小时美好生活圈服务配置与管理思路框架图

图片来源：课题组绘制。

二、空间格局

突出首都北京生活服务核心作用，以北京城6区为中心，以周边通州、大兴、顺义、昌平等为拓展，构筑首都核心区品质公共服务组团；以雄安新区为中心，以房山、高碑店、涿州、涞水、定兴、易县、霸州等重要支点为辅助，形成京南品质公共服务组团；以蓟州、平谷、兴隆等捆绑组团，形成京东品质公共服务组团；以张家口城区、崇礼、赤城、怀来等组团，形成京西北品质公共服务组团，培育形成“一核、四组团、多节点”品质服务高地。围绕“一核、四组团、多节点”，优化首都地区公共服务“中心－外围”圈层结构，全面提升首都一小时美好生活圈公共服务空间功能。

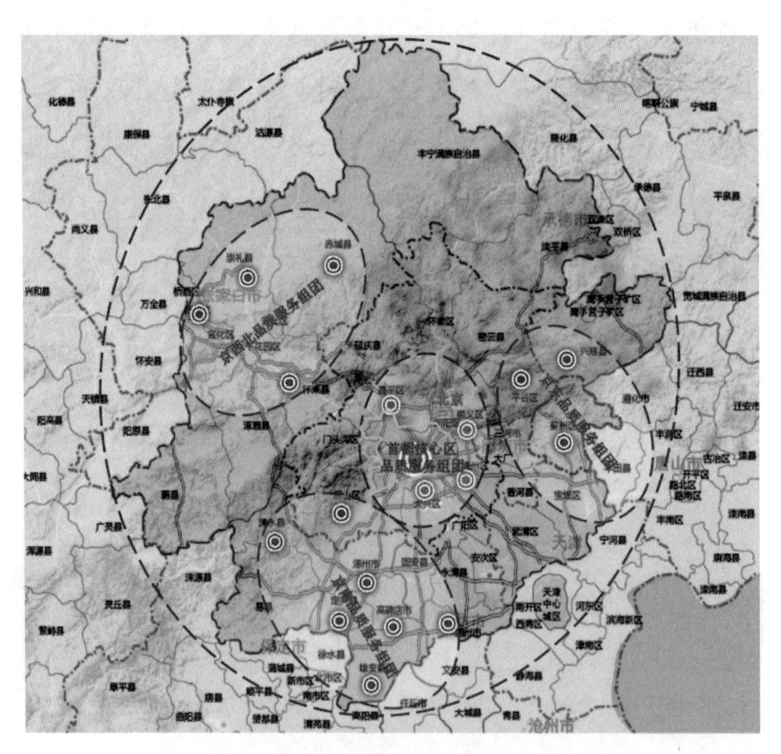

图 7–7　首都一小时美好生活圈公共服务中心和城市圈层划分

图片来源：课题组绘制。

三、主要目标

力争“十三五”后半段时期首都一小时美好生活圈主要城市公共服务指标增速快于国家平均水平增速，到2025年首都一小时美好生活圈内县区公共服务人均指标与首都中心城区持平，到2035年首都一小时美好生活圈公共服务标准达到国际先进水平，首都一小时美好生活圈新的公共服务支点城市培育形成。

第五节　首都一小时美好生活圈公共服务配置与管理的发展重点

一、以“康、教、娱、养、居”为重点，供需耦合，搭建便捷公共服务网络

推动公共医疗卫生、公共教育服务、公共文化体育、社会服务和社会保险、公共住房服务等高质量发展，搭建“康、教、娱、养、居”优质公共服务网络体系。

（一）“康”：强化基层医疗卫生机构服务能力，高效推进家庭签约服务、分级诊疗服务和普惠医疗服务

实施首都一小时美好生活圈科教强卫工程，打造技术高峰和人才高地。推进全民首都一小时美好生活圈健康保障工程，实施癌症综合防治、母婴安康、儿童青少年预防近视等普惠性工程。加快基层医疗卫生机构标准化建设，加强医疗卫生人才培养。出台支持社会资本进入医疗等领域的相关政策。全面开展家庭签约服务，逐步形成基层首诊、双向转诊、急慢分治、上下联动的分级诊疗机制。

（二）"教"：逐步缩小公共教育区域差距，实现由"全纳"至"缩差"转变的政策目标，推动市场化运营、"互联网"教学与生活圈内教育资源共建共享

加强政策间融合，由"全纳"至"缩差"转变政策目标，将财政转移支付、基本公共教育服务人才保障等措施明确纳入基本公共服务保障范畴。推动校际间优质教师资源跨区域共享，强化特岗教师、教师交流轮岗等政策力度，启动新一轮农村地区义务教育学校提升工程，完善义务教育学校教师校长交流轮岗机制，将激励的目标由"永久留任"向"阶段性就职"转变。以"互联网"教学推动与生活圈内教育资源共建共享，逐步缩小基本公共教育区域差距。

（三）"娱"：深入实施文化惠民工程，推动公共文化和体育场地设施等免费向居民开放，推动在品质公共服务重要节点城市建设文化体育综合体

完善首都一小时美好生活圈公共文化服务体系，深入实施文化惠民工程，丰富群众性文化活动。推动"互联网+"的不断发展，强化平台管理，实现百姓"点单"。加大政府性资金投入，扩大专项建设基金支持范围，完善政府与社会资本合作（PPP）机制，通过特许经营、注入资本、公建民营、购买服务等方式调动社会资本参与积极性。首都一小时美好生活圈内各地抓紧修订城市居住区规划设计标准、城市公共服务设施规划标准等国家标准，出台《大型体育场馆免费低收费开放补助资金管理办法》。

（四）"养"：大力发展护理床位，推进养老服务和医疗卫生服务资源优势互补，优化养老服务设施布局

大力发展护理床位，推进养老服务和医疗卫生服务资源优势互

补，根据老年人分布及其身体状况，调整首都一小时美好生活圈养老服务设施布局。推动首都一小时美好生活圈内各地建立城乡居保待遇确定和基础养老金正常调整机制，完善城乡居保制度，增强制度发展的协同性。首都一小时美好生活圈率先接入全国统一的社会保险公共服务平台，简便优化经办服务流程，全面推进社保关系转移接续电子化，实现关系转移接续全程精准可控。

（五）“居”：扩大自住商品房、共有产权住房供给规模，逐步解决城市“夹心层”、新成长劳动力、随迁老人等保障性住房问题

提高货币化保障比例，扩大首都一小时生活圈自住商品房、共有产权住房供给规模。在首都一小时美好生活圈重点产业园区和新建成城区按常住人口规模配建公租房。做好首都一小时美好生活圈城市“夹心层”、新成长劳动力住房保障，在有条件地区逐步面向随迁老人等其他新市民群体纳入政策性住房保障对象范围。利用互联网、大数据等信息手段，提高公租房信息公开透明程度，便利社会监督核查。对保障对象全面实施“动态管理”，确保有进有出，能进能出。

二、以“东、南、西北、中”为引领，功能接驳，建设优质公共服务高地

在统筹区域和城乡协调发展的前提下，加大对基础设施、义务教育、医疗卫生、社会保障和生态环境等基本公共服务的投入，逐步缩小城乡差距，建立健全首都一小时美好生活圈城乡资源共享互补的良性协调发展机制。将公共服务建设与生活圈建设同步规划、同步推进并协调发展，突出首都核心区品质公共服务组团和京南、京东、京西北品质公共服务组团的作用，在加快重点区域开发建设和新型农村建

设的同时，同步规划好学校、医院和文化等设施布局，不断完善城乡教育、医疗卫生、文化、体育、科技和住房等基础设施建设。

专栏 7-1　“一核、四组团、多节点”品质公共服务发展重点方向

首都核心区品质公共服务组团：全面提升“康、教、娱、养、居”服务品质，打造品质公共服务全国样板。

京南品质公共服务组团：注重提升“康、教、娱、居”服务品质，推动雄安新区品质公共服务水平与首都看齐，依托房山、高碑店、涿州、涞水、定兴、易县、霸州等，在京、雄连线区域培育一批“康、教、娱、居”品质服务专业城镇，如：房山侧重教育品质服务、涞水侧重康养品质服务。

京东品质公共服务组团：注重提升“康、娱、养、居”服务品质，依托蓟州、平谷、兴隆等地，深入推动休闲、康养、居住、旅游等公共服务供给侧结构性改革和高质量发展，促进优势公共服务资源在品质服务核心支点集聚，打造京东品质服务金三角。

京西北品质公共服务组团：注重提升“康、娱、养”服务品质，依托张家口主城区、崇礼、赤城、怀来等地，推动与奥运经济相配套的体育、健康、养老、文化、旅游等品质公共服务发展。

三、以“城、镇、村”为节点，合理布局，构筑多层次便捷公共服务圈

在统筹区域和城乡协调发展的前提下，加大对医疗卫生、公共教育、公共文化体育、社会服务、社会保障、公共住房等公共服务的投入，逐步缩小城乡差距，建立健全首都一小时美好生活圈城乡资源共

享互补的良性协调发展机制，构筑“城、镇、村”多层次便捷公共服务圈。在首都一小时美好生活圈范围内，按照城市空间结构、人口规模变化特征，全面建设标准统一的城市居民社区15分钟公共服务圈；探索在首都核心区、京南、京东、京西北品质公共服务组团区域和基础条件较好的乡镇、农村社区，建设标准统一、全域覆盖的15分钟公共服务圈，按照15分钟步行距离（800–1000米）为服务半径合理配置公共服务设施。对于基本公共服务还存在短板的乡镇和农村社区等，着力建设15分钟基本公共服务圈，满足居民基本公共教育、医疗、养老、社保、文化、体育、住房等需求。

四、以“互联网＋”为手段，精准匹配，推广品质公共服务智慧共享模式

搭建首都一小时美好生活圈品质公共服务智慧共享云平台，推动医疗卫生、公共教育、公共文化体育、社会服务和社会保障、公共住房等子平台建设，进一步促进品质公共服务协同配置和精准化供给。着力发展医疗卫生、公共教育、公共文化体育、社会服务和社会保障、公共住房等的智慧化新形态，发展在线个性化教育、远程医疗、智能居家养老、数字文化、共享运动、共享住房等，推广“互联网”平台预约、“订单式”服务、“定制式”服务、“共享式”服务等，实现品质公共服务资源供需的点对点配置。在国家互联网法律体系的框架下，按照在发展中规范的原则，完善和细化以“互联网＋”为主要依托的智慧共享型公共服务相关法律制度和行业激励性规范，为品质公共服务智慧共享提供法律支持和保障。

专栏 7-2 公共服务智慧共享模式
医疗卫生领域：包括健康医疗信息系统、公众健康数据档案、医联体、云医院等，通过门户网站、手机 App 软件、可穿戴设备等，开展在线咨询、远程医疗、健康数据管理、高端医疗等服务，推动分级诊疗和跨区联动。 **公共教育领域：**包括教学资源、平台、系统、软件、视频等，涵盖教育资源公共服务平台、教育 APP、电子书包云服务、翻转课堂、“手机 + 二维码”等具体表现形式。 **公共文化体育领域：**包括知识服务、艺术欣赏、文化传播、虚拟场馆、交流互动等文化信息网状结构平台和“云平台”建设，也包括共享运动仓、邻里图书馆等公共文化体育共享服务的开展。 **社会服务领域：**包括医养结合、居家养老、家政服务、康复医疗、健康管理、紧急救助、远程医疗、主动关爱等养老信息服务平台、智慧养老系统、第三方在线应用服务系统等的搭建和使用。 **公共住房领域：**包括共有产权住房、共享住宅、共享农房等。

五、以“政、企、社、民”为主体，创新机制，激活市场力量参与活力

转变传统的政府主导的基本公共服务管理理念和投入模式，加快实现由“行政化管理”向“社会化管理”转变，即加快实现社会资本在教育、医疗卫生、文化服务、养老、就业和社会保障等领域的投入和市场化运营。紧紧围绕居民日益增长的多层次、多样化基本公共服务需求，降低准入门槛，引导社会资本进入社会发展领域，以社会资本投入运营、社会资本与政府合作、政府向社会力量购买服务等方式推动首都一小时美好生活圈公共服务发展。进一步放开

非基本公共服务市场，放宽准入条件，优化事中和事后监管，发挥行业协会作用，促进行业自律。在首都一小时美好生活圈内积极开展公共服务领域志愿者服务。鼓励首都一小时美好生活圈内培育公共服务新方式、新业态。

专栏 7-3　　市场主体参与公共服务模式借鉴
法国代理运营模式：代理运营模式包含着几个关键要素。首先，政府和代理人通过充分协商订立的代理合同是建立代理关系的必要条件。在发展公私伙伴关系（PPP）的过程中，平等协商达成的契约关系对合同双方都有同等约束力，是合作关系持续的基础。授托人必须是政府或政府的代表，而代理人则可以是私营企业，也可以是国营企业或公私合营企业，甚至是社团和协会组织，但法律明确规定具有市场垄断地位的国营企业不可作为代理人。代理运营模式最重要的特征在于代理酬劳的支付方式，代理人和政府共担经营风险。 **美国政府购买公共服务模式：**美国政府购买公共服务大致分为三种方式：第一种是合同外包方式，直接通过合同约定彼此的权利义务，政府根据约定支付费用，非营利组织按照约定提供服务；第二种是合作模式，政府提供一部分服务，剩余的通过向非营利组织购买实现；第三种是通过政策支持和财政支持直接向非政府组织提供服务，政府充当监督角色。美国向非营利组织购买公共服务种类非常广泛，涉及科教文卫、扶贫济困、养老医疗等各个领域，最大限度实现了公共服务的供给，在提供了充分优质的公共服务的同时创造了大量的就业岗位，一定程度上实现了社会的稳定。 **英国公共服务外包模式：**英国在 20 世纪 80 年代对公共服务进行了以市场化为主题的改革，在基层社区建立私营的社会服务机构，然后

通过竞标等方式购买公共服务照顾老人和弱势群体。20 世纪 90 年代又进一步将政府向社会购买公共服务的做法制度化和常态化，形成了政府、市场和社区志愿者等第三部门的合作机制。政府方面的责任主要集中在负责监督购买资金不被挪用，以及确保在开展购买指导工作时保持态度中立。购买资金的来源主要有直接资助、收费和捐款等渠道。

日本公共服务 PPP 模式：日本 PPP 模式主要包括 BOT 和 BTO 两种，但在实践中，BTO 项目数量居多，约占到一半以上。BTO 不同于 BOT 在于，BTO 是设施所有权在工程完工后即移交给公共主体。从实施领域来看，教育和文化领域项目数量排在首位，主要涉及文教设施、文化设施等；数量第二多的领域是健康和环境领域，主要和医疗设施、垃圾处理设施等相关。

六、以多领域跨区域衔接为目标，量质齐升，构建高效协同管理体系

在京津冀协同发展的框架下，推动首都一小时美好生活圈跨区域、跨领域公共服务资源整合，着力缩小城乡、区域、不同领域和人群之间的不合理差距，协调安排好设施建设、人员队伍和日常运转的一揽子资源投入保障。出台确保首都一小时美好生活圈公共服务供给主体、资金来源和管理体制的规范性制度。制订首都一小时美好生活圈公共服务“洼地”人才引进制度，出台相关优惠政策和扶持措施，吸纳更多优秀人才向首都一小时美好生活圈公共服务“洼地”流动，以解决首都一小时美好生活圈公共服务“洼地”教育、卫生和文化等领域人才短缺问题。由统计部门牵头，建设基础信息库，搭建公共服务大数据平台，形成指标化、日常化、动态化的监测体系。

专栏 7-4 公共服务协同管理重点内容
医疗卫生领域：整合或建立首都一小时美好生活圈统一的医疗卫生服务平台，推动 47 县（市、区）医疗卫生服务机构全部接入，率先探索首都一小时美好生活圈内医疗保险跨区域顺畅使用的机制办法，形成跨区域基层首诊、双向转诊、急慢分治、上下联动的分级诊疗机制。 **公共教育领域：**推动首都一小时美好生活圈内校际间优质教师资源跨区域共享。 **公共文化体育领域：**持续推广京津冀旅游一卡通经验，保障首都一小时美好生活圈内居民享受跨区域公共文化体育活动。 **社会服务领域：**调整首都一小时美好生活圈内养老机构布局，顺畅跨区域养老机制。简便优化经办服务流程，全面推进社保关系转移接续电子化。 **公共住房领域：**对保障对象全面实施“动态管理”，探索建立公共住房跨区域统筹机制。

第六节 行动保障

一、补短板行动：率先补齐重要节点城市基本公共服务短板，持续提高非节点城市和农村基层基本公共服务水平

按照“十三五”时期国家大力推进基本公共服务均等化的任务要求，率先补齐首都一小时美好生活圈基本公共服务短板，填补首都一小时生活圈基本公共服务洼地。优先完善首都一小时美好生活圈 47 县区市中通州、大兴、顺义、昌平、房山、高碑店、涿州、涞水、定兴、易县、霸州、蓟州、平谷、兴隆、张家口（中心城区、宣化区、下花园区）、崇礼、赤城、怀来等节点县区市基本公共医疗卫生、基

本公共教育、基本公共文化体育、基本社会服务和社会保障、基本公共住房等基本公共服务设施，逐步完善首都一小时美好生活圈47县区市中17个非节点县区市（北京：延庆、密云、怀柔、门头沟；河北：三河市、广阳区、安次区、固安县、永清县、大厂回族自治县、香河县、丰宁满族自治县、滦平县、涿鹿县、蔚县；天津：武清区、宝坻区）基本公共医疗卫生、基本公共教育、基本公共文化体育、基本社会服务和社会保障、基本公共住房等基本公共服务设施。补齐农村基层基本公共服务短板。

二、缩差距行动：首都县区公共服务主要指标增速快于国家平均水平增速，公共服务主要人均指标与首都中心城区持平

加大投入力度和政策倾斜，完善服务设施和服务标准，统一制定并有效落实基本公共服务清单，做好首都一小时美好生活圈公共服务“自选动作”，清单应涵盖服务项目的名称、目标人群、具体内容及最低标准，明确支出责任，制定首都一小时美好生活圈服务人员配比、财力投入保障、土地供应指标等的详尽规定，着力缩小首都一小时美好生活圈内非首都中心城区与首都中心城区（城六区）的“康、教、娱、养、居”公共服务水平差距。根据国家要求，积极落实服务标准，首都一小时美好生活圈配套出台高于国家的服务标准，推动首都一小时美好生活圈内县区“康、教、娱、养、居”公共服务主要指标增速快于国家平均水平增速。

三、提品质行动：首都一小时美好生活圈品质公共服务标准达到国际先进水平，培育形成首都一小时美好生活圈新的品质公共服务支点城市

与国际先进水平对标对质，着力解决首都一小时美好生活圈医疗卫生需求较大和利用不足并存、公共教育结构性供需匹配难度大、公共文化体育服务质量不高与错位并存、养老服务机构使用效率普遍不高、社会保险不保和断保现象较为突出、公共住房保障体系仍然缺位等问题，推动首都一小时美好生活圈公共服务标准达到国际先进水平，培育形成首都一小时美好生活圈新的品质公共服务支点城市。深化医疗卫生公共服务体系改革，深入推动信息化建设，提高智慧医疗效率。多阶段精准施策，推动公共教育资源结构性调整，发挥职业教育与高等教育支撑地区经济发展的功能。提升各项社会保险统筹层次，提高基层社会保险经办能力。完善特殊人群关爱体系，推动医养结合和居家养老快速发展。合理布局公共文化体育场地设施，广泛开展喜闻乐见的公共文化体育活动。探索搭建适度覆盖“新市民”和非户籍人口的新型保障性住房体系。

第八章　我国首都一小时美好生活圈生态休闲空间构建研究

高品质的生态环境是首都一小时美好生活圈建设的重要支撑。自上世纪城市不断蔓延而绿色空间被不断侵占，生态休闲空间的构建变成伦敦、东京、巴黎等城市城乡建设中的重点议题。在不同的历史阶段中，这些城市通过建设不同形式的绿带以达到防止城市蔓延、美化城市环境、为城市居民提供休憩空间等目标。当前，我国首都地区居民持续的经济增收带来休闲消费需求的激增，首都地区自然生态本底条件良好但休闲旅游发展和生态保护水平均有待提高。首都一小时美好生活圈建设应首先践行生态文明建设新理念，坚持生态优先，加强生态红线管控，推进生态保育，强化环境保护，按照“科学营山、智慧理水、生态宜居”的思路，构筑生态秀美的山水生态系统，打造各具特色的生态休闲空间，彰显北方城乡宜居特色，大力提升生态环境品质，建设具有中国北方特色的最佳宜居地。

第一节　首都一小时美好生活圈对生态休闲空间的要求

一、生态休闲空间的内涵与特征

（一）概念

生态系统是指在自然界的一定空间内，生物与环境构成的一个整体，在这个整体中，生物与环境之间相互影响，相互制约，并在一定时期内处于相对稳定的动态平衡状态。生态空间是指在农业空间、城市空间等以外，以提供环境调节、生物多样性维育等生态服务功能为主要用途，对维持区域生态平衡和可持续发展具有重要作用的国土空间。生态空间包括广泛分布于城市空间内部或者城市空间之外的森林、草地、沼泽、水域、湿地等一切生态功能显著的土地空间。城乡生态空间具有社会生态空间、经济生态空间与自然生态空间的三层含义，是城乡互动的直接作用空间、城乡各种生态流向互动场所的总体概念表述，是以人类活动为主导，自然生态系统为依托，生态过程所驱动的城镇生态空间、农业生态空间、设施生态空间、自然生态空间的复合生态系统。这四种空间系统在城乡地域空间上共生融合，共同组成城乡生态空间。

休闲是指人们在劳动和生理必需时间之外的自由支配时间里的行为或活动。休闲空间，就是适合人们从事休闲活动的各种场所。城市休闲空间，则是指为人们提供可供休息、观赏、娱乐、运动、游玩以及交往等活动的城市公共空间，这类休闲空间的主要功能是为人们在自由时间里、自足自发的休闲活动提供舞台，并能使人产生愉悦感、安全感和归属感。

生态休闲是指人们在闲暇时间内，以轻松自由的精神状态和生态责任感，在森林、湿地、草原、农田、海滩等自然环境中，从事各种不破坏生态环境，同时有利于身心恢复和精神愉悦的活动。与其他休闲活动不同的是，生态休闲强调与自然的接触，崇尚自然生态环境，是一种绿色健康、品位较高的休闲方式。生态休闲活动是人们亲近自然与保护环境的意识相结合的产物，在生态休闲活动中，自然生态环境既发挥了本身的生态功能，又被赋予了满足人们休闲需求的服务功能。

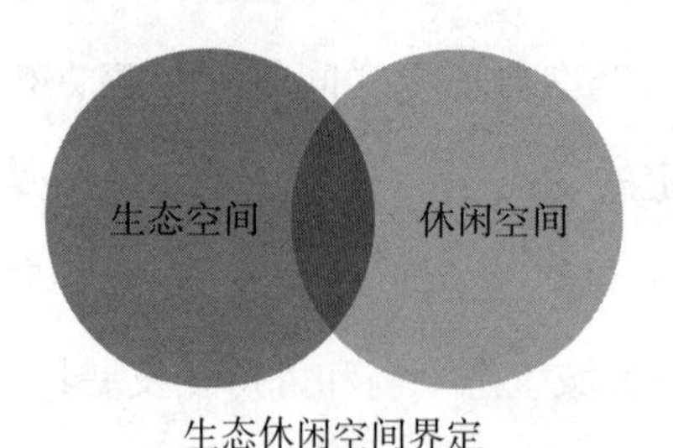

生态休闲空间界定

图 8-1 生态休闲空间概念界定图

资料来源：作者自绘

城市生态休闲空间是指城市内部和外围具有专类植物或绿地景观特色，并有一定人文景观元素的各种开放空间或公共区域，是城市生态景观功能、休闲观光功能和社会经济效益相结合的城市绿色生态功能区。包括城市森林公园、风景名胜区、城市游憩绿地、滨水区、花果观赏园等，主要以绿色植被和水域为主要存在形态。

（二）特征

一般认为，城市生态休闲空间仍属于城市生态绿地景观系统的子系统，其既有城市绿地系统的一般特征，又有其特点，主要包括：

1. 地域分布在城市外围为主

城市生态休闲空间是城市绿地系统的扩展，与单一的城市绿地相比，城市生态休闲空间在地域上具有向城市外围空间扩展，与区域生态系统相结合的趋势，逐渐靠近城市拓展的弹性地带。

2. 功能多样

城市生态休闲空间不仅仅有基本的绿化、美化和防护等城市绿地服务功能，同时还兼具了休闲、观光、度假等功能，是城市绿地生态系统中重要的多功能生态区域。

3. 景观元素多元

从城市绿地景观格局的角度出发，城市生态休闲空间包含了以城市边缘各类绿地斑块为主，兼有部分绿地廊道的多种景观元素，这些景观元素与城市中心的绿地斑块、城市绿地廊道以及城市景观基质共同构成了完整的城市生态景观体系。

（三）类型

根据生态休闲空间所承载的主要功能差异，可以将其分为休闲放松型、观光游览型、疗养度假型、科普艺术型、运动健身型和宗教信仰型六种类型。

1. 休闲放松型

休闲放松型空间与城市绿地公园所承载的功能类似，主要供居民在其中散步、小憩、玩耍、棋牌、垂钓等。这类空间地形平缓、景观

玉渊潭公园

紫竹院公园

社区公园

街边绿地

图 8-2　休闲放松型生态休闲空间意向图

资料来源：作者拍摄

良好，可达性强，往往有景观水岸及配有休息座椅的林憩区。这类空间一般集中在城市内部，如北京玉渊潭公园、紫竹院公园等城市公园和各种街边、社区绿地等。

2. 观光游览型

观光游览型空间主要供居民欣赏自然景色、寻访名胜古迹、观赏野生动植物、采摘野花野果等休闲活动使用。一般由其特有的旅游吸引物、优美的自然风光、深厚的历史积淀、植被集中分布的园林、作物庄园等构成。这类空间主要为市郊的郊野公园或郊区的景点，如北京玉泉郊野公园、树村郊野公园等。

玉泉郊野公园

树村郊野公园

图 8-3 观光旅游型生态休闲空间意向图

资料来源：作者拍摄

3. 疗养度假型

疗养度假型空间主要承载居民温泉疗养、度假养生等活动。主要特点包括静谧的环境、茂密的森林、清新的空气和和清洁的水体等。疗养度假型空间应有较好的交通通达性，方便行动不便的人群到达，如北京松山的森林疗养基地、北宫森林疗养公园等。

北京松山森林疗养基地

北宫森林疗养公园

图 8-4 疗养度假型生态休闲空间意向图

资料来源：作者拍摄

4. 科普艺术型

科普艺术型空间主要承载人文历史、生物常识等活动，或供居民进行摄影、写生等艺术活动。一般多以人工景观为主，具有依托当地具有特色资源的生态科研教育基地、生物资源中心或植物博物馆，如蟹岛生态文明教育基地、北京植物园等。

蟹岛

北京植物园

图 8-5 科普艺术型生态休闲空间意向图

资料来源：作者拍摄

5. 运动健身型

运动健身型空间主要承载居民晨练、跑步、打球、登高、游泳、划船等运动活动。一般视野开阔，有密集树林或湖泊水域，道路开阔平缓，具备人工运动设施、广场和其他服务设施。如以山地车赛道为核心吸引的老山郊野公园、以休闲运动为特色的半塔郊野公园、高碑店市攀岩主题的京南体育小镇和崇礼的滑雪场等。

老山山地自行车道　半塔郊野公园

高碑店京南体育小镇　崇礼县滑雪场

图 8–6　运动健身型生态休闲空间意向图

资料来源：作者拍摄

6. 宗教信仰型

宗教信仰型空间主要提供宗教活动、宗教考察和观礼的场所。一般有保护良好的宗教文物场所，并有配套的服务设施。如红螺寺、卧佛寺等。

红螺寺　卧佛寺

图 8–7　宗教信仰型生态休闲空间意向图

资料来源：作者拍摄

二、生态休闲空间在生活圈中的地位和作用

（一）生态休闲空间是生活圈建设的基础支撑

生活圈涉及城市生态环境文明建设、城市公共基础服务设施完善、城市经济产业稳定发展、城市社会文化繁荣进步、城市生活品质化及城市公共管理科学化等多方面内容。其中，生态休闲空间是生活圈的重要组成部分，结构完善、功能良好的生态休闲空间，是维持区域生态环境稳定、促进宜居宜业生活圈建设的重要基础支撑。

（二）生态休闲空间是生活圈发展的客观需要

随着人民收入水平的提高，对高品质的生活需求也会随之变化，相对于基础需求，拓展性需求不断提高。联合国人居 III 报告指出：提高城市生活品质、建设包容性城市是 21 世纪城市发展的重要目标之一。生活圈作为城市与区域协同发展的高级阶段，是自然物质环境与社会人文环境协调发展的高度统一，是经济与社会、环境等高度包容性发展的结果。生活圈旨在让人民享受区域社会经济发展的益处，这其中良好的生态休闲空间是生活圈建设的应有之义。

（三）生态休闲空间是生态系统的重要组成部分

广义的城乡生态系统包括自然生态系统、经济生态系统和社会生态系统三个子系统，生态休闲空间无论是在地域上还是在生态功能上都是自然生态系统的重要组成部分。同时，生态休闲空间对经济生态系统和社会生态系统的有效运转也发挥着重要的作用。有学者提出狭义的城乡生态系统应当包括生命系统和环境系统，其中生命系统包括城市人群和自然生物，环境系统包括次生自然环境、人工环境和广域环境。生态休闲空间在各环境系统的子系统中都有重要地位，承载着城市人群和自然生物的许多活动。

（四）生态休闲空间是促进生活圈协调发展的重要抓手

生活圈的空间范围往往突破了行政区划边界的限制，其社会经济协调统一发展往往面临行政权限的壁垒。生态环境保护和生态休闲需求是各级政府和人民的一致诉求，通过污染联防联治、环境补偿、跨区域公园建设等举措，有助于促进区域协调合作，打破行政壁垒，推动生活圈协调发展。

（五）生态休闲空间是满足生活圈人民生活改善需求的关键举措

生活圈内部发展水平高低不一，差异较大。广大农村地区经济发展水平较低，基础设施和公共服务设施建设尚不完善。保护好绿水青山、利用好优质生态资源，将其变为“金山银山”是促进欠发达地区居民增收和改善居民生活的重要举措之一。同时，经济发达的大城市地区居民随着收入的增长，对生态休闲的需求与日俱增，建设环境优美、设施完备、可达性强的优质生态休闲空间是满足城市居民生活改善需求的重要环节。

三、发达国家首都生活圈生态休闲空间特征

（一）大伦敦环形绿带

大伦敦环形绿带经历了漫长的发展历史，在不同的历史时期的发展源自不同目的，有着不同的范围，在历史传承中发展多样化的功能。早期（1958年起）的大伦敦绿带规划是出于隔离城乡的目的，主要发挥着防止瘟疫和疾病传播的作用。现代时期（20世纪20–30年代起）的伦敦绿带主要源自于疏解城市人口的目的，主要发挥着防止城市无序蔓延、疏解城市中心区人口、提供充足的休闲游憩绿地的作

用，经历了早期绿带源起阶段、现代意义源起阶段和绿带扩张阶段。

早期绿带缘起阶段：大伦敦绿带主要发挥着控制疾病和瘟疫传播的作用。1580 年，为防止瘟疫和传染病的传播，英国女王伊丽莎白发布公告，在城市周围设置了 4.8 千米的绿化隔离带，该区域禁止任何新建房屋计划。

现代意义源起阶段：大伦敦绿带主要发挥着疏解城市中心区人口和提供休憩空间的作用。20 世纪 20–30 年代，为保护被不断郊区化所侵占的绿地，为公众提供开敞空间和游憩用地，以恩温为首的大伦敦区域规划委员会在大伦敦区域规划中提出的在城市周边建立一条宽度约 2 千米，总面积约 200 平方千米的绿带，由此现代意义上的城市绿带概念形成。随后，现代意义上的城市绿带概念于 1938 年被纳入英国的法案，作为正式的规划工具引入伦敦。1944 年，阿伯克隆比主持编制的大伦敦地区规划中，提出在距伦敦中心半径 48 千米的范围内，由内向外划分为四个环形带，其中的绿带环宽度 8–15 千米，总面积达 2000 多平方千米，内部严格控制开发，以此为依托建设森林、公共绿地、农田等乡村景观，并适当增加一些高尔夫球场等休闲娱乐用地。

绿带扩张阶段：大伦敦绿带主要发挥着控制城市无序蔓延的作用。20 世纪 50–60 年代，二战后的经济繁荣和人口增长进入了快速发展阶段，绿带所在地区政府部员希望利用绿带作为抵制开发的工具，积极向中央政府申请扩大绿带范围。1980 年左右，官方批准的绿带范围已经达到 4300 平方千米，宽度约 20–25 千米。2004 年大伦敦空间发展战略中，大都市开放地则被作为一种新的空间形态提出，以提升伦敦地区的环境质量，控制城市蔓延。截至 2010 年，伦敦绿带总面积已经达到 5807.3 平方千米。

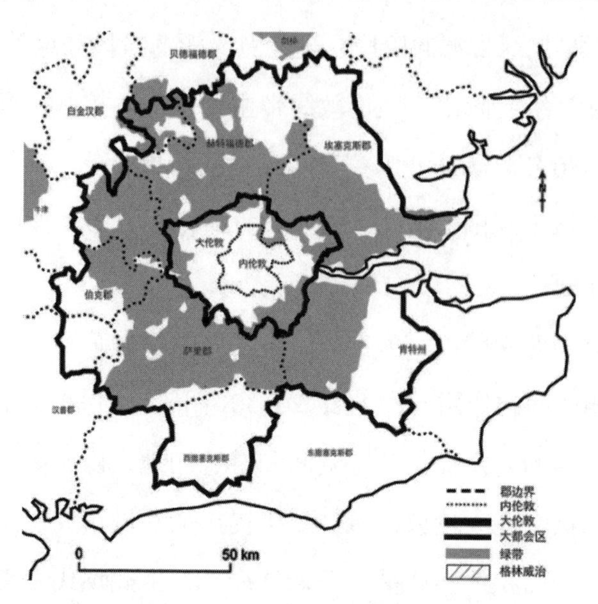

图 8–8　大伦敦绿带示意图

资料来源：王旭东、王鹏飞、杨秋生：《国内外环城绿带规划案例比较及其展望》《规划师》，2014 年。

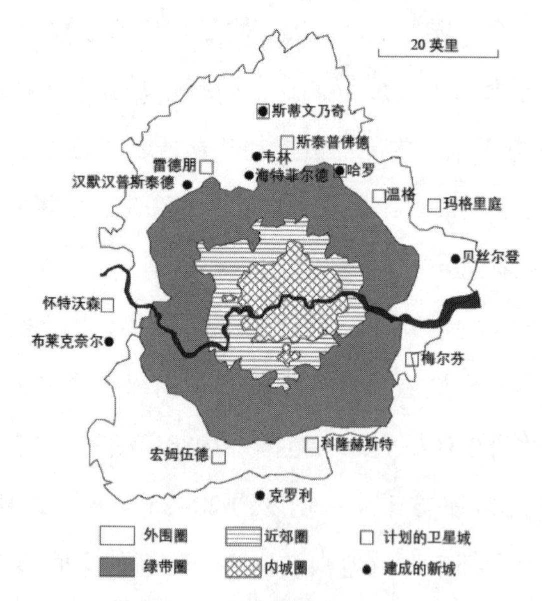

图 8–9　大伦敦规划示意图

资料来源：谢鹏飞：《伦敦新城规划建设研究（1898—1978）——兼论伦敦新城建设的经验、教训和对北京的启示》，北京大学博士学位论文 2009 年。

（二）东京都半环形绿带

东京都的半环形绿带同样源远流长，其绿带规划经历了控制保护农田、抑制城市蔓延和提升环境质量三个阶段，在不同阶段有着不同的规划目的，对应着不同的规划范围与功能。

控制保护农田阶段：东京都的绿带规划主要是源自保护控制农田的目的。1939 年的《东京绿色空间规划》，为东京都制定了 1–3 千米宽的环形绿带，并规划设计了一系列城市公园和林荫大道，并划定了大量需严格保护的农田。但由于法律本身没有赋予规划强制执行力，绿带内的土地被不同程度地开发为低密度郊区，面积也由 140 平方千米减少为 1955 年的 98.7 平方千米。

抑制城市蔓延阶段：东京都的绿带规划主要是源自控制城市无序蔓延的目的。1958 年，首都圈第一次基本规划将首都圈划分为建成区、近郊区和周边地区三个区域，在建成区周围的近郊区设置绿环，宽度约为 5–10 千米，抑制市区继续扩张，并在周边地区建设数个卫星城作为人口和产业的分散地。1966 年和 1968 年，日本政府陆续推出了《古都保护法》《首都圈近郊绿地保护法》《都市计画法》等一系列法律限制建设用地的无序蔓延，但整体上仍未能形成有效的绿色网络。

提升城市环境质量阶段：东京都的绿带规划主要是源自提升城市环境质量的目的。1977 年，东京开始制定《绿色总体规划》，确定了绿地系统的网络组织结构，对景观节点和城市地标进行了重点设计打造。1981 年又编制了《东京绿色总体规划》，其后由于 1995 年对规划进行了修正，基本形成了从单级到多级、从集中到有机疏散、从中心城市带动走向合作、交流的网络城市的绿地系统。

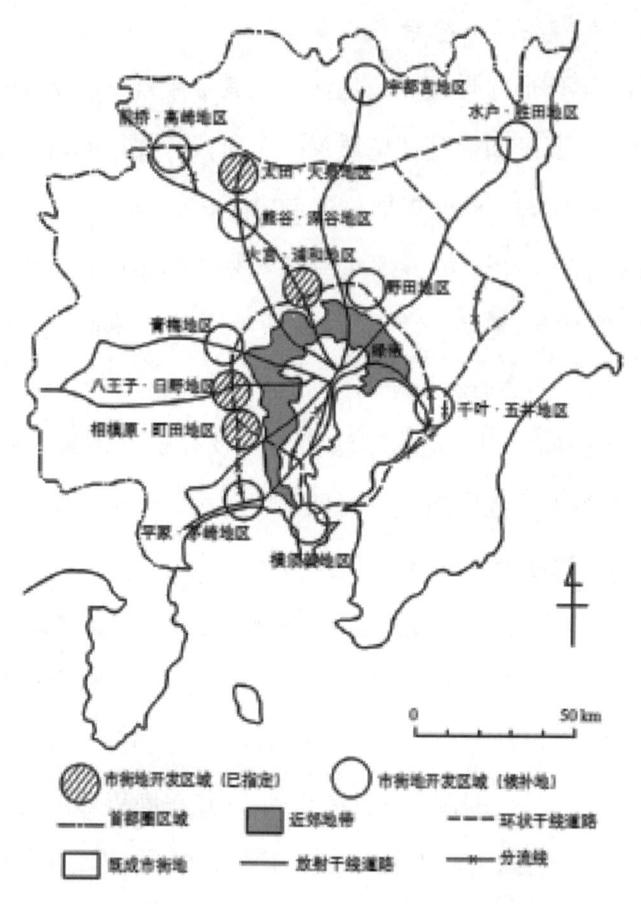

图 8–10　1956 日本首都圈整备方案图

资料来源：Watanabe T，Amati M，Endo K，et al. *The Abandonment of Tokyo's Green Belt and the Search for a New Discourse of Preservation in Tokyo's Suburbs*，Amati M. *Urban Green Belts in the Twenty-first Century. Aldershot*，Hampshire: Ashgate Publishing，2008: 21–36.

（三）大巴黎楔形绿带

巴黎的楔形绿带的发展可以追溯到 17 世纪，经历了形式主义阶段和功用主义两大阶段。在这两个不同的发展阶段巴黎的绿带规划有着不同的规划范围与作用。

形式主义阶段的巴黎绿带规划主要起着美化城市环境的作用。1616年，皇后玛丽·德·梅德西斯决定将卢浮宫外一处到处是沼泽的田地改造成绿树成荫的大道。1667年，皇家园艺师勒诺特为拓展土伊勒里花园的视野，把这个皇家花园的东西中轴线向西延伸至圆点广场，此为大道雏形。17世纪中叶，凡尔赛宫的风景设计师勒诺特（Le Notre）在对卢浮宫前的杜乐丽花园的重新设计中延伸了花园中心小路的长度，新的林荫道从卢浮宫出发直至现今的香榭丽舍圆形广场。1828年，这条大道的所有权全部收归市政，后来的设计师希托夫（Hittorf）和阿尔方德（Alphand）改变了对香榭丽舍最初的规划方案：他们为香榭丽舍添加了喷泉、人行道和煤气路灯。使之成为法国花园史上第一条林荫大道。17世纪下半叶路易十四统治时期，巴黎形成了以香榭丽舍绿带大街为主轴线的景观格局。

功用主义阶段的巴黎绿带规划主要起着抑制城市蔓延的作用。自从工业革命带来城市人口的爆炸式发展，大巴黎地区的发展呈现摊大饼式的无序蔓延，给城市布局和农村地区造成了许多不良后果，城市建设占用了大量的乡村土地，破坏了原有的乡土风貌，也使得城市周围的自然空间变得更加脆弱。为了抑制城市蔓延，巴黎在1961年规划中也采用了绿带规划，但城市人口跨越绿带继续向四周蔓延，甚至干脆最后把绿带吞噬了。因此在1987年，巴黎基本放弃了完整的环状绿带，而采用楔形绿带方式，所谓的环状绿道带各部分的宽度不一，最宽处达数十公里，最窄处只有一条步行小道。

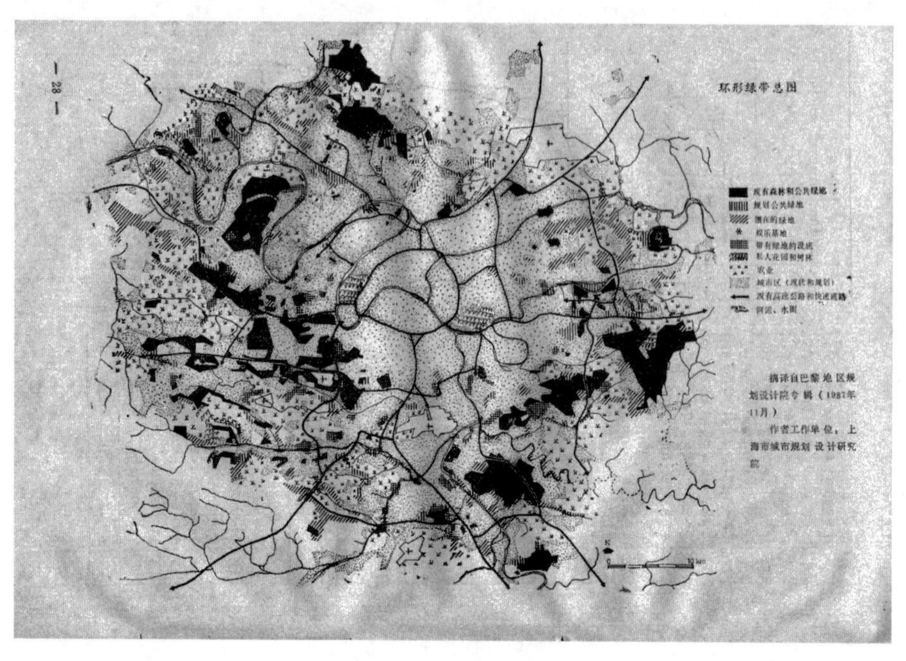

图 8-11　巴黎绿楔总图

资料来源：黎新：《巴黎地区环形绿带规划》，《国外城市规划》，1989 年第 3 期。

四、我国首都居民的生态休闲需求增长趋势

（一）首都居民生态休闲需求不断提升

2017 年末，北京常住人口 2170.7 万人，其中城镇人口 1876.6 万人，城镇化率达到 86.5%，城市休闲活动已经成为公众生活的共同需求。同年北京生产总值达到了 28000.4 亿元，按常住人口计算，全市人均地区生产总值为 12.9 万元，同比增长 12.2%。

北京城乡居民的可支配收入伴随经济发展而快速增长。2013 年 –2017 年间，北京市城镇人均可支配收入从 40321 元增长到了 62406 元，农村居民人均收入也从 18337 元增长到了 24240 元。每年增幅均在 8% 以上。与此同时，城乡居民的消费支出同样经历了快

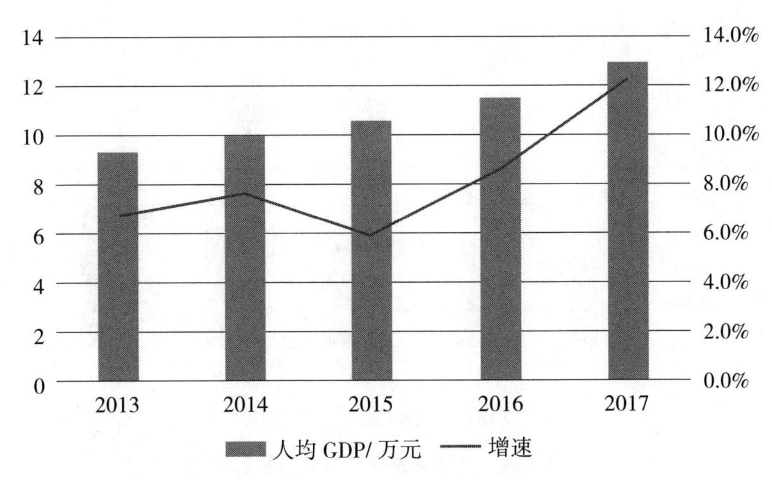

图 8-12　北京市人均 GDP 及增速统计图

资料来源：作者根据国家统计局数据整理

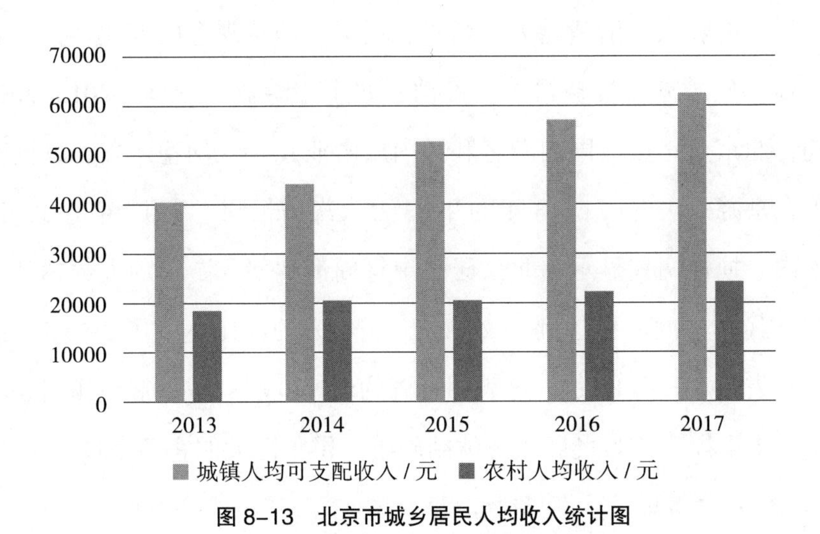

图 8-13　北京市城乡居民人均收入统计图

资料来源：作者根据国家统计局数据整理

速增长，2013–2017 年间，城镇居民人均消费从 25275 元增长到了 40346 元，而农村居民人均消费从 13553 元增长到了 18810 元。尽管近两年城镇居民的人均消费增速有所放缓，但仍在 5% 左右。

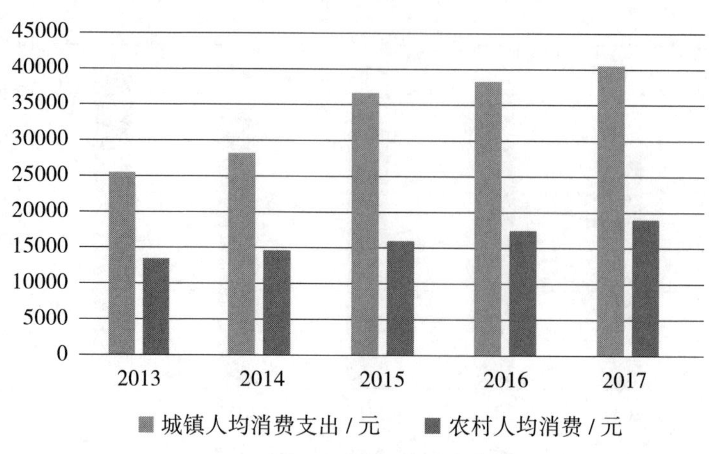

图 8-14　北京城乡居民人均消费统计图

资料来源：作者根据国家统计局数据整理

居民的收入与消费能力的增长也促进了消费观念的变化，使得居民的休闲旅游需求日益增长，带动了北京旅游业的发展。2013–2017 年间，北京全年接待国内游客和国内旅游业总收入均稳步增长，同时市民在京游人次也从 2013 年的 9983 万人次增长到了 2017 年的 10993 万人次。抽样调查显示，北京居民中每周都到郊区游玩的人数达到了 5.2%，经常去的占比达到了 27.4%，偶尔去的占比达到了 59.3%，而基本不去的人只占 8.2%。这表明经济的快速发展、城市规模拓展、居民生活水平提升，为发展生态休闲旅游提供了巨大的客源市场。

（二）首都居民休闲消费潜力有待挖掘

从收入水平、人口构成和消费结构看，首都居民休闲消费潜力尚未充分释放。2012–2016 年间，北京市城镇居民的恩格尔系数从 31.3% 降到了 21.1%，但是教育、文化和娱乐支出的占比不升反降，从 15.4% 降至 10.6%，可见，居民在餐饮、教育、文化、娱乐等休闲生活方面的需求未能得到充分满足。2016 年北京对 5000 户城镇居民进行抽样调查，

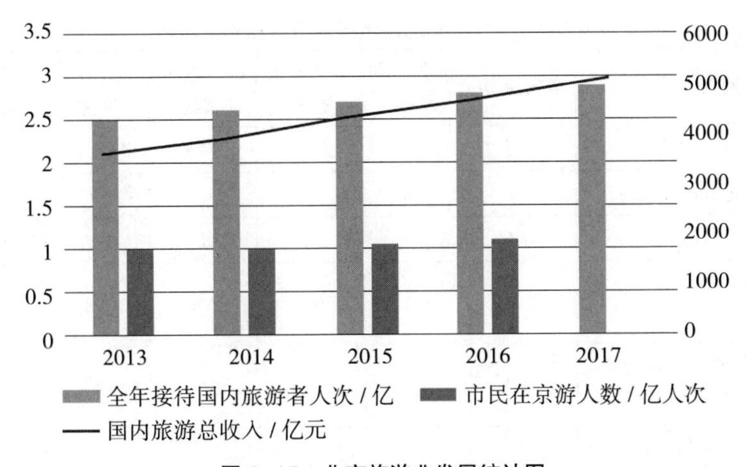

图 8–15　北京旅游业发展统计图

资料来源：作者根据国家统计局数据整理

按收入水平分别分为低、中低、中等、中高和高收入各 1000 户。调查结果显示，尽管随着收入的提高，居民的恩格尔系数在降低，但是多出的这部分消费主要用在居住支出上，而较高收入的居民在教育、文化和娱乐支出占比上并没有明显的高于低收入群体。

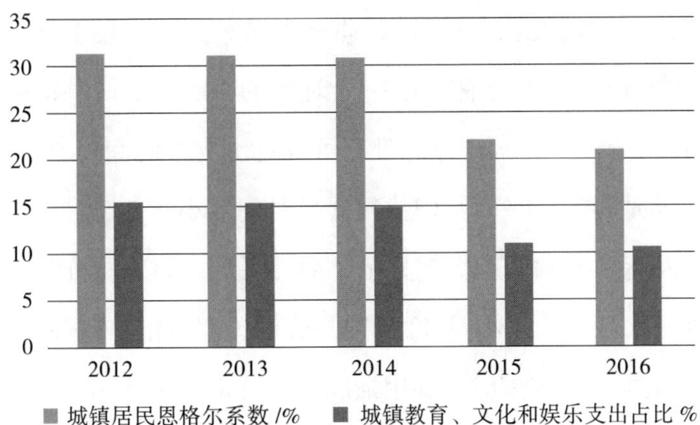

图 8–16　北京市居民消费占比统计图

资料来源：作者根据国家统计局数据整理

表 8-1　2016 年北京市居民消费结构一览表

消费类别	全市平均	低收入户家庭	中低收入家庭	中等收入家庭	中高收入家庭	高收入家庭
食品烟酒支出占比（%）	21.5	27.4	25.2	23.8	20.4	16.9
衣着支出占比（%）	6.9	6.8	7.3	7.3	6.6	6.7
居住支出占比（%）	31.6	27.4	28.4	28.8	32.7	35.5
生活用品及服务支出占比（%）	6.6	6.5	6.3	6.4	6.8	6.7
交通和通信支出占比（%）	13.3	13	13.5	13.9	12.3	13.6
教育、文化和娱乐支出占比（%）	10.4	10.6	10.2	9.8	10.7	10.6
医疗保健支出占比（%）	6.9	6.4	7.1	7	7.4	6.7
其他用品及服务支出占比（%）	2.9	1.9	2	3.1	3.1	3.3
合计（%）	100	100	100	100	100	100

资料来源：作者根据北京市统计局数据整理

从首都居民时间利用情况看，首都居民休闲娱乐时间整体有限。可自由支配时间是反映人们生活品质高低的重要指标。根据《北京市居民时间利用情况调查报告》，北京市居民人均常规工作日可自由支配时间仅 3 小时 29 分钟，占一天时间的 14.5%，其中娱乐休闲时间 3 小时 18 分钟。在常规休息日，可以自由支配时间为 5 小时 45 分钟，占一天时间的 24%，其中休闲娱乐时间 5 小时 3 分钟。美国、日本等 9 个发达国家的调查数据显示，男性平均可自由支配时间为 5 小时 6 分钟，女性则为 4 小时 43 分钟，分别比北京市居民高 46 分钟和 60 分钟。从可自由支配时间利用情况看，首都居民休闲主要以看电视为主，而健身锻炼、外出参观等休闲行为的占比较低，未来发展潜力较大。

表 8-2　北京市人均常规工作日时间利用情况一览表

	全市（分钟 / 天）	城镇（分钟 / 天）	农村（分钟 / 天）
工作时间	455	457	452
个人生活必需时间	670	663	681
家务劳动时间	106	104	108
可以自由支配时间	209	215	200
其中：休闲娱乐	198	203	193

资料来源：整理自《北京市居民时间利用情况调查报告》

表 8-3　北京市人均常规休息日时间利用情况一览表

	全市（分钟 / 天）	城镇（分钟 / 天）	农村（分钟 / 天）
工作时间	163	100	275
个人生活必需时间	733	744	715
家务劳动时间	199	223	158
可以自由支配时间	345	373	292
其中：休闲娱乐	313	332	276

资料来源：整理自《北京市居民时间利用情况调查报告》

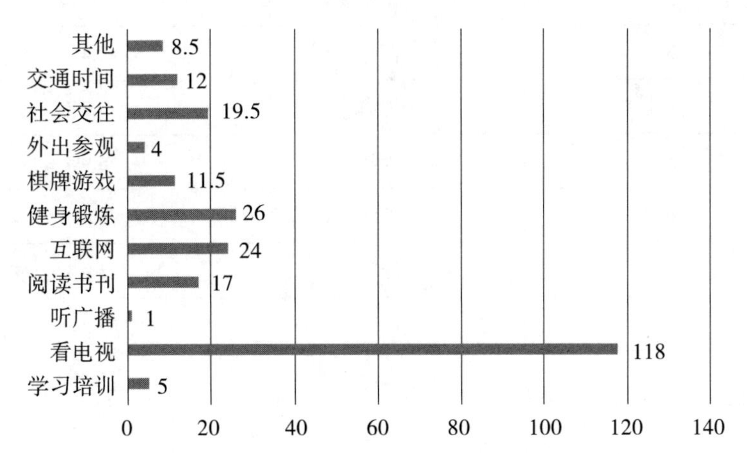

图 8-17　北京市居民可自由支配时间使用形式统计图

资料来源：整理自《北京市居民时间利用情况调查报告》

（三）环京地区逐渐成为首都居民的休闲旅游目的地

据统计，2012 年北京居民在京游出行人次为 9014 万人次，出京游出行人次则只有 2127 万人次，休闲出行仍以北京内为主。出京游的目的地上，吸引游客最多的是河北省，占比达到 21.3%，更细致来看，最重要的出京游旅游目的地是北戴河和秦皇岛，6.44% 的游客以此为目的地。可以看到，距离北京较近，且具有核心旅游吸引物的地区，是北京游客出行的主要选择。而从出行目的看，44.5% 的居民以休闲度假为目的，其次是观光游览，占比约 19.8%，而公司业务出差仅占 15.2%。从出行景点看，占比最高的是 39.1%，其次为山地风光，为 36.1%，城市建筑、纪念物和雕塑的占比为 30.4%，海滨占比为 29.8%，乡村风光为 27.8%。

表 8-4　北京居民出京游目的地一览表

排名	省份	市场份额
1	河北	21.3%
2	山东	13.8%
3	江苏	7.4%
4	上海	7.2%
5	天津	6.9%
6	浙江	6.4%
7	辽宁	5.9%
8	广东	5.2%
9	海南	5.1%
10	山西	4.8%

资料来源：整理自《北京市居民时间利用情况调查报告》

第二节 首都一小时美好生活圈的生态休闲空间现状

一、生态休闲空间的本底条件评价

（一）山地：自然生态基底条件良好，但生态保护和旅游发展水平有待提高

山地主要分布在西部、北部和东北部。西部山地属太行山脉，其中在北京境内的部分被统称为西山。北部、东北部属燕山山脉，在北京境内部分统称为军都山。两条山脉在关沟附近交会。东北部平谷县境内的造山为燕山的西缘，与军都山交会于潮白河谷。西、北、东北延绵不断的山岭形成一个向东南展开的半圆形大山湾。

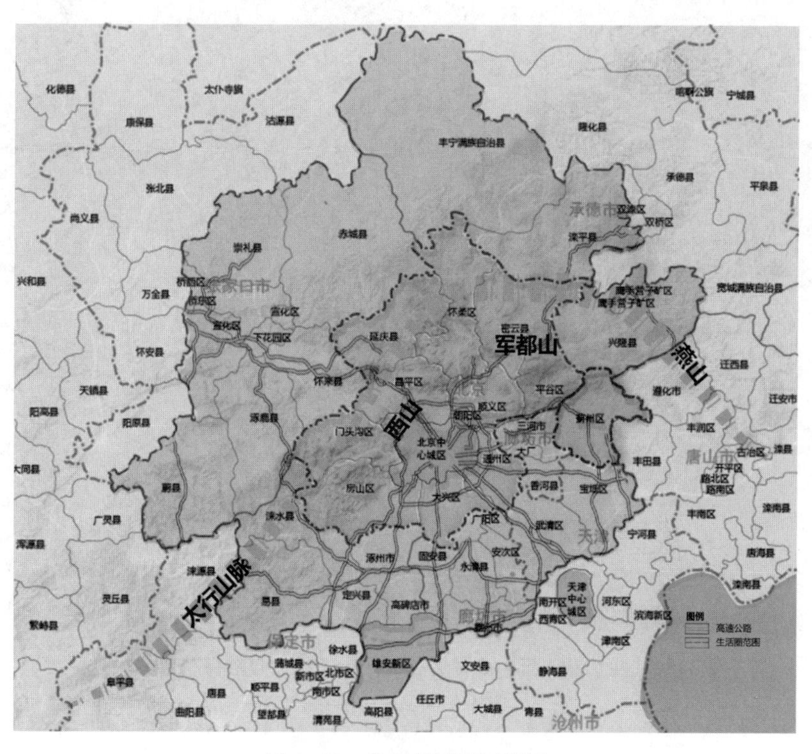

图 8-18 生活圈地形示意图

资料来源：作者自绘

区域内山地位于我国第二级阶梯与第三级阶梯的交界地带，是整个华北地区西北部的重要生态屏障，也是华北地区众多河湖水系的上游地区。该地区的生态环境质量、生物多样性和水土保持对于环首都、京津冀乃至整个华北的生态安全发挥着重要的作用。山区内有各级自然保护区 32 个，其中涉及森林生态、野生动植物的自然保护区有 28 个，国家级自然保护区为百花山、北京松山、八仙山、小五台山、大海坨山、河北雾灵山 6 个自然保护区。

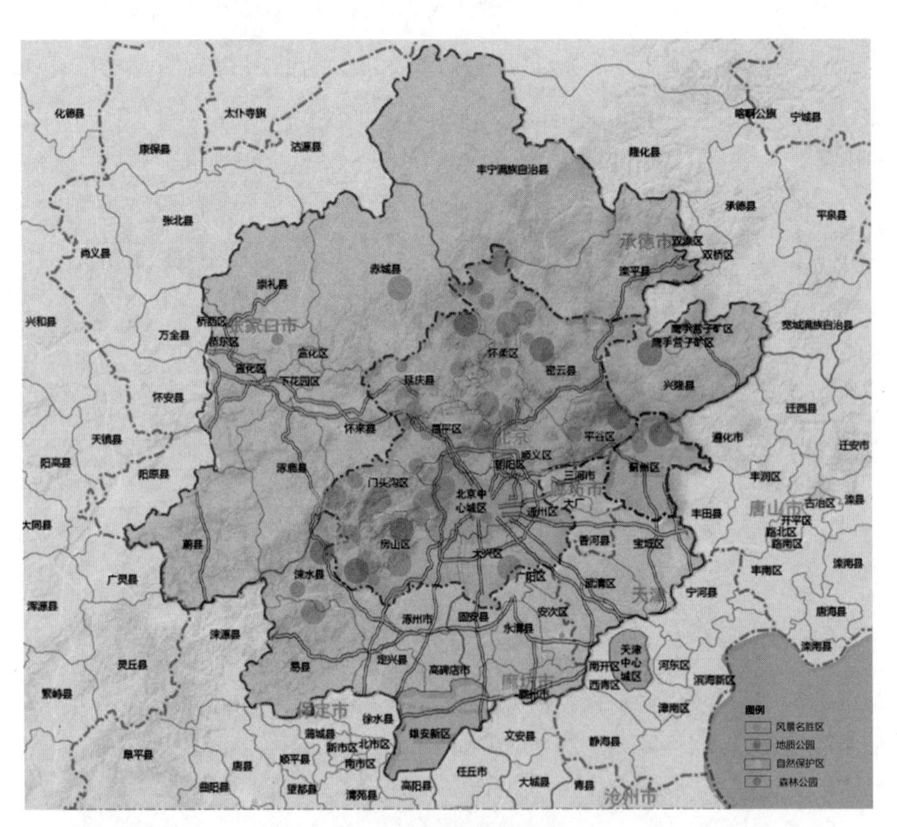

图 8-19　生活圈山区内森林生态、野生动植物自然保护区分布图

资料来源：作者自绘

表 8-5　生活圈山区内森林生态、野生动植物自然保护区一览表

名称	省市	行政区	类型	级别
百花山	北京市	门头沟区	森林生态	国家级
拒马河	北京市	房山区	野生动物	省级
蒲洼	北京市	房山区	森林生态	省级
汉石桥湿地	北京市	顺义区	内陆湿地 野生动植物	省级
怀沙河、怀九河	北京市	怀柔区	野生动物	省级
喇叭沟门	北京市	怀柔区	森林生态	省级
四座楼	北京市	平谷区	森林生态	省级
密云雾灵山	北京市	密云县	森林生态 野生动植物	省级
云峰山	北京市	密云县	森林生态	省级
云蒙山	北京市	密云县	森林生态	省级
白河堡	北京市	延庆县	森林生态 内陆湿地	县级
北京松山	北京市	延庆县	森林生态 野生动植物	国家级
大滩	北京市	延庆县	森林生态 野生动植物	县级
金牛湖	北京市	延庆县	内陆湿地 野生动植物	县级
太安山	北京市	延庆县	森林生态 野生动植物	县级
延庆莲花山	北京市	延庆县	森林生态 人文景观	县级
野鸭湖	北京市	延庆县	内陆湿地 野生动植物	省级
玉渡山	北京市	延庆县	森林生态 野生动植物	县级
八仙山	天津市	蓟州区	森林生态	国家级
盘山	天津市	蓟州区	森林生态 人文景观	省级
金华山－横岭子褐马鸡	河北省	涞源县、涞水县	野生动物	省级
摩天岭	河北省	易县	森林生态 野生动植物	省级
黄羊滩	河北省	宣化县	内陆湿地 野生动植物	省级
小五台山	河北省	蔚县、涿鹿县	森林生态 野生动植物	国家级
大海陀	河北省	赤城县	森林生态	国家级
河北雾灵山	河北省	兴隆县	森林生态 野生动植物	国家级
六里坪猕猴	河北省	兴隆县	森林生态 野生动植物	省级
蒋福山	河北省	三河市	森林生态 野生动植物	县级

资料来源：作者整理

图 8-20 生活圈山区内森林生态、野生动植物自然保护区实景图

资料来源：作者拍摄

区域内山区山势险峻，坡陡谷深，植被覆盖茂密，自然条件优越，有着珍贵的生态资源，植物种类繁多。区域内的森林主要分布在山区内，以阔叶林和灌木林为主，针叶林和经济林面积较小。山区内有国家森林公园 23 个，北京市境内另有省、县级森林公园 15 个。

表 8-6 生活圈山区内国家森林公园一览表

名称	省市	行政区
北京西山国家森林公园	北京市	海淀区
北京上方山国家森林公园	北京市	房山区
北京蟒山国家森林公园	北京市	昌平区
北京云蒙山国家森林公园	北京市	密云区
北京小龙门国家森林公园	北京市	门头沟区
北京鹫峰国家森林公园	北京市	海淀区
北京大兴古桑国家森林公园	北京市	大兴区

续表

名称	省市	行政区
北京大杨山国家森林公园	北京市	昌平区
北京八达岭国家森林公园	北京市	延庆区
北京北宫国家森林公园	北京市	丰台区
北京霞云岭国家森林公园	北京市	房山区
北京黄松峪国家森林公园	北京市	平谷区
北京崎峰山国家森林公园	北京市	怀柔区
北京天门山国家森林公园	北京市	门头沟区
北京喇叭沟门国家森林公园	北京市	怀柔区
天津九龙山国家森林公园	天津市	蓟州区
河北白草洼国家森林公园	河北省	滦平县
河北黄羊山国家森林公园	河北省	涿鹿县
河北野三坡国家森林公园	河北省	涞水县
河北六里坪国家森林公园	河北省	兴隆县
河北易州国家森林公园	河北省	易县
河北丰宁国家森林公园	河北省	丰宁县
河北黑龙山国家森林公园	河北省	赤城县

资料来源：作者整理

表 8-7　北京市省、县级森林公园一览表

名称	省市	行政区
古北口森林公园	北京市	密云县
五座楼森林公园	北京市	密云县
丫鬟山森林公园	北京市	平谷区
白虎涧森林公园	北京市	昌平区
森鑫森林公园	北京市	顺义区
龙山森林公园	北京市	房山区
百望山森林公园	北京市	海淀区
西峰寺森林公园	北京市	门头沟区
二帝山森林公园	北京市	门头沟区

续表

名称	省市	行政区
静之湖森林公园	北京市	昌平区
莲花山森林公园	北京市	延庆县
银河谷森林公园	北京市	怀柔区
龙门店森林公园	北京市	门头沟区
双龙峡东山森林公园	北京市	门头沟区
妙峰山森林公园	北京市	门头沟区

资料来源：作者整理

云蒙山国家森林公园

九龙山国家森林公园

野三坡国家森林公园

白草洼国家森林公园

图 8–21　生活圈山区内国家森林公园实景图

资料来源：作者拍摄

山区内山势俊美、植被茂盛、风景秀丽。山区的地质构造十分复杂，各种地貌、地质过程使得山体成为了地质活化石，形成 8 个国家地质公园。在悠久的历史积淀下，山区内拥有长城等丰富的历史人文景观要素，自然与人文交融，构成了生活圈山区具有特色和吸引力的综合景观。山区内有国家级、省级风景名胜区 15 个，其中国家级风景名胜区 4 个，分别是八达岭—十三陵风景名胜区、石花洞风景名胜区、盘山风景名胜区和野三坡风景名胜区。

表 8–8　生活圈山区国家地质公园一览表

名称	省市	行政区
北京石花洞国家地质公园	北京市	房山区
北京延庆硅化木国家地质公园	北京市	延庆区
北京十渡国家地质公园	北京市	房山区
北京密云云蒙山国家地质公园	北京市	密云区
北京平谷黄松峪国家地质公园	北京市	平谷区
天津蓟县国家地质公园	天津市	蓟州区
河北涞水野三坡国家地质公园	河北省	涞水县
河北兴隆国家地质公园	河北省	兴隆县

资料来源：作者整理

表 8–9　生活圈山区风景名胜区一览表

名称	省市	行政区	级别
八达岭—十三陵风景名胜区	北京市	延庆区	国家级
石花洞风景名胜区	北京市	房山区	国家级
盘山风景名胜区	天津市	蓟州区	国家级
野三坡风景名胜区	河北省	涞水县	国家级
慕田峪长城风景名胜区	北京市	怀柔区	省级
十渡风景名胜区	北京市	房山区	省级
东灵山—百花山风景名胜区	北京市	门头沟区	省级
潭柘—戒台风景名胜区	北京市	门头沟区	省级
龙庆峡—松山—古崖居风景名胜区	北京市	延庆县	省级
金海湖—大峡谷—大溶洞风景名胜区	北京市	平谷县	省级
云蒙山风景名胜区	北京市	密云县	省级
云居寺风景名胜区	北京市	房山区	省级
黄崖关长城风景名胜区	天津市	蓟州区	省级
青松岭大峡谷风景名胜区	河北省	兴隆县	省级
鸡鸣山风景名胜区	河北省	怀来县	省级

资料来源：作者整理

延庆硅化木国家地质公园　河北兴隆国家地质公园

盘山风景名胜区　石花洞风景名胜区

图 8-22　生活圈山区风景名胜区实景图

资料来源：作者拍摄

同时，山地存在着生态保护压力较大、生态旅游发展档次不高等问题。一是山区地形复杂，地势较高，地质活动较为频繁，生态系统敏感，水土不易保持，生态环境保护难度较大。山区内的居民活动，特别是山区旅游中较为低端的农家乐给山区生态环境带来较大压力。同时，浅山地带多年的石材、矿产开采对山区的生态环境破坏十分严重，目前还面临较重的山体恢复任务。二是目前环北京生活圈内山区的旅游发展档次有待升级。一方面，大多数地区旅游开发的理念还停留在传统的小景区模式，没能够整合区域优势旅游资源，形成一体化的旅游综合体系，也没有形成完整的旅游产业链，山区旅游留住游客、留下消费的能力较弱，利用旅游引流能力不足。另一方面，多数旅游产品品质差，特别是在民宿方面，低品质农家乐的建设对区域旅游形象的塑造“帮倒忙”，经济效益较差，对环境产生了较大负面影响。

（二）河湖水系：生态与景观环境条件良好，但保护与开发矛盾突出

区域主体位于海河流域，主要河流有大清河、拒马河、永定河、潮白河、蓟运河、北运河等。这些河流多数发源于太行山脉或燕山山脉的崇山峻岭中，流经区域后单独入海或汇入海河干流入海。

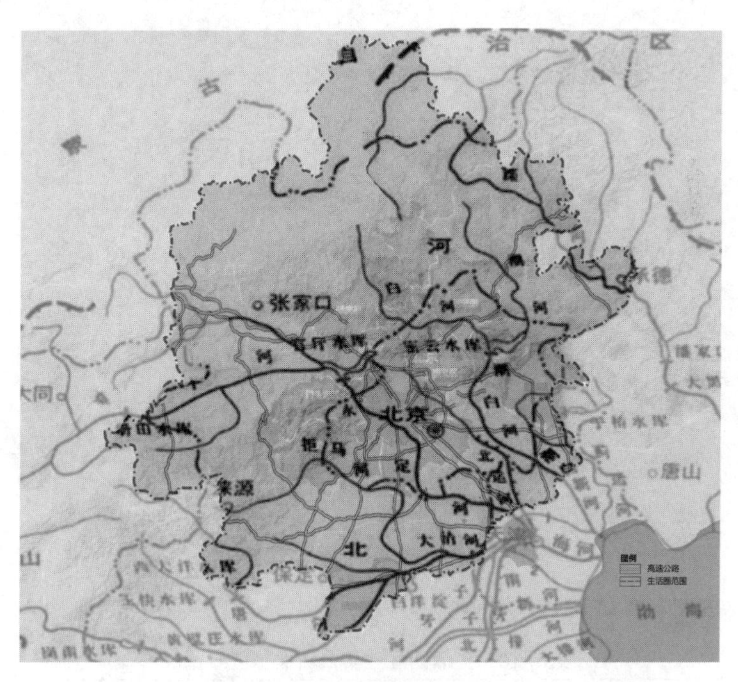

图 8-23　生活圈河湖水系分布图

资料来源：作者自绘

发源于崇山峻岭中的河流从区域中蜿蜒而过，自然河流与运河一起滋润了环首都的人民生活与聚落发展，积淀了深厚的人文底蕴，使域内河流兼具自然与人文景观价值。包含官厅水库、密云水库、于桥水库、怀柔水库、十三陵水库、海子水库（金海湖）等区域重要水库和众多湖泊，水域面积宽广，风光旖旎，生态与景观价值高。区域内

共有 7 个湿地有关的自然保护区和 11 个国家湿地公园。

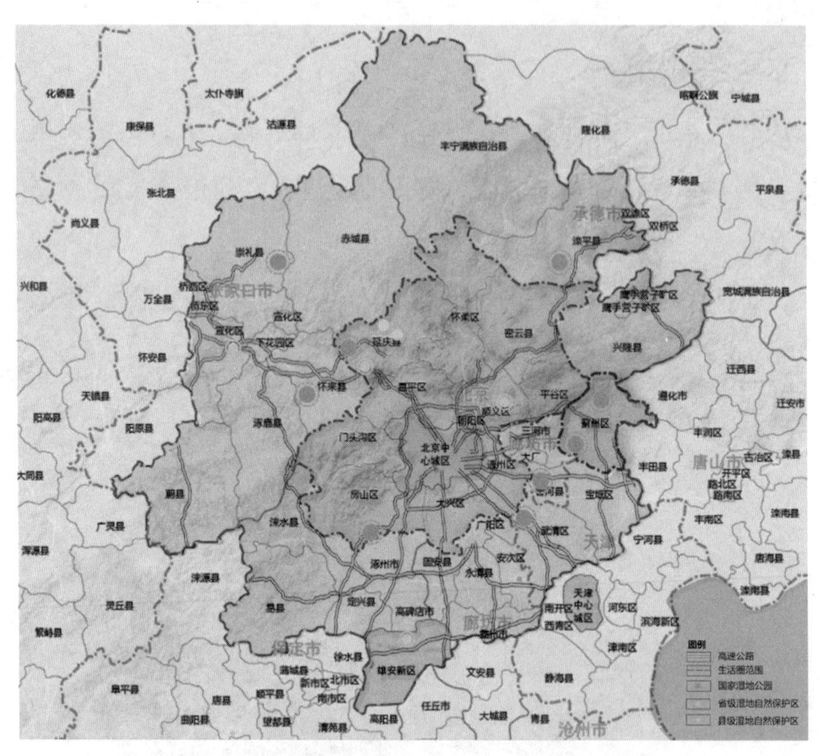

图 8-24　生活圈湿地自然保护区、湿地公园分布图

资料来源：作者自绘

表 8-10　生活圈湿地类自然保护区一览表

名称	省市	行政区	类型	级别
汉石桥湿地	北京市	顺义区	内陆湿地 野生动植物	省级
白河堡	北京市	延庆县	森林生态 内陆湿地	县级
金牛湖	北京市	延庆县	内陆湿地 野生动植物	县级
野鸭湖	北京市	延庆县	内陆湿地 野生动植物	省级
大黄堡	天津市	武清区	内陆湿地 野生动植物	省级
黄羊滩	河北省	宣化县	内陆湿地 野生动植物	省级
白洋淀湿地	河北省	雄安新区	内陆湿地 野生动植物	省级

资料来源：作者整理

表 8-11　生活圈国家湿地公园一览表

名称	省市	行政区
北京野鸭湖国家湿地公园	北京市	延庆区
北京房山长沟泉水国家湿地公园	北京市	房山区
天津武清永定河故道国家湿地公园	天津市	武清区
天津宝坻潮白河国家湿地公园	天津市	宝坻区
天津蓟县州河国家湿地公园	天津市	蓟州区
天津下营环秀湖国家湿地公园	天津市	蓟州区
河北丰宁海留图国家湿地公园	河北省	丰宁县
河北崇礼清水河源国家湿地公园	河北省	崇礼县
河北香河潮白河大运河国家湿地公园	河北省	香河县
河北怀来官厅水库国家湿地公园	河北省	怀来县
河北滦平潮河国家湿地公园	河北省	滦平县

资料来源：作者整理

汉石桥湿地　于桥水库

河北丰宁海留图国家湿地公园　白洋淀湿地

图 8-25　生活圈国家湿地公园

资料来源：作者拍摄

区域水环境生态敏感性较强、承载能力有限。由于区域河流和水库是整个华北地区的上流地带，对整个流域的生态环境有着重大影响，同时也是北京、天津等城市的重要水源地，如于桥水库是天津最重要的大型水库，区域水系生态敏感性较强。同时，生活圈水资源相对匮乏，降水主要集中在七八月份，降雨量小，目前区域地表水与地下水资源利用均接近承载力极限，工业生产的废水排放降低区域水质，亟待整治。

区域水生态的保护与开发建设矛盾较大。由于区域是华北地区的上游地带，生态敏感性强，同时又是北京、天津的重要水源地，这些地带的经济发展建设往往受到生态环境保护的限制。例如，怀来县为了保护官厅水库，将整个县城搬离至距离水库较远的地带，水库周边的发展建设受到了限制。蓟州区的于桥水库周边一级保护区内严禁任何建设，并对现有居民点、农家乐和工业厂房进行拆迁，二级保护区内也对污染物排放严格控制。同时，水景观营造水平较差。尽管区域内许多湖泊水库水域宽广，烟波浩渺，自然景色基底优良，但目前大多数地区景观营造手段单一，水平较差，缺乏生态休闲吸引力。

（三）公园绿地：总量充足，但空间布局有待改善

绿地总量尚可，但公园数量不足。2017 年，北京人均绿地面积达到了 16.2 平方米[①]，这一数字远高于东京的人均绿地面积 5.1 平方米，但是这很大程度上是由于统计口径的不同，北京的人均绿地面积是计算了所有形式的绿地而并非公园，而仅从与市民生活最息息相关的公

① 《北京人均绿地面积 16.2 平方米 相比 2012 年提高了 37%》，见 https://www.sohu.com/a/197908360_412594

园来看，北京仅有 304 个公园，但是东京都公园数量却高达 7684 个。尽管数量上的差异一部分源自中日公园体系的不同，但是仍然反映出居民使用公园的便利程度。

公园绿地分布不均。除公园绿地数量有所欠缺，生活圈内公园分布也不均匀。从北京市范围来看，朝阳区、海淀区、东城区、西城区的人口数量与公园数量匹配较好，但昌平区作为近年来人口快速聚集的地区，公园仅有 8 个，难以满足居民的日常需求，而人口相对稀疏的密云区公园数量高达 40 个，其中有些面临使用率不高的问题。

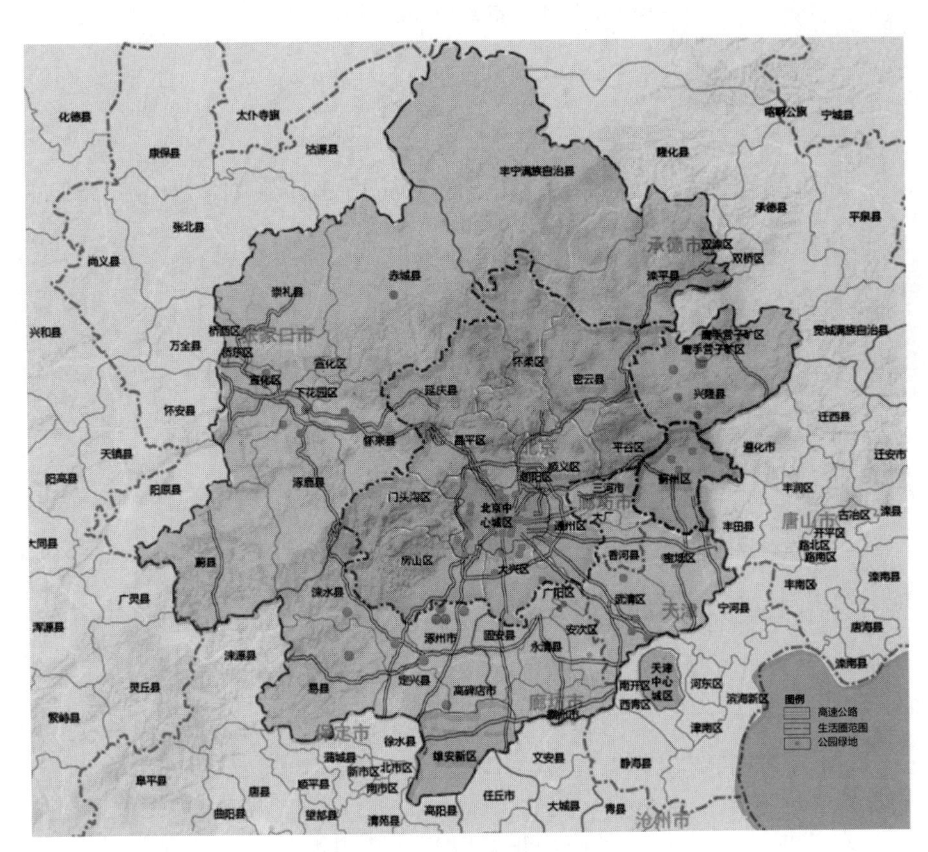

图 8-26 生活圈公园分布图

资料来源：作者自绘

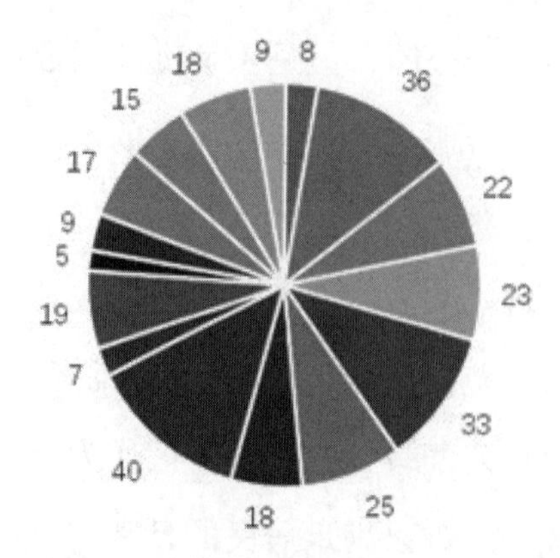

■昌平区　■朝阳区　■大兴区　■东城区　■房山区　■丰台区　■海淀区　■怀柔区
■门头沟区 ■密云区　■平谷区　■石景山区 ■顺义区　■通州区　■西城区　■延庆区

图 8-27　北京市各区公园数量统计图

资料来源：作者整理

公园绿地体系尚未形成。在《北京城市总体规划（2016-2035）》中北京提出建设“三环”绿地系统，即一道绿隔城市公园环、二道绿隔郊野公园环、环首都森林湿地公园环。但目前来看，这一体系尚未成形。以郊野公园环为例，目前北京市的郊野公园只涉及了昌平、朝阳、大兴、丰台、海淀、石景山六个区，其中几乎一半的郊野公园集中在朝阳区，其他近远郊区县的郊野公园建设还在起步阶段，郊野公园环尚未成形。环首都森林湿地公园环虽然有众多森林湿地公园的基础，但目前并未将众多要素整合成体系，还有待进一步打造。

（四）乡村农田：农业文化遗产丰富，但生态环境亟待保护

农田主要分布在区域南部平原和西部的河谷地带，基本以旱田为主，具体包括河北的东南部、北京市和天津市的郊区、以及张家口部分地区。

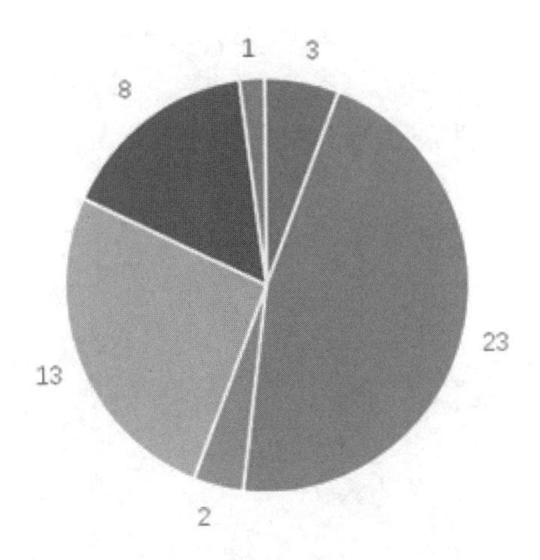

图 8-28　北京郊野公园数量统计图

资料来源：作者整理

图 8-29　北京郊野公园实景图

资料来源：作者拍摄

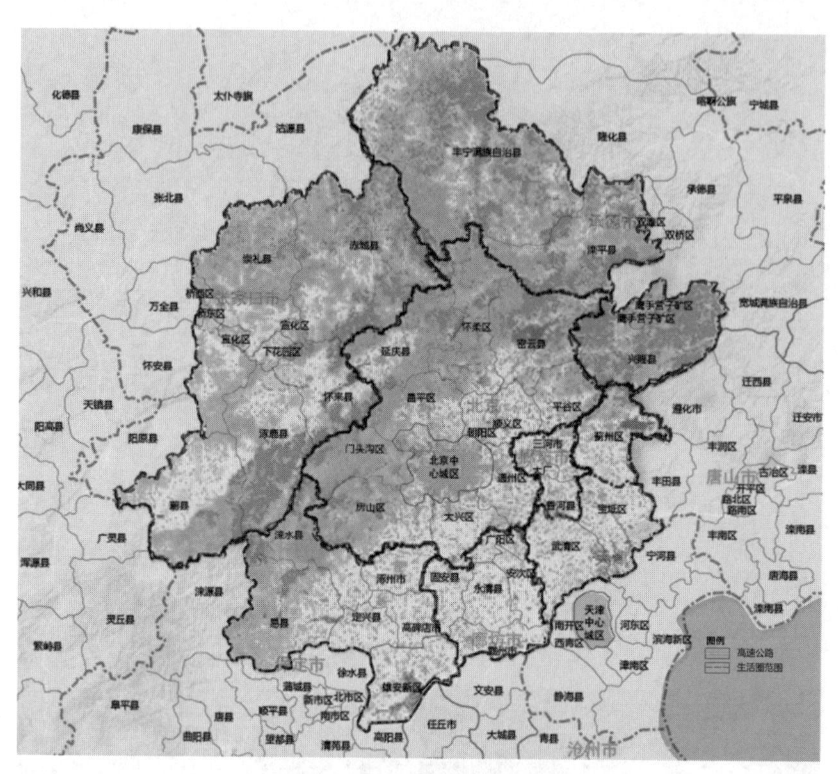

图 8-30　生活圈农田分布图

资料来源：作者自绘

乡村类型多样，农业传统厚重。区域内有多种类型的乡村。西部、北部山区乡村依山势而建，与山区环境和谐相处，有些坐落于平原之中，在农田风光和阡陌纵横中星罗棋布。区域内有一大批负有盛名的传统村落，如古北水镇、爨底下村等等，乡村风貌保存完整，乡土建筑风格保护较好，有着深厚的历史文化底蕴。同时，区域内有许多具有传承价值的文化传统，如宣化的城市传统葡萄园、宽城传统板栗栽培等，已被列为全国重要农业文化遗产，为进一步发挥农业的生态和文化功能、发展生态农业奠定了基础。

传统村落保护危机，人居环境有待提升。由于城镇化的快速推进，农村人口大量涌入城市，许多传统村落正逐渐没落，传统建筑没有得到妥善的保护，面临废弃或拆除，传统村落的空间肌理遭到破坏，传统乡村文化后继无人。同时，许多村落乡村基础设施建设落后，乡村环境治理有待改善，乡村人居环境面临较大困境，例如农村的垃圾回收处理、生活污水的排放、乡镇企业污染物处理等。

农业生态功能尚不完善。目前区域内的农业现代化、专业化、机械化水平不高，水资源的利用效率低，过度依赖化肥，对环境的负面效用较大。同时景观建设缺失，农田没有很好参与形成农田林网、河湖湿地的生态体系中来，未能形成区域优良生态基质。

乡村产业结构亟待升级。目前区域内大部分农村还停留在第一产业上，而总体来看，农工、农旅的结合开发做的还很不够，已有的综合开发水平也还有很大提升空间，特别是乡村旅游、生态旅游，还没有成为区域内农村的重要增长动力。

爨底下村

宣化葡萄园

图 8-31　生活圈乡村生态景观图

资料来源：作者拍摄

二、生态休闲空间格局现状

（一）片区：存在自然条件鲜明的三个片区

区域内按基底条件主要可以分为三类地区，西部、北部的山地片区、以北京、天津城区为代表的大城市建成区和其他平原城乡综合发展片区。山地片区是京津主要河流的源头和上游地区，由于区域气候、山地特征以及人类活动等因素的影响，由水力侵蚀引发的水土流失问题尤为突出。受降雨分布不均以及人类活动干扰等因素影响，土层瘠薄，植被覆盖率低、水蚀敏感度高，损害了其水源涵养功能。大城市建成区面积在区域中占比不大，但是集聚了区域大量的人口、生产和建设活动，是生活圈人口密集、自然资源及生态服务的消费区和主要污染排放区，是引发生活圈生态环境问题的主要区域。平原城乡综合发展片区包括区域内其他城镇以及平原地区的乡村农田，这一区域内是城市功能的辐射区，也是非首都功能转移承接的重点地区，原有的煤炭、冶金、建材等高能耗、高污染产业分布密集，是区域污水、大气联防联治的重点协调区域。

（二）廊道：显露雏形但尚未成型

区域内廊道主要可以分为三类：道路型廊道、河流型廊道和绿带廊道。道路型廊道主要是北京市的二环—六环以及放射性的高速公路网，包括S11、S32、G1N、G95、G102、G1、S15、G2、G3、G106、G4、G5、G108、G109、G7、G7等高速公路。河流型廊道主要是区域内的几条主要水系，由南至北主要有拒马河—大清河、永定河、北运河、潮白河、泃河—蓟运河等。目前道路型廊道和河流型廊道沿线景观建设水平较差，缺乏景观营造和呼应。绿带廊道主要是北京市的绿楔和三道绿环，其中城市公园环的构建相对较好，郊野公园环和环首都森林湿地公园环虽然初具雏形，但数量和开发质量还有待提升，还没有形成完整的体系。绿楔则还有待建设。

（三）重要节点：节点众多但缺乏联系

区域内节点众多，基底优良。山区内有百花山、云蒙山、石花洞、八仙山、雾灵山、大海坨、小五台山、白草洼、野三坡等著名自然景点，八达岭、慕田峪、黄崖关、盘山等自然与人文交融的景观节点和山区富有特色的山村民居。水体包括密云水库、官厅水库、于桥水库等重要的库区，拒马河—大清河、永定河、北运河、潮白河、泃河—蓟运河等河流以及沿河流的武清永定河故道国家湿地公园、宝坻潮白河国家湿地公园、蓟县州河国家湿地公园、香河潮白河大运河国家湿地公园、滦平潮河国家湿地公园等湿地公园。

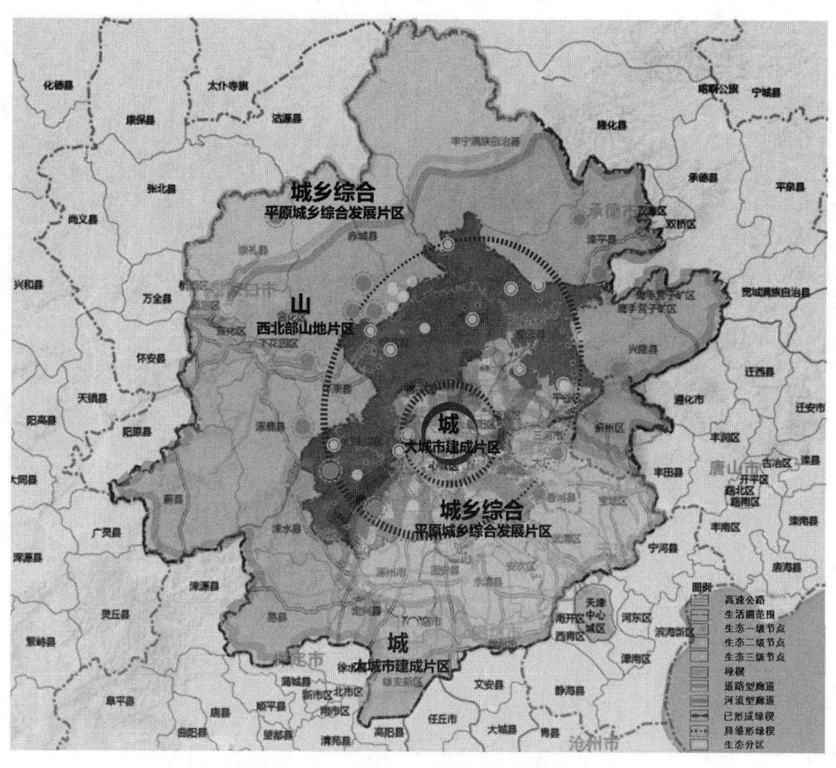

图 8-32　生活圈生态休闲空间格局

资料来源：作者自绘

三、生态空间的管控政策

（一）京津冀协同发展规划纲要

《京津冀协同发展规划纲要》（本节简称“纲要”）中对京津冀三省市的定位分别为：北京市为“全国政治中心、文化中心、国际交往中心、科技创新中心”；天津市为“全国先进制造研发基地、北方国际航运核心区、金融创新运营示范区、改革开放先行区”；河北省为“全国现代商贸物流重要基地、产业转型升级试验区、新型城镇化与城乡统筹示范区、京津冀生态环境支撑区”。对京津冀的功能分区为“四区”，即中部功能核心区、东部滨海发展区、南部功能拓展区和西北生态涵养区，每个功能区都有明确的空间范围和发展重点。

《纲要》强调以生态环境保护为重点，打破行政区域限制，推动能源生产和消费革命，促进绿色循环低碳发展，加强生态环境保护和治理，扩大区域间生态空间。主要任务包含联防联控环境污染，建立一体化的环境准入制度和退出机制，加强环境污染治理，实施清洁水行动，大力发展循环经济，推进生态保护与建设，谋划建设一批环首都国家公园和森林公园等。

在实际工作方面，张承地区生态保护和修复的指导意见印发实施，三省市制定了2015–2017年植树造林实施方案。同时，已将山东、河南等毗邻河北部分区域纳入京津冀大气污染防治范围，建立区域联防联控污染机制。

综上所述，京津冀协同发展规划纲要中对生态休闲空间的规定主要集中在环境保护，特别是大气污染防治上，着重强调了污染联防联控机制的建立，同时通过功能分区，也确立了各区域在生态休闲空间上的基本定位。

（二）新版北京城市总体规划

北京城市总体规划（2016–2035）中明确北京构建“一核一主一副，两轴多点一区”的城市空间结构。其中“一区”为生态涵养区，提出生态涵养区的基本定位就是保障首都生态安全。要编制好生态涵养区分区规划实施要点、各区分区规划和新城控制性详细规划。尤其要加强浅山区、山区生态修复和建设管控，引导绿色发展。加强浅山区与城市接壤地区河湖建设和生态湿地建设，继续大尺度植树造林。

在生态休闲空间布局上，规划提出构建“一屏、三环、五河、九楔”的市域绿色空间结构。强化西北部山区重要生态源地和生态屏障功能，以三类环型公园、九条放射状楔形绿地为主体，通过河流水系、道路廊道、城市绿道等绿廊绿带相连接。到2020年全市森林覆盖率提高到44%，到2035年不低于45%。其中，重点实施平原地区植树造林，在生态廊道和重要生态节点集中布局，增加平原地区大型绿色斑块，让森林进入城市。

在休闲体系上，规划提出构建由公园和绿道相互交织的游憩绿地体系，将风景名胜区、森林公园、湿地公园、郊野公园、地质公园、城市公园六类具有休闲游憩功能的近郊绿色空间纳入全市公园体系。优化城市绿地布局，结合体育、文化设施，打造绿荫文化健康网络体系。到2020年，建成区人均公园绿地面积达到16.5平方米，到2035年提高到17平方米。到2020年建成区公园绿地500米服务半径覆盖率达到85%，到2035年达到95%。

在城市绿地方面，规划提出结合代征绿地腾退地块，规划建设公园绿地；旧城区结合片区整体改造、开发，集中布局绿地；结合文物古迹外围环境保护增加公园绿地。到2020年，全市新建公园绿地30

处，累计400公顷。结合中心城道路、水系河道两侧绿化带加宽加厚，实施中心城楔形绿地建设。利用城市拆迁腾退地和边角地、废弃地、闲置地开展小微绿地建设，到2020年建成小微绿地200处。

与此同时，北京将加强绿化隔离地区建设，加大城乡结合部第一道、第二道绿化隔离地区疏解整治拆迁腾退力度，力争到2020年，增加绿化面积7万亩。通过增加绿化面积和建设城市公园，全面推进第一道绿化隔离地区3万亩绿化任务，新建公园20个以上。加大第二道绿化隔离地区造林绿化力度，利用建设用地减量、规划拆迁腾退地、零散闲置地，营造生态林，实现绿化面积4万亩，同时在第二道绿化隔离地区现有30处郊野公园的基础上，再建5处，连同第一道绿化隔离地区建成的公园环，初步实现为城市戴上“绿色项链”的目标。

总体来看，北京城市总体规划对北京城市生态休闲空间布局做出了明确的规划，同时也对休闲体系建设、城市绿地和外围绿隔的指标进行了初步预测管控。

（三）北京“十三五”规划

北京“十三五”规划将建设绿色低碳生态家园作为重要的篇章。

在生态空间建设方面，规划明确提出坚持保护优先、恢复为主，着力保护和修复山、水、林、田、湖一体的自然生态系统，着力建设以绿为体、林水相依的绿色景观系统。提出要扩大林地面积，森林覆盖率达到44%；巩固山区绿色生态屏障，实施20万亩宜林荒山绿化、100万亩低质生态公益林升级改造、100万亩封山育林，全市宜林荒山绿化全面完成。建设10条浅山休闲游憩景观带，提升山区森林休闲体验功能；扩大平原地区森林空间，平原地区森林覆盖达到30%以

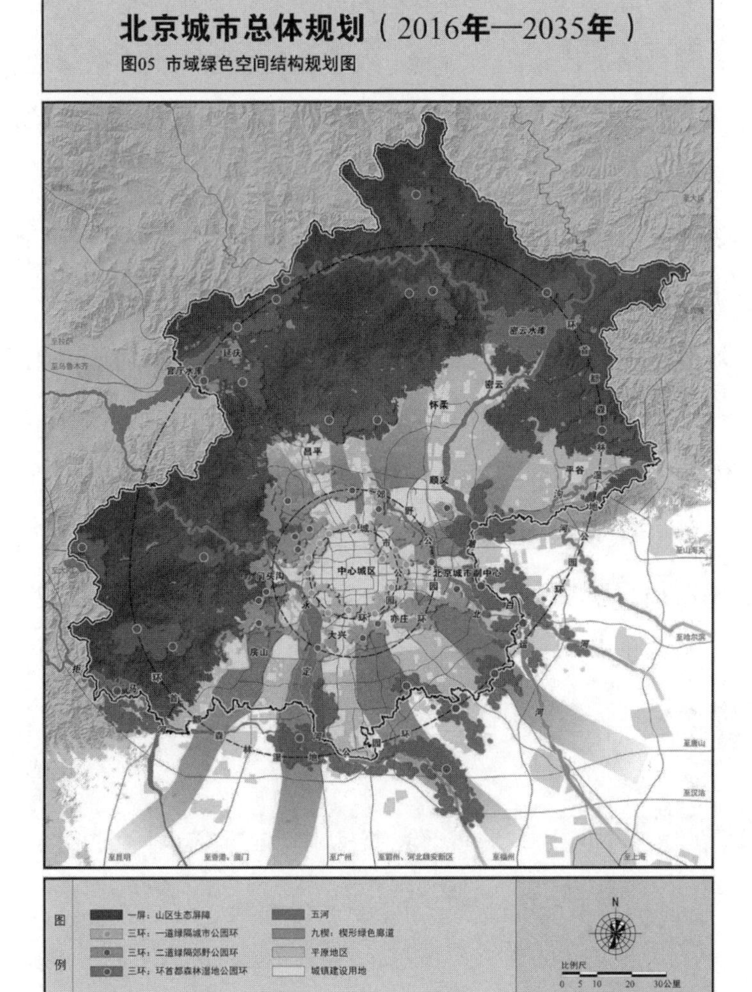

图 8-33　北京城市总体规划市域绿色空间结构图

资料来源：北京市规划和国土资源委员会：《北京市城市总体规划（2016-2035）》。

上；加强森林抚育，重点实施 300 万亩中幼林抚育工程。

市民绿色休闲空间方面，提出进一步完善中心城—新城—乡镇三级休闲公园体系，扩大绿色休闲空间，拓展绿地服务功能，全市建成区人均公园绿地面积达到 16.5 平方米以上。要扩大公园绿地，着力打造“绿郊野公园环—绿郊野森林公园环—环京森林湿地公园环”的圈层结构；积极增加城市公共绿地，在中心城新增一批小微绿地。建设景观宜人的绿色乡村，打造一批花园式生态镇，为承接中心城功能疏解奠定良好的环境基础。

河湖水系方面，提出还清河道水体、拓宽水面湿地、保护涵养水源，提升城市河湖环境品质，恢复流域水系生态功能，2017 年中心城、新城的建成区基本消除黑臭水体，2020 年重要水功能区水质达标率提高到 77%，丧失使用功能（劣Ⅴ类）的水体断面比例比 2014 年下降 24%。重要河湖水系基本还清，2020 年全市生态环境用水量达到 12 亿立方米；恢复和建设大尺度湿地，构建“一核、三横、四纵”的湿地总体布局，恢复湿地 8000 公顷，新增湿地 3000 公顷，全市湿地面积增加 5% 以上；提升重点区域水源涵养功能，完成 2000 平方公里小流域综合治理，全市山区主要水土流失区域实现全面治理。

第三节　首都一小时美好生活圈生态休闲空间构建的思路与目标

一、总体目标

（一）近期目标

到 2025 年，生活圈的生态环境质量有效改善，重点生态节点保护良好，主要生态休闲廊道建设完成，区域生态休闲框架基本形成，生态休闲空间构建的重点任务基本完成。

（二）中期目标

到 2035 年，生活圈的生态环境质量良好，多层次生态休闲目的地基本成型，生态廊道较为完善，生态休闲体系初具规模，居民休闲生活需求基本能被满足，生态休闲空间格局完整呈现。

（三）远期目标

到 2050 年，生活圈的生态环境优美，生态廊道结构完善，多重多维的生态休闲体系成型，居民生活休闲需求能被充分满足，生态休闲空间建设达到世界级优质生活圈标准。

二、基本思路

（一）加强生态保护和空间管控

（1）划定生态红线。按生态功能重要性、生态环境敏感性与脆弱性为基础，划定区域各市县生态保护红线。落实最严格的耕地保护制度，坚守耕地规模底线，严格划定永久基本农田。以生态保护红线和永久基本农田保护红线为基础，将具有重要生态价值的山地、森林、河流湖泊等现状生态用地和水源保护区、自然保护区、风景名胜区等法定保护空间划入生态控制线。严格管理生态控制区的内建设行为，控制、禁止与生态保护无关的建设活动。

（2）加强生态保育和生态建设。在山区选用合理的树种展开生态保育，加强植树造林和低效林改造，推进对水土流失严重的区域和矿山治理恢复区等重点地区的修复整治，涵养水源。平原地区重点提升公园绿地的总量和质量，合理搭配各类植物，形成生物多样性丰富、生态系统功能完善的绿网。浅山地带是山区与大城市建成区之间的过渡地带，兼具二者的特点，其生态敏感性较强，景观潜力较大，需要重点关注。应较严格控制浅山地区的开发建设，对开发总量、开发强度和开发质量、建筑风貌进行管控，推动浅山区特色小城镇和美丽乡村建设。

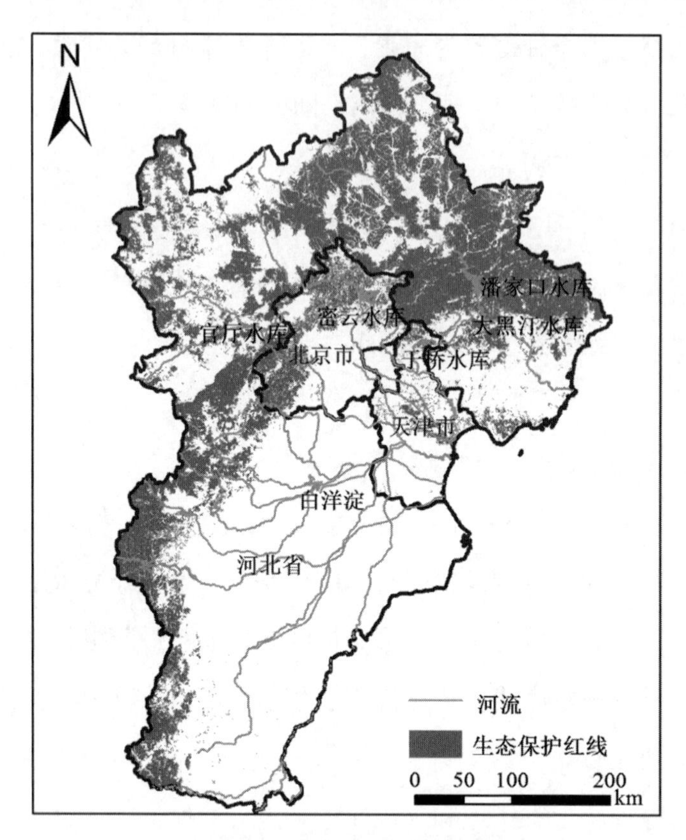

图 8–34　生态保护红线分布图

资料来源：刘军会、马苏、高吉喜、邹长新、王晶晶、刘志强、王丽霞：《区域尺度生态保护红线划定——以京津冀地区为例》，《中国环境科学》，2018 年第 38 期。

（3）实施生态水体保护工程。强化水污染源头控制，推进工业和生活污水防治，全面控制城市和农业面源污染，严格保护饮用水源，大力治理黑臭和劣Ⅴ类水体。同时加强对河湖水系和周边环境的综合整治，建设沿河绿道，恢复河道的生态功能，与其他生态系统要素相联系，建立连通的水网体系。

（二）系统化提升区域景观要素

（1）打造富有特色的景观节点和景观片区。以区域内各类自然保护区、森林公园、湿地公园、地质公园、城市公园、文化遗迹等为基础，提升景观营造水平。在山区建设山间廊道体系，注重廊道两侧景观打造。同时对山村旅游进行升级，改造低端农家乐，发展高端山区民宿。水体方面注重水库、湖泊、湿地与河流周边的步行适宜性建设，建设一批湿地公园。在城市地区注重历史文化建筑的保护与风貌的统一协调。在农村地区注重农业的生态功能，打造农业景观。

（2）连通生态廊道，建设绿色景观系统。以道路、河流、绿地为基底，建设生态景观廊道，有机串联各景观要素，形成功能完善、结构完整的多重多维景观系统。使得生态廊道相互连通，纵横交错，并形成沿首都的三条环状绿带。

（3）以全域视角统筹协调，打造景城一体的风貌。处理好点、线、面、体、域的空间关系，以交通网络为骨架，将城镇、景区、园区、乡村等串联起来，营造处处是风景、处处有风情的特色游线和特色空间。

（三）提升景观美誉度

1. 将“城郊山地”品牌化为“首都居民休闲高地”

基于首都自然资源型山地、历史遗迹资源型山地、地质景观资源型山地类型，对应国家级、省级不同级别的山地标准进行不同程度的开发与保护，并进行体系化的宣传，培养首都居民在周边山地进行生活休闲的意识，打造“首都居民休闲高地”的品牌，形成“绿色休闲”“京城风韵”“趣味生活”三大品牌效应。将自然资源型山地打造为生态休闲型高地，重视环境的生态化、居民生活休闲活动的绿色化；将历史资源型山地打造为文化传承型圣地，重视场所文脉的延续化、居民生活休闲活动的丰富化；将地质景观资源型山地打造为科普知识型“活学堂”，重视地质景观宣传的平民化、居民生活休闲活动的趣味化。

2. 将“河流水系”品牌化为“首都居民日常娱乐廊道”

基于首都河流水系的分类评价，基于“两个保护、一个营造”的原则，打造“首都居民日常娱乐廊道”品牌，形成“绿色出行”和“幸福消费”两大品牌效应。“两个保护”是指将“一二级水源保护区”“湿地公园”的保护放在首位，形成良好生态本底。“一个营造”是指将除以上提到的特殊保护的河流水系进行景观营造分类升级。一方面，在居住区附近沿着主要水系布置绿道与休闲健身设施，将北京各个季节开花的植物组合种植，形成四季皆景的京城绿道，形成居民日常的“绿色休闲品牌效应”；另一方面，在商业区附近沿着主要水系布置一定的生态化商业设施，如地景型景观小亭，形成居民日常的“幸福消费品牌效应”。

3. 将“绿地公园”品牌化为“首都居民日常休闲锻炼场所”

基于首都绿地公园的分类评价，形成“大环道、小串道”的休闲活动质量提升策略，打造“首都居民日常休闲锻炼场所”品牌，形成“移步异景”的品牌效应。“大环道”是针对森林公园等大的公园绿地的策略，基于公园绿地占地规模大、内部景观丰富多样、但相对独立间隔距离远的特点，设置公园内部随自然环境的曲形环道，使居民一方面能够方便到达内部各个景观节点，另一方面可以形成“移步异景”的丰富体验，促使居民进行休闲锻炼活动。“小串道”是针对街头绿地、口袋公园等小型绿地的策略，基于街头绿地、口袋公园占地规模小，不同公园特色不同且距离较近的特征，设置串联这些小型绿地的绿道，使居民能够便捷到达这些街头公园，在出行时间较短的情况下同样能获得“移步易景”的休闲景观体验。

4. 将“乡土景观”品牌化为“首都居民休闲新乐土”

基于乡土景观的分类评价，将不同类型的乡村景观进行特色升级，打造“首都居民休闲新乐土”效应，传统村落、特色农业村、生态山村等不同类型的乡土景观分别打造成“历史化石”“农耕文化”“世外桃源”的品牌。传统村落注重场所文脉的延续，以定期的创新化活动策划推动村落影响力的扩大，使其成为更多首都居民出行新选择，将“历史化石”的品牌效应在传播中扩大化；特色农业村注重村落一直以来的特色农业的可持续发展，在传承中进行产业升级，利用“文创+”等方式优化“农耕文化”品牌，提升其在首都居民出行选择项中的吸引力；生态山村注重自然生态环境的保护，以青山绿色的原生态环境作为“世外桃源”品牌的出发点，提升其在首都居民中的声誉。

（四）保护重构北方城乡田园景观

1. 构建古今同辉的人文城市景观

塑造文化景观环线。依托明城墙遗址及角楼、箭楼等历史遗迹，在保护中塑造为重要的人文节点，并利用二环路这个环形通道实现景观节点串接，实现以点带环的景观提升。由此，二环文化景观环成为京城景观新名片、居民休闲出行的新拉力。

完善中轴线及延长线景观。依托首都历史中轴线发展其延长线景观，在传承京城历史文化的同时发展现代新功能。一方面，充分利用中轴线延长线上的奥林匹克中心、新机场发展国际交往功能；另一方面，中轴线积极响应北京新总规“增绿留白”新愿景，依托奥林匹克森林公园、北部森林公园增加生态空间，结合南海子公园、团河行宫建设南中轴森林公园。

传承并发展三大文化带景观。依托北京生活圈内地缘相近、文化相承的特征，传承并发展北部长城文化带、西部西山文化带、东部运河文化带，将三大文化景观带发展成居民传承历史文化、与遗产一起生活的空间载体。其中，西部西山文化带着重展示皇家园林文化、近代史迹文化与一定的自然风光，以"三山五园"八大处为保护核心；东部运河文化带着重展示运河文化和佛教文化，以古运河道、运河道沿线的古代园林、运河道沿线的古寺庙为保护重点；北部长城文化带着重军事防御系统风貌及沿线的边塞风光，以居庸关、八达岭长城本体的历史资源保护为关键。

2. 构建京郊乡村最美风景线

大力整治农村人居环境。推动农村环境治理规范制度的建立，鼓励农村人居环境整治，编制农村发展规划与技术导则，大力推进农村的生活垃圾处理、污水治理、完善农村厕所建设，恢复农村水生态，加快农村道路设施建设，在农村建设村庄公共空间，修缮危房旧房，提升村容村貌。

推进乡村景观规划建设。注重乡村原生态，保护自然生态环境的原真性与健康性。坚持尊重地域特色、保护传统文化的原则，突出个性，尊重当地居民生产生活。提倡经济、实用、美观的设计理念，打造新乡土建筑及景观。坚持可持续发展，优先考虑生态化、无污染、可循环的清洁能源和材料。

推进农业生态化升级。积极发展都市型现代农业，推进农业产业化、专业化、机械化，推进高效节水生态农业发展。推动农业副产品加工、农村生态旅游等产业发展。

开展乡村全域旅游建设。在改善农村人居环境与景观建设的基础上，利用现有农业资源和生态资源，建设农村休闲商业、休闲地产和高品质生活休闲服务，探索推广集循环农业、创意农业、农事体验于一体的田园综合体模式，把乡村打造成乡村旅游综合体。

第四节　首都一小时美好生活圈生态休闲空间布局规划

一、生态空间功能分区规划

目前，我国的生态资源保护分类体系以保护对象为主要考量。相比之下，部分国际组织基于保护管理的主要目标进行分类，并依据管理目标进行针对性管理，如世界自然保护联盟（IUCN）1994年出版的《自然保护地管理类型指南》根据管理目标将自然保护地分为6类。

表8-12　IUCN保护地管理类别一览表

类别代码	类别名称	主要目标
类别Ⅰa	严格自然保护区	主要用于科研的保护地
类别Ⅰb	原野保护地	主要用于保护自然荒野面貌的保护地
类别Ⅱ	国家公园	主要用于生态系统保护及娱乐活动的保护地
类别Ⅲ	自然纪念物	主要用于保护独特的自然特性的保护地
类别Ⅳ	栖息地/物种管理区	主要用于通过积极干预进行保护的保护地
类别Ⅴ	陆地/海洋景观保护地	主要用于陆地/海洋景观保护及娱乐的保护地
类别Ⅵ	资源保护地	主要用于自然生态系统持续性利用的保护地

资料来源：整理自1994版《自然保护地管理类型指南》

结合国内外的研究以及保护地管理实践，可以根据管理目标的差异将生态资源分为以下四类：

表 8-13 简化的生态资源分类一览表

类别代码	类别名称	保护目标和允许的活动
I 类	严格保护类	完整的生态系统和生物多样性得到严格保护，基本不允许出科研以外的任何人为干预
II 类	栖息地 / 物种管理类	为了保护特定物种和栖息地，需要采取人工干预措施
III 类	自然公园类	主要用于参观、娱乐
IV 类	多用途类	保证自然资源和生物多样性得到维持的前提下，允许可持续的采集、捕捞、狩猎、种植、农业生产等

资料来源：作者自制

如表 8-14 所示，生活圈内的生态休闲资源可以按照以上标准划分为四类。

表 8-14 生活圈生态资源分类一览表

名称	类别	名称	类别	名称	类别	名称	类别
百花山	III 类	小五台山	II 类	河北野三坡国家森林公园	IV 类	云蒙山风景名胜区	III 类
拒马河	I 类	大海陀	III 类	河北六里坪国家森林公园	II 类	云居寺风景名胜区	IV 类
蒲洼	II 类	河北雾灵山	III 类	河北易州国家森林公园	III 类	黄崖关长城风景名胜区	IV 类
汉石桥湿地	I 类	六里坪猕猴	II 类	河北丰宁国家森林公园	II 类	青松岭大峡谷风景名胜区	III 类
怀沙河、怀九河	II 类	蒋福山	IV 类	河北黑龙山国家森林公园	II 类	鸡鸣山风景名胜区	IV 类
喇叭沟门	I 类	北京西山国家森林公园	III 类	北京石花洞国家地质公园	IV 类	汉石桥湿地	IV 类
四座楼	IV 类	北京上方山国家森林公园	III 类	北京延庆硅化木国家地质公园	IV 类	白河堡	III 类
密云雾灵山	IV 类	北京蟒山国家森林公园	III 类	北京十渡国家地质公园	IV 类	金牛湖	II 类
云峰山	III 类	北京云蒙山国家森林公园	III 类	北京密云云蒙山国家地质公园	III 类	野鸭湖	I 类
云蒙山	III 类	北京小龙门国家森林公园	I 类	北京平谷黄松峪国家地质公园	III 类	大黄堡	I 类

续表

名称	类别	名称	类别	名称	类别	名称	类别
白河堡	III 类	北京鹫峰国家森林公园	IV 类	天津蓟县国家地质公园	III 类	黄羊滩	I 类
北京松山	III 类	北京大兴古桑国家森林公园	IV 类	河北涞水野三坡国家地质公园	IV 类	白洋淀湿地	IV 类
大滩	II 类	北京大杨山国家森林公园	III 类	河北兴隆国家地质公园	III 类	北京野鸭湖国家湿地公园	I 类
金牛湖	II 类	北京八达岭国家森林公园	III 类	八达岭—十三陵风景名胜区	IV 类	北京房山长沟泉水国家湿地公园	III 类
太安山	IV 类	北京北宫国家森林公园	III 类	石花洞风景名胜区	IV 类	天津武清永定河故道国家湿地公园	IV 类
延庆莲花山	III 类	北京霞云岭国家森林公园	II 类	盘山风景名胜区	III 类	天津宝坻潮白河国家湿地公园	III 类
野鸭湖	I 类	北京黄松峪国家森林公园	IV 类	野三坡风景名胜区	IV 类	天津蓟县州河国家湿地公园	IV 类
玉渡山	III 类	北京崎峰山国家森林公园	IV 类	慕田峪长城风景名胜区	IV 类	天津下营环秀湖国家湿地公园	III 类
八仙山	I 类	北京天门山国家森林公园	III 类	十渡风景名胜区	IV 类	河北丰宁海留图国家湿地公园	I 类
盘山	III 类	北京喇叭沟门国家森林公园	III 类	东灵山—百花山风景名胜区	III 类	河北崇礼清水河源国家湿地公园	III 类
金华山－横岭子褐马鸡	II 类	天津九龙山国家森林公园	IV 类	潭柘—戒台风景名胜区	III 类	河北香河潮白河大运河国家湿地公园	IV 类
摩天岭	III 类	河北白草洼国家森林公园	IV 类	龙庆峡—松山—古崖居风景名胜区	IV 类	河北怀来官厅水库国家湿地公园	I 类
黄羊滩	I 类	河北黄羊山国家森林公园	III 类	金海湖—大峡谷—大溶洞风景名胜区	IV 类	河北滦平潮河国家湿地公园	II

资料来源：作者自制

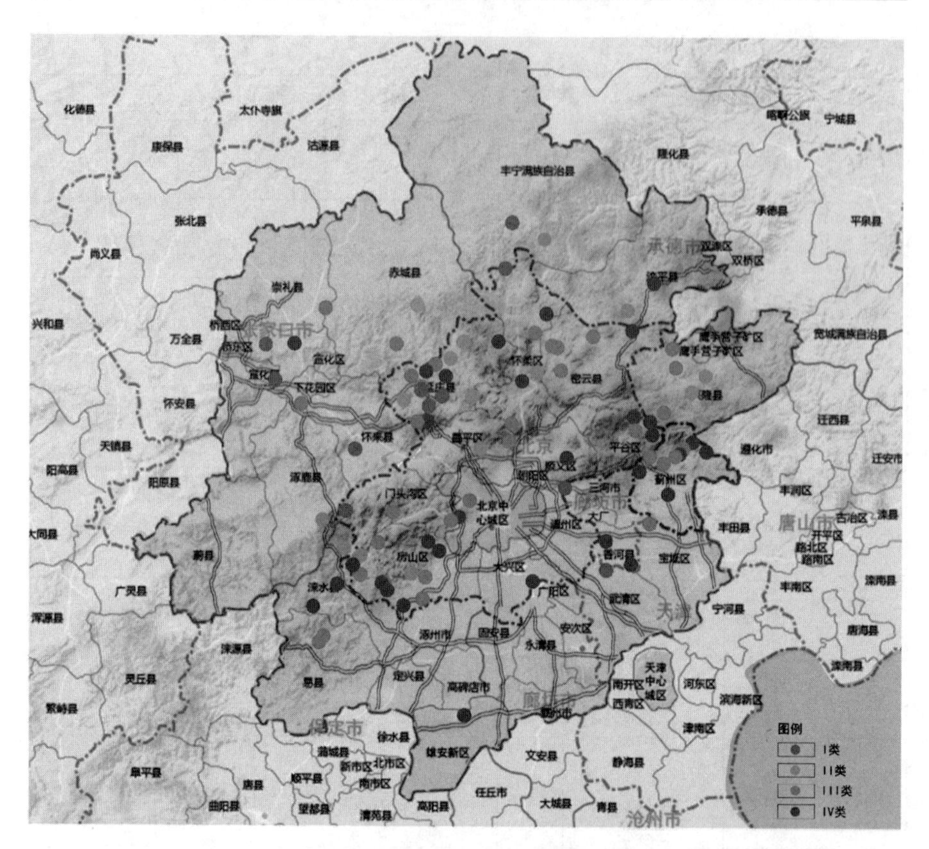

图 8-35　生活圈生态休闲资源分类图

资料来源：作者自绘

按照生态休闲资源的多少、种类、区域生态环境、城镇建设差异以及生态环境保护重点的区别，可以将区域划分为中部核心区、东部康养休闲区、南部城镇拓展区和西北生态保育区（图 8-36）。

（一）中部核心区

位于区域中部，主要包括北京市东城区、西城区、朝阳区、海淀区、丰台区、石景山区、通州区、昌平区和顺义区的平原地区。地形以平原为主，是生活圈城镇建设密度高、人口集聚、产业集聚的地区。

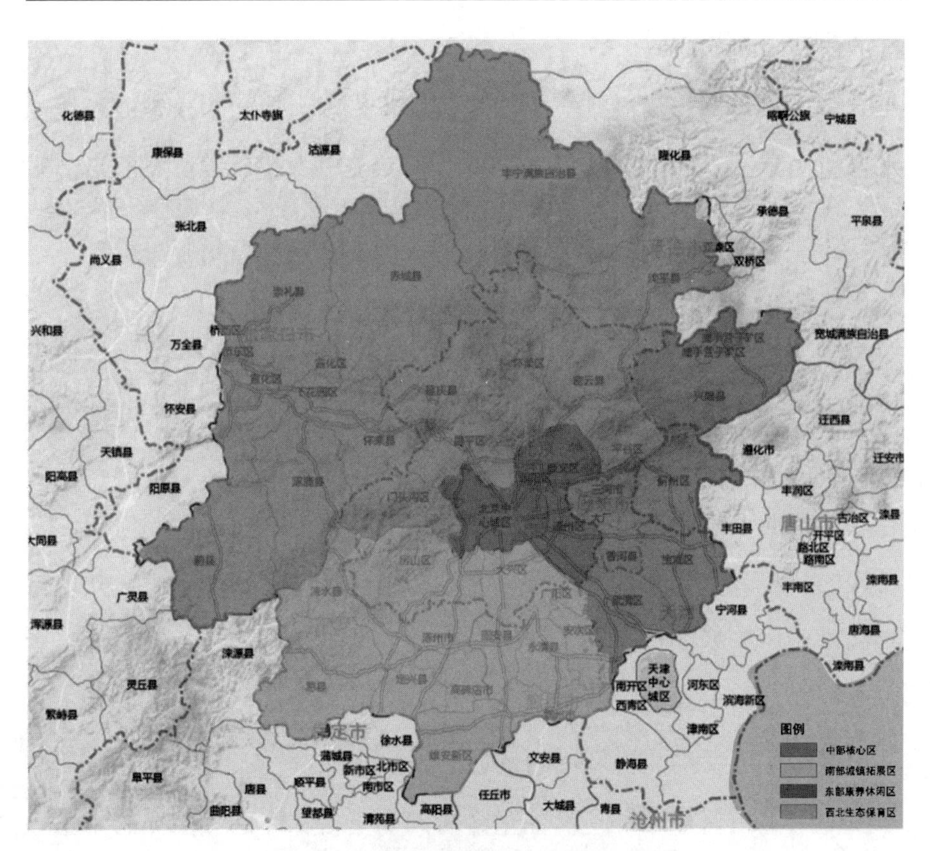

图 8-36 生活圈生态空间保护利用区划图

资料来源：作者自绘

该区域的生态保护建设利用重点主要有以下几点：

（1）改善城市人居环境。提升市政基础设施和公共服务设施供给，进行深入的供需分析，找出公共服务不足的片区，进行重点补足。沿城市道路和河流水系见缝插绿，布置小型公共绿地和公共空间，提升城市步行适宜性。提升城市公园的设计水平，增强其服务能力和吸引力。

（2）治理生活“三废”。加强生活垃圾回收处理、污水处理设备的升级改造和排污管道的建设与监督管理以及清洁能源推广和汽车尾气的监督管理。

（3）恢复历史河湖水系。加强监管，治理大运河、永定河沿线的水环境质量。沿历史河流打造景观良好，历史文化氛围浓厚的沿河景观带，在景观基底好的地区建设亲水平台和公园。

（二）东部康养休闲区

位于区域东部，主要包括、平谷区、廊坊市“北三县”、承德市兴隆县、天津市蓟州区、宝坻区、武清区等地区。片区地形北部为山地，南部为平原，位于北京和天津两大城市的主城区之间，区域有平谷、蓟州两个半山区，又有潮白河、洵河、州河、蓟运河等河流和于桥水库、金海湖等水体，山水风光秀美，从区位和自然资源禀赋上看是两座城市天然的后花园。有着较丰富的生态休闲资源禀赋，并且主要以可开发利用程度高的III类、IV类为主。

区域生态保护建设利用的重点工作主要有：

（1）整治区域水环境。注重金海湖和于桥水库两大水体的生态环境保护，并沿护岸在保护环境的基础上营造景观，打造慢行体系，布置景观节点，建设康养中心。沿潮白河、洵河、州河、蓟运河建设带状湿地公园。

（2）提升山区景观品质。在保护山地生态环境的基础上，整治山村民居环境，疏解低端农家乐，大力发展高端山居民宿，建筑风貌上应以本地建筑风格为特色，对不协调的建筑进行提升改造，乡村旅游新建建筑应当传承弘扬本土建筑特征。景观节点营造应当注重野趣。山村景观营造重点突出地域生态环境优势，以山势水网田园等要素为主，着重体现生态、乡野风情。

（3）注重区域道路的景观效应。沿区域道路两侧布置各类景观小品、交通标志和多层次植被，提升道路的景观效果，特别是注重沿山间小路打造适宜步行的慢行体系。

（4）发展康养关联产业。在城镇化区域引入康养药业与食品、康养装备制造、康养智能制造等康养制造产业，以及相关的养老金融、医疗卫生、康复理疗等服务业，并通过引入教育和专业人才提升产业层次。在景观环境、生态品质较好的节点打造一系列高品质康养中心。在区域农业景观带打造以健康农产品、农业风光为基础的康养农业，如果树种植、农业观光、乡村休闲等。

（三）南部城镇拓展区

位于生活圈南部。主要包括房山区、大兴区、涞水县、廊坊市的县区、涿州市、高碑店市、定兴县、雄安新区等。区域地形以平原为主，在西部涞水县、房山区有部分山地。区域是未来非首都功能和人口疏解的主要方向。区域有拒马河—大清河、永定河下游、白洋淀等湿地水体。生态农业基础好，地域开阔、土壤肥沃、水源充足、环境优美。同时区域生态休闲资源禀赋相对缺乏，主要集中在西部山区，以可开发利用程度较高的 III 类、IV 类为主。

区域生态保护建设利用的重点为以下两个方面：

（1）优化城镇居住环境。完善城镇市政基础设施和公共服务设施供给，特别是污水收集处理、垃圾处理、市政保洁等。沿道路建设沿街绿地、小型公园和公共空间，提升城镇市容市貌，打造现代、整洁的城镇人居空间。

（2）提升农村人居品质。对农村的污水、垃圾等进行整治，并打造乡村公共空间，打造干净整洁的农村风光。建筑上突出本地田园特色。农村建筑以本土特色建筑为主，对破败的民居进行修缮改造，并打造富有吸引力的核心景点。

（3）重视景观廊道建设，沿主要交通廊道和河流布置小型公园绿地，注重景观营造，形成景色优美，适宜步行的河网绿廊，建设湿地公园。

（四）西北生态保育区

位于区域西部、北部，主要包括门头沟区、昌平区山区、顺义区山区、延庆区、怀柔区、密云区、张家口市城区、涿鹿县、蔚县、易县、崇礼县、宣化县、赤城县、怀来县和承德市滦平县、丰宁满族自治县等。区域以山地森林和山间谷地为主，兼有区域仅有的草原植被地带，生态休闲资源十分丰富片区内四类生态休闲资源均有，有些需要严格保护控制，有些则可适度开发利用。

区域生态环境保护建设的重点主要有以下四个方面：

（1）保育山地生态。严禁在各类保护区范围内的开发建设行为。植树造林，涵养水源，提升山地森林覆盖。整治低水平农家乐，注重景区垃圾处理，减轻旅游开发对山地环境的负面影响。

（2）注重库区生态涵养与景观营造。在库区周边植树造林，涵养水源，严格查处生产生活垃圾和污水污染。建设环水库自行车道和慢行系统，在景观条件良好的地区打造一系列亲水景观节点。库区周边建筑风格应以本土建筑特征为主，注重对村镇道路、水系、广场、公共空间的景观设计。

（3）发展全域特色活力旅游。在保护生态环境的基础上，积极在山区引入漂流、垂钓、登山、划船等户外运动和素质拓展、定向越野等野外探险活动，打造各有特色的活力旅游集群。改善山村和镇的人居环境，建设游客中心和高端民宿，发挥其旅游集散的功能。注重山间廊道的景观打造，布置林间小道、亭台等构筑物和小型绿地，提升山地步行适宜性。

（4）打造运动健康产业链条。以2022年冬奥会运动场馆建设为契机，加强山地户外运动场地设施的科学规划与布局，打造步道系统、自行车路网和一批户外营地、登山道、徒步道、骑行道等场地和相关服务设施。完善赛事体系，培育特色体育活动。支持山地户外服务业、户外运动装备制造、研发、设计、户外运动教育等产业。健全安全救援体系。

二、生态休闲空间结构规划

根据区域生态要素分布和休闲资源格局，区域生态休闲空间格局结构可以概括为"一屏三环四带九楔"。其中，"一屏"为西北山地绿色屏障，"三环"为城市公园环、郊野公园环和环首都森林湿地公园环，"四带"为长城山地文化景观带、清水河—西山—永定河景观带、大运河景观带和潮白河景观带，"九楔"为九条连接中心城区、新城及跨界城市组团的楔形生态空间。

（一）一屏：西北山地绿色屏障

西北山地绿色屏障是区域的生态宝库，集中了区域大部分的自然保护区、风景名胜区、森林公园和地质公园。是区域重要的生态屏障，对区域的水源涵养、水土保持、生物多样性保护、生态系统稳定性维持等重要生态服务功能有着重要意义。要加强对山区的生态保育和生态修复，提高森林覆盖率，提升生态系统服务功能。限制山地开发建设，采用绿色建筑和低影响开发，尽量减少开发建设活动对山地生态的影响。控制浅山区的开发建设强度，对其风貌进行统筹协调，对矿区开采的破坏山体进行修复。

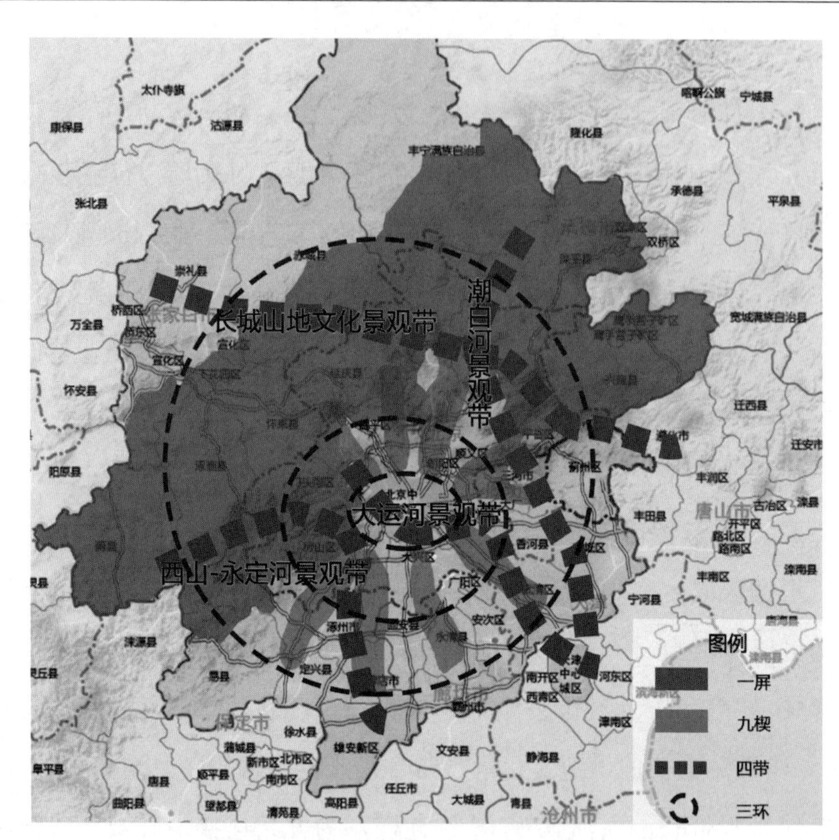

图 8-37 “一屏三环四带九楔”生态休闲空间结构图

资料来源：作者自绘

图 8-38 山地绿色屏障景观风貌示意图

资料来源：作者拍摄

（二）三环：城市公园环、郊野公园环及环首都森林湿地公园环

1. 城市公园环

主要由北京的城市公园和道路绿地构成，是市民日常休闲活动的主要承载者。应当加强公园的景观设计水平和各类休闲娱乐设施的建设，使其能够更好地为居民的散步、健身、棋牌、舞蹈、武术等休闲活动提供服务。同时推进沿街绿地的建设，提升其植被覆盖和可达性。

城市公园意向图

城市公园意向图

图 8–39　城市公园环景观意向图

资料来源：作者拍摄

2. 郊野公园环

主要由郊区的郊野公园和生态农业景观构成，是市民闲暇时光郊野踏青、农业休闲观光等活动的主要载体。应当提升郊野公园的景观

郊野公园风貌示图

生态农业风貌示意图

图 8–40　郊野公园环景观意向图

资料来源：作者拍摄

营造，突出乡野趣味。同时，对环带上的农业景观进行整治提升，突出其生态景观价值。

3. 环首都森林湿地公园环

主要由生活圈北京远郊和周边市县的森林公园、湿地公园、风景名胜区、自然保护区等构成，是居民周末和节假日远足出行，进行康养、探险等活动的主要承载地。应当继续坚持对各单位保护范围内生态环境的严格保护，加强区域合作，打破行政壁垒，从宏观的角度统筹协调各景点，加强交通联系与精品旅游路线的规划设计，使环首都的各公园形成完整的环状体。

森林公园风貌示意图

湿地公园风貌示意图

图 8-41　环首都森林环景观意向图

资料来源：作者拍摄

（三）四带：长城山地景观环、西山—永定河景观带、大运河景观带

1. 长城山地景观带

长城山地景观带大致呈东西向，从张家口崇礼—宣化—怀来—赤城到北京北部延庆—怀柔—平谷再到天津市蓟州区。景观带主要依托巍峨的燕山山脉、山中延绵的万里长城以及沿长城的众多古镇。景观带应当注重对山区生态环境的保育和对长城的维护修缮。对长城保护

范围及建设控制地带内的城乡建设开发实施严格监管。对沿边的古镇加强历史文化建筑、民居和风貌的保护，打造延绵连续的长城自然与文化交融的景观意向。

2. 西山—永定河景观带

主要包括蔚县—涿鹿县—涞水县—门头沟区—永定河一线。景观带从太行山延伸到北京西山，清水河从百花山发源到汇入永定河，再沿北京西侧流出，有着良好的山水复合基底。同时，这一景观带上有着丰富的历史文化要素，从紫荆关—蔚县古城—房山、门头沟古村落—八大处—三山五园再到永定河下游。应加强对山水基底的保护，恢复永定河的生态功能，整理西部山区历史故道和古城古村，形成北京城市文化发源地的山水人文景观。

3. 大运河景观带

主要包括元代白浮泉引水沿线、通惠河、北运河一带，行政上主要包括北京海淀区、朝阳区、通州区、廊坊市香河县、天津市武清区等。是大运河遗产的重要组成部分，沿线有丰富的历史文化遗迹和大运河文化底蕴。应当优化河流沿线与城市公园绿地、郊野公园的景观，并结合运河文化，打造河流绿地与历史文化交相辉映的景观。

4. 潮白河景观带

主要包括潮河、白河、密云水库、潮白河、潮白新河一线。行政上主要包括河北丰宁、北京延庆、怀柔、密云、顺义、通州、河北三河、香河、天津宝坻等，是北京重要的饮用水源和东部郊野景观的重要组成部分。应当注重河流沿线的生态环境治理和与郊野公园、农业景观的交融。

（四）九楔：从城市公园环延申到中心城区周边山水的楔形绿地

即九条从城市公园环开始，延伸到郊野公园环，再向外扩散延伸到更广区域，连接中心城区与周边山地、水体的楔形绿地。楔形绿地尖端指向中心城区，尾部则延伸到区域边缘的生态基底，形成连接市中心与郊区的廊道，能够促进城市内外空气的交换和流通，缓解热岛效应，也能够隔开各个城市组团，引导城市结构沿交通网络发展。同时还能加强城市内部和外围的自然联系，改善整体生态环境。楔形绿地内部严格限制高大建筑的开发建设。在植物选择上强调生物多样性，进行乔灌草结合的复层种植和针阔混交的植物配置，提升楔形绿地的生态功能。

第五节　首都一小时美好生活圈生态休闲空间的建设重点

一、保护生态基底，保障生活圈的生态安全

（一）重视生态保护红线的地位

确立生态保护红线在空间规划管制中的基础性地位，明确生态保护红线优先，划定并严守生态保护红线，不改变生态保护红线的保护性质，不降低生态保护红线的生态功能，不减少生态保护红线的空间面积。

（二）健全生态保护制度

明确属地管理责任，落实地方党委和政府责任、各有关部门职责。环境保护部门实施统一监督管理机制，推动制定和实施跨部门生态保护政策措施，协调相关部门加大生态保护投入。加快建立上下联动、沟通顺畅的各级环保部门联系机制。推动建立和完善

空间开发与保护制度，以及生态环境损害评估和赔偿、生态保护补偿等制度。加强执法监督，及时发现和制止破坏生态的违法违规行为。

（三）重视生态保护监管

建设综合监控网络和监管平台。积极推进建设和完善生态保护红线综合监测网络体系。布设相对固定的生态保护红线监控点位，及时获取生态保护红线监测数据。实时监控人类干扰活动，及时发现破坏生态保护红线的行为，对监控发现的问题，通报当地政府，由有关部门依据各自职能组织开展现场核查，依法依规进行处理。定期开展生态状况评估。加强年度重点区域生态环境质量状况评价。推动建立统一的监测预警评估信息发布机制。

二、实施绿道工程，实现景观要素的整合提升

（一）建设绿道系统

1. 绿道网总体布局

以重要生态休闲节点为核心，以河流、铁路、高速公路、城市道路、山间小道等两侧绿地为骨架，以区域生态环境建设、生态整治和景观风貌特色打造的成果为基础，建设多功能、多层次的绿道系统。通过植被、亭廊、地标等休憩构筑物、休憩驿站、道路标识牌等的建设，构建区域道路型生态绿廊，增强区域交通便捷性、舒适性及可识别性。改善现有道路的路面情况，通过栽植景观效果良好的行道树、建设凉亭休憩设施，营造宜人的步行环境，打造全域乡村慢行系。

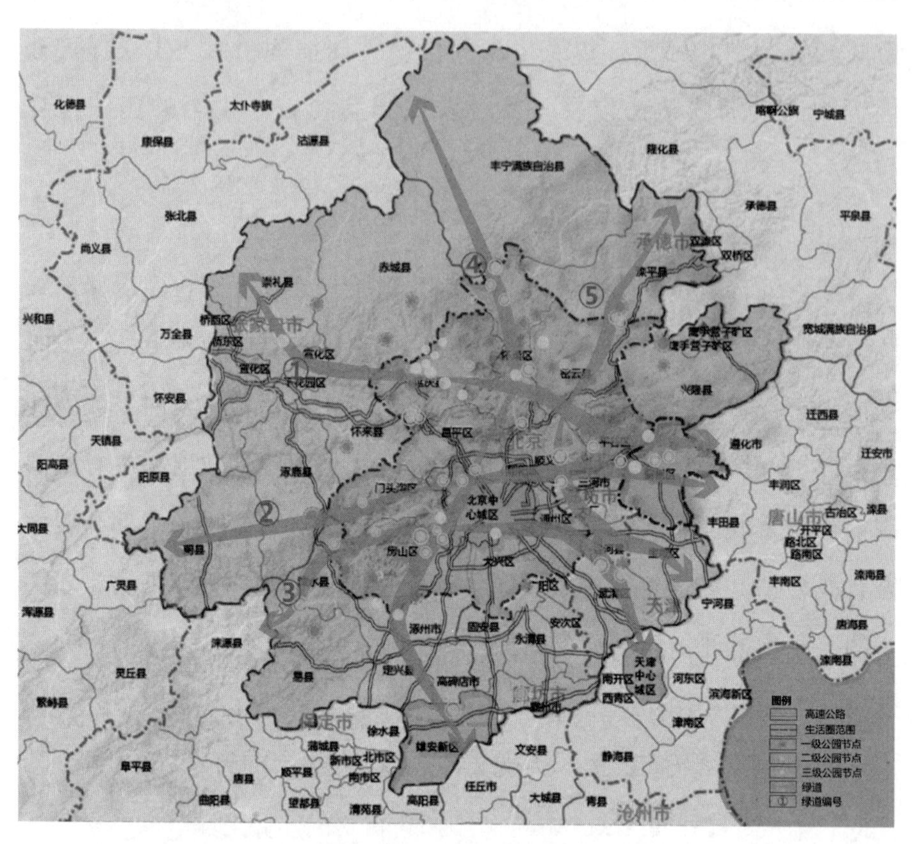

图 8-42 绿道空间格局图

资料来源：作者自绘

1 号绿道。1 号绿道位于区域北部，大体呈东西向，西起张家口市城区，东至天津市蓟州区北部九龙山国家森林公园，途经赤城县、怀来县、延庆区、怀柔区、平谷区、密云区。沿途地形以山间谷底、浅山地带为主，主要特色为山地风貌、边塞风光。绿道经过的主要生态节点有官厅水库、玉渡山、蟒山、莲花山、金海湖、盘山、九龙山等，历史文化节点主要有宣化古城、八达岭长城、居庸关长城、十三陵水库、红螺寺、黄崖关长城等。绿道建设应结合山地森林保育、浅山带生态修复等工程，合理配置植物，推进山区生态建设。沿线每 20

公里左右设置一个区域级服务区，并配置游客中心、医疗点、信息咨询亭、消防点、机动车停车场、自行车停车场等。建设山地自行车道，并每隔一定距离设置凉亭等休息点。

2 号绿道。2 号绿道位于区域中部，整体沿东西走向，西起蔚县凤凰山，东至蓟州区于桥水库，途经涿鹿县、门头沟区、海淀区、朝阳区、顺义区、三河市。绿道西部为山区，是京西古道，进入平原区为“三山五园”、北京奥林匹克森林公园，沿 G102 向东至蓟州。沿途生态节点包括凤凰山、小五台山、妙峰山、百花山、京西十八潭、阳台山、于桥水库等，历史文化遗迹包括飞狐峪、爨底下村、灵水村、琉璃渠村、八大处、颐和园、圆明园、北京奥林匹克森林公园等。绿道距离大城市较近，承载了较多的短途休闲功能，以都市型绿道和郊野型绿道为主，应加强沿线城市绿地、郊野公园的建设，并沿交通干道布置绿化。以三山五园地区为核心，绿道建设应当重视景观要素的协调，通过景观小品、亭台廊道，加强绿道历史文化氛围的营造。

3 号绿道。3 号绿道位于区域南部，西部大体为东西向，西起涞水县野三坡景区，沿大石河谷地进入平原至卢沟桥，通过城市绿地连接至通惠河，向东至通州区后沿大运河向东南向至天津市城区，途经房山区、石景山区、丰台区、朝阳区、通州区、香河县、武清区。绿道西部为房山山区，有着丰富的自然和历史资源，包括野三坡、百花山、十渡、石花洞、云居寺、潭柘寺、戒台寺、千灵山、北宫国家森林公园、水峪村等，应当注重自然风光与历史文化的有机结合，建设慢行廊道，打造精品京西旅游路线。中段为城市绿地，应加强对京南棚户区的腾退改造，疏解非首都功能，并优先将腾退用地用作绿化用地，见缝插绿。东段沿通惠河—大运河，应当注重绿地的亲水性，改造硬质堤岸，通过布置节点公园、亲水平台等，增强行人与水体的互动，同时注重沿运河历史风貌的打造，布置文化创意产业和特色旅游景点，恢复运河风光。

4 号绿道。4 号绿道位于区域中部，大体南北走向。北起丰宁海留图国家湿地公园，南至雄安新区白洋淀。途经怀柔区、顺义区、昌平区、海淀区、石景山区、丰台区、房山区、涿州市、高碑店市。绿道北部为军都山山区，有着丰富的生态休闲资源，包括海留图国家湿地公园、千松坝国家森林公园、云雾山、云蒙山、青龙峡、红螺寺、怀柔水库等，应当重视对山区生态环境的保护，在绿道建设时尽量减少对环境的影响，同时打造山地自行车赛道，沿线布置景观和休憩点。中段为城市公园密集区，包括“三山五园”、园博园、卢沟桥等历史文化节点，应当提升城市公园绿地营造水平，契合片区历史文化景观，布置景观小品。南段沿永定河至白洋淀，应注重对水体的保护治理，选用合适的物种，通过合理的规划设计，对湿地进行生态修复。

5 号绿道。5 号绿道位于区域东部，大致沿南北走向，北起滦平县白草洼国家森林公园，南至天津市区，经过密云区、顺义区、三河市、香河县、宝坻区、武清区。绿道基本沿潮白河一线，主要生态节点有白草洼、雾灵山、密云水库、潮白河国家湿地公园等，历史文化节点则包括古北口、金山岭长城等。绿道主要为郊野型绿道，有许多郊野活动的集中片区，如顺义奥林匹克水上公园、包括北京高尔夫俱乐部在内的许多高尔夫球场等。绿道建设应当进一步强化其郊野游憩的功能，提升现有郊野休闲场所的建设品质，同时积极植入新的郊野活动功能。

2. 绿道建设模式

根据绿道所处区域和功能不同，可以将其划分为生态型绿道、郊野型绿道和都市型绿道。

生态型绿道。位于距离城镇较远的自然生态区域，主要从生态、景观、交通等多个功能上起连接环首都各重要生态节点（包括森林公园、湿地公园、水库、风景名胜区、自然保护区等）的作用。生态型绿道是区域野生动物的主要栖息地和迁徙廊道，也是维护区域生态安全格局、打造区域特色景观的重要组成部分。

郊野型绿道。位于城乡建成区与生态地区的过渡地带，主要连接了郊野公园、郊区旅游度假景点等，使居民既可以享受城镇便利服务，又可以体验乡野美景的空间，也是提升城镇周边景观质量、重塑田园风光、改善城乡发展环境的重要组成部分。

都市型绿道。都市型绿道主要位于各城镇的建成区内，为餐饮购物、休闲娱乐、康体健身等提供场所，是城镇居民在城市中的日常休闲活动场所，有助于提高居民生活质量，促进城市发展，增强城市活力和吸引力。

都市型绿道建设意向图

生态型绿道建设意向图

图 8–43　绿道建设示意图

资料来源：作者拍摄

专栏 8-1	绿道建设模式

生态型绿道：主要承载生态考察、观鸟等科普教育，露营、消暑、观景等休闲养生活动，漂流、垂钓、登山、划船等户外运动和素质拓展、定向越野等野外探险活动。生态型绿道在建设时应重点突出生态保护，加强对原生环境的恢复和保育，除了基本的绿道配套设施外，严格限制各类开发建设活动。

郊野型绿道：主要承载农业体验活动、乡野赛事活动、节庆民俗活动和短距离家庭出游活动等功能。郊野型绿道在建设时应突出野趣，可以进行低强度的开发建设，但对建筑风貌和周边景观应当注重风貌协调，避免与城市同质化建设。

都市型绿道：都市型绿道主要承载餐饮购物活动，棋牌、散步、游览等休闲娱乐活动和舞蹈、武术、球类等康体健身活动。都市型绿道在建设时以人工绿化为主，要注重绿道的步行适宜性、设施完善性和交通便利性。

（二）布局河网密布的蓝网系统

以主要河流河道为骨架，支流与溪川为毛细血管，周边湿地、水库为载体，通过修建游步道、休憩栈道、休闲平台、景观亭廊等构筑物和植被景观营造，打造生态型滨水休闲空间。恢复历史水系，沿永定河、大运河等历史文化景观丰富的水体沿线建设富有历史气息的景观节点和特色产业。在生态上保护和完善蓝色和绿色基底，加强水体周边排放监管。推进周边村落污水处理管网、生活垃圾分类回收处理、厕所的建设，对附近的工业企业实行严格的排污监管。在沿岸村落发展生态有机农业和鱼塘，将生态观光、休闲农业、农产品加工融为一体，打造完整的产业链条。同时沿路、沿水渠建设景观带。保持原河道的自然形态，采用生物护堤措施。丰富乡土物种，包括增加水生和湿生植物，形成一个乡土植被的绿色基地。沿河两岸建设自行车道和步行道，并与城市道路系统相联系，成为城市居民安全可达性兼优的场所。

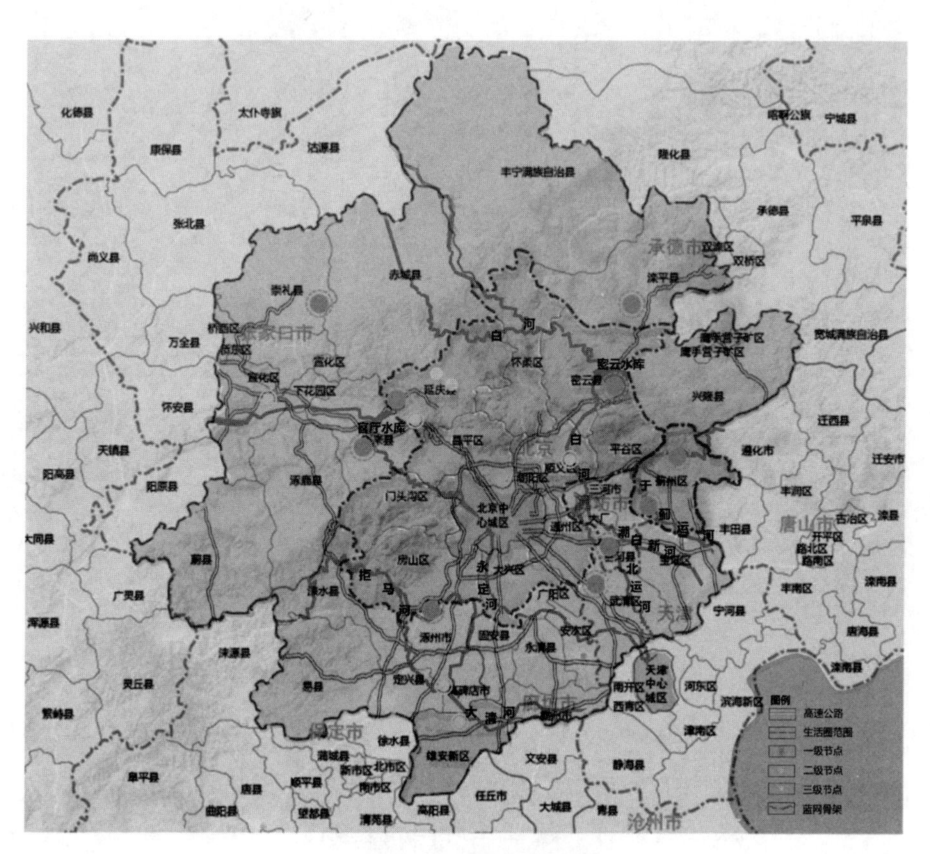

图 8-44　生活圈蓝网布局图

资料来源：作者自绘

（三）构建通风廊道系统

以科学的规划布局为指引，在北京中心建成区建设完善的通风廊道系统，提升区域整体空气流通型，降低城市热岛效应，促进大气污染物流通。对划入通风廊道的区域严格控制其建设规模，对规划通风廊道中阻碍空气流动的关键节点实施逐步拆除并重建为绿地，使得通风廊道整体保持连通性。

图 8-45 北京城市通风廊道示意图

资料来源：作者自绘

三、推进品牌塑造工作，提升景观美誉度

（一）分级分类评价，建立品牌塑造基础

将首都的城郊山地、河流水系、绿地公园及乡土景观进行分级分类评价，即基于其景观的旅游开发潜力、生态环境脆弱程度、区位条件等进行综合评价，形成品牌下的一个个分级空间载体，为“首都居民休闲高地”“首都居民日常娱乐廊道”“首都居民日常休闲锻炼场所”“首都居民休闲新乐土”等品牌的塑造奠定基础。

（二）策划实景演出，塑造旅游演艺新高地

将首都的城郊山地、河流水系、绿地公园及乡土景观进行场所精神挖掘，结合空间场所相关历史典故、传说、礼仪、演出等内容进行艺术创作，形成具有极大艺术感染力的旅游演艺展示，在实景演出中传承古都文化，增加首都生活圈中生态休闲空间的吸引力，使居民在休闲生活中体会古都传统文化的魅力，增强首都居民的幸福感、满足感和自豪感。

四、推进风貌整治工程，实现城乡风貌的综合提升

（一）里外风貌兼修，彰显古都风貌

1. 优化中轴线景观，展现“继往开来”的古都风貌

将中轴线景观进行内外结合的考虑，将城市中轴线分成重要中轴节点、中轴沿线街道、重点地区、缓冲区四个层次进行管控优化。其中重要中轴节点注重建筑本体及其控制的公共空间的风貌与环境，中轴线街道注重街面的文化要素的彰显，重点地区注意不同街区特色的微差，形成丰富而和谐的环境风貌，缓冲区注意建筑体量与立面与管控内外区域的协调性。

2. 整治胡同环境，呈现“有里有面”的古都风貌

将整治环境工程从主要商业街区深入到背街小巷，利用街长制度进行环境督察，实现自上而下管控和自下而上监督相结合的整治体系。具体从文化环境、街区功能、交通管制、卫生环境等方面进行，即鼓励居民利用街区传统文化进行公共空间的自营建、用正规商家取缔非正规散商、规范化停车位置、保障街头巷尾无垃圾等。

专栏 8-2	风貌整治重点工程
中轴线景观整治工程。地安门、前门大街、天桥南大街、永定门内大街、永定门外大街等景观风貌整治。 **胡同环境整治工程**。首都核心区的 2435 条背街小巷。其中，需巩固加强的 761 条、需整治提升的 1674 条。	

（二）培育特色小镇，打造城乡融合风貌

1. 优化生态环境，坚持以人为本

将生态环境与乡村景观相结合，以田园景观为基底，坚持不砍树、不占田、不拆屋和就地城镇化。大力完善农村基础设施和公共服务设施，注重其实用性和覆盖性，以公共服务的延伸改善群众生活质量。

2. 制定个性化发展规划

依据每个镇的资源禀赋，所在产业分区和周边生态景观基底的布局，分别规划主体产业和特色景观，做到一镇一业，一镇一貌，避免同质化发展和无序低质量竞争，形成协调互补的特色小镇布局。

3. 培育地方特色产业

依托当地特色资源禀赋和文化，培育地方特色产业功能，探索引导特色文化活动、特色品牌企业落户小城镇。

（三）整治农村环境，建设美丽乡村

1. 改善农村人居环境

积极展开农村垃圾处理、污水处理等设施建设，并改善农村厕所环境，改善农村环境质量。提升农村建筑和景观的质量，对破败的民居进行修缮，对不符合景观协调要求的建筑进行改造，为游客提供优美的乡村环境。

2. 打造特色田园风光

突出乡村景观与城市景观的异质性，不要一味照搬城市建设的特点，公共空间打造要重点突出野趣。注重乡村生活与景色氛围的塑造。加入乡村生活的情趣，走向全景式的“乡村旅游”道路。

3. 提升建设村庄民宿

立足于村庄乡土建筑特色，利用当地传统的建筑材料和营建手法，将村庄民宿建设或改造为具有当地文化特征的景观线。针对新建民宿，推动当地手工艺人和建设工人与规划建筑师共同营建，充分挖掘当地传统文化潜力；针对现存的缺乏当地特色的民宿，出台政策积极引导村民自主改建或增加具有当地文化符号的纹饰。

第九章　我国首都一小时美好生活圈交通基础设施建设与管理创新研究

高效便捷的交通运输网络是首都一小时美好生活圈建设的重要支撑。当前，生活圈区域交通发展存在综合运输网络欠完善、运输结构矛盾突出等问题。随着京津冀协同发展相关规划文件的出台，京津冀交通一体化发展的目标、框架日渐明朗，《京津冀协同发展规划纲要》明确提出要构建以轨道交通为骨干的多节点、网格状、全覆盖的交通网络，提升交通智能化管理水平、区域一体化运输服务水平，发展安全绿色可持续交通。首都一小时美好生活圈建设应进一步完善“一小时”生活服务交通支撑网络，提升以轨道交通为骨架的公共交通系统在居民出行中的分担率，进一步完善区域交通网络布局，协调不同运输方式之间的衔接，发展智慧交通，促进就业地与居住地之间、中心与外围之间、各城市之间交通联系便捷化，全面打造高效、绿色、一体化及以人为本的交通运输服务。

第一节　首都一小时美好生活圈建设对交通基础设施的要求

交通基础设施对首都一小时美好生活圈的建设起着重要的支撑作

用。打造新型首都圈和塑造大国首都宜居形象要求建立均等化的交通运输体系网络，全方位覆盖生活功能资源，并提供高效高质量的服务。

一、布局便捷化

积极统筹生活圈内综合交通，推动区域交通运输快捷化发展，是促进生活圈格局形成的重要基础。“十三五”期间，首都圈道路建设取得了长足的发展，但交通需求的增长速度大大超过了道路建设的增长，“通而不畅”现象仍然显著存在，衔接协调、便捷高效仍是交通发展的重要目标。北京及周边地区应充分发挥各种运输方式的比较优势和组合效率，提升网络效应和规模效益，加强城乡交通运输一体化发展，增强公共交通服务能力，积极引导新生产消费流通方式和新业态新模式发展，扩大交通多样化有效供给，全面提升服务质量效率，实现人畅其行、货畅其流。

二、供需协同化

城市功能和交通网络的高度协同，是交通运输供给和居民出行需求合理匹配的必要前提。交通路网配置在数量上表现为路网中各等级道路在长度和面积上的比例关系，实质是道路等级结构和城市功能结构搭配呈现出的综合效果。人们日益增长的交通出行需求，日渐具有时间和空间不均匀性、需求目的差异性、实现需求方式的可变性等特征，复杂的交通需求对交通网络设施提出了新的要求。不同模式的路网配置应当承担各自的功能特点，在所服务交通量的出行距离、出行方式和行车速度方面分担适当比例，与城市功能区的规划设计相符合。

三、网络均等化

交通网络均等化，是保障人们平等参与社会公共活动、享有生活功能资源的基础。交通基础设施的均等化是指全体公民都能公平可及地获得大致均等的交通运输服务，其核心是促进机会均等，重点是保障人民群众得到基本公共服务的机会，而不是简单的平均化。对基本公共交通服务而言，标准化是手段，只有设置一定的标准，均等化的实现才有可能。应当通过明确交通网络的设施建设、管理服务、评估考核的标准，确保享有基础网络设施的机会均等和结果公平，确保生活功能资源的全方位覆盖。

四、服务高效化

高效能的交通服务驱动是提升生活圈公共服务质量的关键环节。在稳步建设“一小时美好生活圈”建设的同时，应加快提升北京及周边地区的交通服务水平，提高区域交通的服务效能，增强对周边地区发展的带动能力，促进生活圈向高效服务型转变。结合京津冀地区协同发展，需要整合既有交通资源，完善交通服务功能，提高城乡交通体系能级和服务效率，进一步提升以轨道交通为主体的公共交通服务能力。同时，需要以民生需求为导向，改善市民交通出行环境，着力缓解道路交通拥堵，加快绿色低碳运输系统发展，打造高品质、高效能的综合交通服务，带动生活圈范围内居民生活服务品质的快速提升。

五、管理现代化

应用现代信息技术，以智能化带动交通运输管理现代化，是区域交通体系发展的有效保障。科学化的政府决策，精准化的社会治理，均以现代化的政府管理作为重要前提。借助京津冀协同发展契机，以交通信息化带动交通管理水平现代化，建设区域综合交通运行体系，实现道路、公交等各类交通运输系统协调运行。通过深化体制机制改革，完善市场监管体系，提高区域交通运输的综合管理能力。牢固树立安全第一的管理理念，全面提高交通运输的安全性和可靠性。同时，将生态保护贯穿到交通发展各环节，建立绿色发展长效机制，建设美丽交通走廊，构建绿色低碳的区域交通发展体系。

第二节　首都一小时美好生活圈交通运输的发展现状

"十三五"期间，北京及周边地区交通设施供给持续提升，交通运输能力显著增长，服务管理水平不断提高，交通环境质量明显改善。但与此同时，由于交通需求总量的急剧增长，以及需求构成的多样性和复杂性，首都一小时美好生活圈交通发展与生活圈品质交通的要求仍有差距。

一、主干设施趋于完善，但区域交通网络不完整

（一）网络不均衡

在交通网络的空间格局上，北京市呈现出交通运输功能过度集聚的特征。由于长期以来形成的以首都为中心的国家枢纽体系和交通格局，使区域铁路、公路、航空设施与组织功能网络在北京大量集中。铁路、公路等均呈现出围绕北京中心城区形成的单中心、放射状、高密度、非均衡交通体系特点。北京市六环内路网密度高达9.97（km/km^2）。图9–1显示了生活圈范围内高速路网与人口活动强度（手机信令人口数）的空间分布状况，可以看出，贯通市区的城市南

北向主干道不足，同时也暴露出主干道系统空间布局不均衡的问题。这种不均衡的结构一方面导致了不相关的客货物流经过北京，增加了北京过境交通的压力；另一方面，河北、天津的交通枢纽能力没有得到有效的发挥，进而影响了区域交通运输的协同发展。

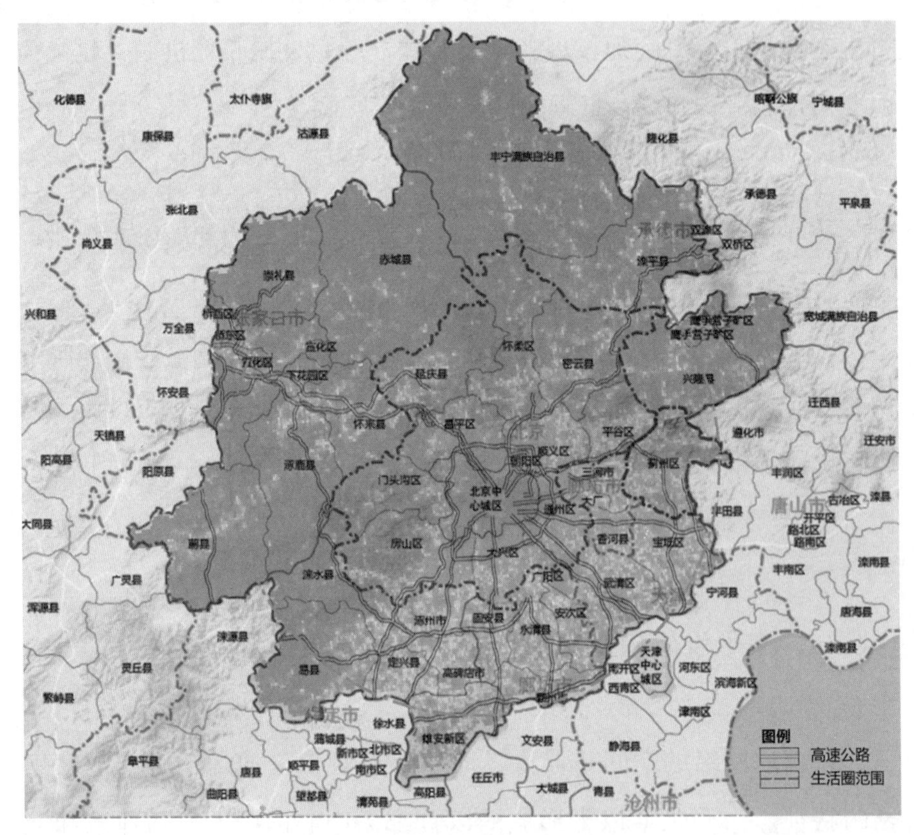

图 9–1　道路网络与人口活动分布

（资料来源：手机信令数据，经作者整理绘制）

（二）轨道交通功能层次不完善

在交通运输的功能层次上，区域快速轨道发展滞后，缺乏立体化的综合轨道交通体系，市郊轨道和城际轨道发展滞后。目前，北京与周边地区基本没有真正意义上的市郊铁路，仅北京和天津之间建有城际铁路 126 公里，而由于市内接驳交通和站内候车时间占比过高，并未实现“1 小时”通勤。在其他城际客运需求集中的运输通道大多为干线铁路，无法满足城际客运需求。同时，首都一小时美好生活圈范围内居民的出行结构中，轨道交通占比不高，2016 年北京市六环内的轨道交通通勤出行占比仅为 27%。

表 9–1　城际轨道交通现状

城际轨道	始末点	现状
京津城际	北京—天津	开通
京滨城际	北京—滨海新区（天津）	在建
京石城际	北京—石家庄	在建
京雄城际	北京—雄安	在建
京唐城际	北京—唐山	在建

（数据来源：京津冀地区城际铁路网规划，经作者整理绘制）

专栏 9–1　　伦敦、东京、巴黎市郊铁路概况

伦敦市郊铁路共有 16 条，总长 3071 千米，将大伦敦 1—9 区的中心城区和近郊、远郊区连接起来。其中，中心城区长 788 千米，车站数量高达 321 座，平均站间距为 2.5 千米；近郊区（以伦敦为中心，以 50 千米为半径的区域）长 923 千米，车站 254 座，平均站间距约为 3.5 千米；远郊区（以 100 千米为半径的区域）长 1360 千米，车站数相对较少，仅有 173 座，平均站间距约为 7.5 千米。中心城区市郊铁路站点多、密度大，距离中心城越远的交通圈，站点布置越少，站间距越大。中心城区高密度的站点布置以及外围区低密度、大站间距的网络结构特点，适应大都市不同交通圈的不同交通特征和市民出行多样化的需求。

东京都市圈范围内，有原国铁3127.4千米，其中，东日本旅客铁道公司（简称JR东日本）新干线470.5千米、普速客运既有线2536.2千米，东海旅客铁道公司新干线120.7千米；私营铁路共计1939.7千米，其中，大型、准大型民营铁道公司9家，线路共1241.9千米，中小型民营铁路公司26家，线路共697.8千米；地铁公司3家，线路共354.5千米；其他类型轨道交通，包括骑跨式单轨、悬挂式单轨、导轨胶轮、有轨电车等，共117.7千米。各类型轨道交通里程共计5539.3千米。

巴黎全区快速铁路网（Réseau Express Régional），简称RER，是覆盖了巴黎及周边地区（即所谓的大巴黎）的城际交通网络。网络总里程达到了587公里，其中有76.5公里地下铁路，RER由5条线路，257个站点组成，覆盖了巴黎市内的所有地区。

（三）二级三级路网衔接不够

交通路网方面，不同等级道路配置失衡、空间衔接程度低等问题较为突出。

北京市域范围内，2016年底全市公路总里程达到22025.6公里，其中，高速公路1012.9公里，一级公路1405.5公里，二级公路3419.7公里，三级公路4147.4公里，四级公路12040.1公里。2016年底公路密度达到134.22公里/平方公里。从总量上看，北京市的道路密度并不低，高于东部地区的118公里/平方公里，也高于中部地区的116公里/平方公里，对比同时期美国的道路网密度71公里/平方公里也具有较大的优势。但是北京市域内的人口密度过大，道路荷载高，且二级公路与三级公路的比重相当，并未很好形成承接作用，普通区县和乡镇之间的联系存在一定短板。

城区范围内，截至2016年底，北京市城区道路共计里程6373.5公里。其中，城市快速路390.3公里，城市主干道970.3公里，城市次干道635.9公里，支路及以下4377.1公里；道路总面积达10274.9万平方米。因为次干道、支路短缺，从而引起路网“微循环”系统薄弱；道路交叉口通行能力低，制约路网整体效能的正常发挥。同时，在北京市中心城区，存在较为明显的封闭独立“大院”分割城市路网的现象，严重损害了路网系统的整体性，造成交通组织困难。

二、交通结构趋于多样化，但区域公共交通可达性低

（一）交通出行模式单一，公共交通服务亟需提升

从城市范围看，生活圈区域大城市中心区的公共交通出行分担率普遍偏低，即使是公交分担率较高的北京也仅为50%，而小汽车分担率达到32%。2016年北京市六环内工作日日均通勤出行量为1779万人次（不含步行），其中，各种出行方式趋于多样化，轨道交通占交通出行总量的27%，公交车占出行总量的22%，与国外先进地区对比仍有较大的提升空间。对比国外城市，轨道量往往占公交运量的50%以上，有些甚至达70%以上。如巴黎1000万人口，年客运量12亿人次，轨道交通承担70%的公交运量。伦敦共有9条地铁线，总长500公里，日运300万人次，能满足40%的出行人员的需要。东京大都市圈现有280多公里地铁线，轨道交通系统每天运送旅客3000多万人次，承担全部客运量的86%。因城市体量庞大且功能复杂，城市居民的出行需求和目的地具有高度不确定性，北京公共交通供给明显不足，导致汽车交通在整个城市中的占比过大且可达性较低。

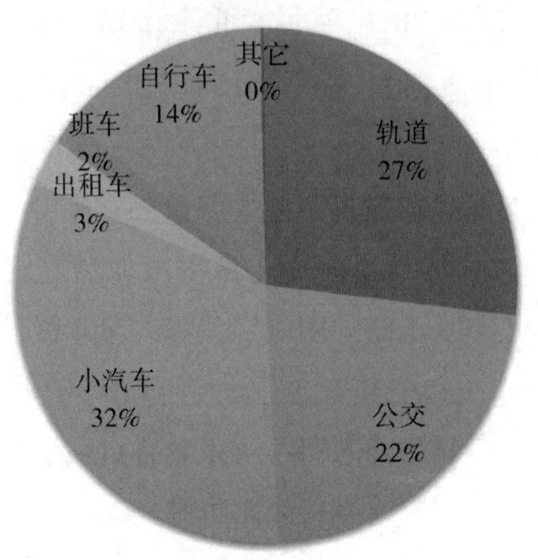

图 9-2 中心城区通勤交通出行方式结构占比

（资料来源：2017 北京市交通发展年度报告，经作者整理绘制）

（二）货运过于依赖公路，集约化铁路运输占比少

从交通结构上看，既有发展方式仍较为粗放。货物运输是物流的重要环节，市场化程度高。据统计，近年来北京市货运量稳中略降，由 2014 年的 2.9 亿吨回落到 2017 年的 2.4 亿吨，其中公路为主体，占比 81.1%，铁路仅占 2.9%。2016 年，公路营业类货运量为 19972 万吨，而铁路货物到发量仅为 2005.3 万吨（约 10:1），存在货物运输结构不佳，铁路运输占比低的问题。同时，轨道交通站点综合交通枢纽各类配套交通设施在建设进度、无缝衔接、高效接驳换乘等方面有待进一步提升。

三、交通枢纽趋于完善，但多模式联运水平较低

（一）交通枢纽的设施网络支撑不足

北京核心城区土地空间资源紧缺，仓储等基础物流、城市共同

配送、快递分拨中心及末端服务场所等受到空间资源、交通承载、能源环境的现实制约，导致交通集运枢纽与交通网络之间的联系不够紧密。同时，由于部分物流园区功能变更，需要转型升级以适应现代交通运输业发展的要求；物流通道能力需要进一步提升，以满足交通运输日益增长的设施需求。

表 9–2　京津冀各等级交通枢纽现状

枢纽等级	枢纽城市
国际性综合交通枢纽	北京
	天津
全国性综合交通枢纽	石家庄
	唐山
	秦皇岛
	邯郸

数据来源：《“十三五”现代综合交通运输体系规划》，经作者整理绘制。

（二）交通枢纽之间多模式联运不够

从运输效率来看，随着区域交通一体化进程的加快，城市对外交通不断加速，但北京周边一些城市新建的高铁车站与城际车站、城市既有普速车站之间缺乏便捷的交通联系，且与城市交通衔接不顺畅，导致换乘效率不高，直接影响旅客联程联运的效率。同时，“航空 + 高铁 + 地铁 + 公交”等多模式无缝连接仍存在通而不畅的问题。其中，“高铁 + 地铁”模式仅应用在北京、天津等中心城市，“地铁 + 公交”模式中公交接驳网络不足。此外，货运多式联运发展滞后、甩挂运输等先进运输组织模式推进困难等也极大地制约了一体化运输效率。城市综合交通枢纽是综合交通系统的重要组成部分，它是汇集多种交通方式实现转运和换乘功能的综合体。交通运输系统的各部分、各要素之间相互配合、相互补充与相互协作，是降低换乘、联运成本，协调综合交通枢纽的关键。据新华网报道，北京有 2.7% 的上班族选择跨城通勤，而在跨城长距离通勤的过程中，出站及市内路程耗时长占据了相当大的部分。例如，京津城际列车通行只需 30 分钟，但是换乘地铁、进出地铁站及高铁站的时间远大于乘坐高铁的时间。

表 9–3　周边城市距离北京市中心交通可达性

起点	终点	可达性	公共交通	小汽车
雄安新区筹备工作委员会	天安门	距离	150 千米	140 千米
		时间	280 分钟	120 分钟
天津市蓟州区人民政府	天安门	距离	130 千米	105 千米
		时间	240 分钟	100 分钟
张家口市崇礼区人民政府	天安门	距离	200 千米	240 千米
		时间	290 分钟	200 分钟

数据来源：高德地图

四、区域交通一体化显著，但深度协同管理不够

（一）区域统筹协调低效，缺乏常态化决策机制

交通一体化是京津冀协同发展的骨骼系统和先行领域，对于优化区域空间格局、有序疏解北京非首都功能具有重要的推动作用。京津冀协同发展国家战略提出后，“交通先行”被大力推崇，但各地对于交通一体化在区域协同发展进程中的作用，仍然缺乏统一的认识。生活圈区域事务的协商均采用“一事一议”的形式，尚未形成常态化、制度化、可持续的议事和决策机制，在跨行政区连接部分仍存在诸多的“断头路”“交通服务白区”等。

（二）交通一体化框架日渐明晰，配套政策保障措施相对滞后

随着《京津冀协同发展规划纲要》《京津冀协同发展交通一体化

规划》等战略、规划文件的出台，京津冀交通一体化发展的目标、框架已经逐渐明朗，但是相配套的政策保障措施（如土地、资金的落实政策等）相对滞后，导致项目推进过程中困难重重。同时，跨区域行政壁垒有待进一步打破，区域公共交通服务一体化有待进一步提升。

第三节　首都一小时生美好活圈交通基础设施与管理创新的目标

建设世界级优质生活圈的战略目标要求提升区域交通效率和品质。为支撑一小时生活休闲圈建设，满足首都圈休闲度假需求，交通供给需要构建便捷高效的生活服务交通支撑网络和互通互达的集疏运立体交通枢纽节点。为支撑一小时生活保障圈建设，建立稳定、便捷、高效的产供销系统和物流服务系统，提高环北京鲜活农产品的流通服务能力，交通供给需要打通区域与链网，构建“全天候”的区域物流运输体系。为支撑优质公共服务圈建设，搭建优质公共服务网络，推进区域性公共服务机制和基本设施均等化，交通供给需要提供品质服务，满足为城、镇、村提供全覆盖的出行需求。

（一）便捷高效：构建“1小时网络全覆盖、30分钟主要节点全覆盖”的生活服务交通支撑网络

突出“机会公平”原则，构建区域衔接网络完善、客货运能力强、运输体系高效的“首都一小时生活出行圈”支撑体系。

（1）构建以轨道交通和高速公路为骨干，以普通公路为基础，有效衔接大中小城市和小城镇的多层次快速交通运输网络。

（2）构建以城际铁路、高速公路为主体的快速客运和大能力货运网。

（3）构建便捷高效的陆空运输体系、完善便捷通畅的公路交通网。

（二）区链协调：构建“24 小时全天候”区域物流运输体系

突出“智慧高效”原则，构建物流基础设施规范、区域物流基础平台完善、物流供应链体系有机衔接、物流信息化程度高、物流配给调度高效的“全天候”物流运输体系。

（1）完善交通设施建设和相关交通配套政策。

（2）优化物流园区布局，疏解北京物流园区至周边县市。

（3）完善供应链体系和功能，提高北京与周边县市的运输衔接能力。

（4）提高物流智能化程度，加快北京周边县市，尤其是农村地区的电子商务发展进程。

（5）提高配给调度效率，提升物流公司管理调度能力，降低物流成本。

（三）互通互达：构建“0 等候”集疏运立体交通枢纽

突出“通达便利”原则，建设以铁路、公路客运站和机场等为主的综合客货运枢纽，积极推进干线铁路、城际铁路、市域（郊）铁路等引入机场，优化“1 小时”生活圈内交通枢纽布局，提升交通运输及接驳能力。

（1）增加铁路客运枢纽密度，京沈高铁增设怀柔站、密云站。

（2）优化公路客运站布局，使客货运量与公路客运站的建设等级相匹配。

（3）提升北京航空枢纽国际竞争力，加快北京新机场建设。

（四）品质服务：构建“100% 全覆盖”城镇村全民宜居宜业出行圈

突出“品质引领”原则，打造基础设施均等化、技术手段智慧化、交通系统高效化、规划实施人本化的全民宜居宜业生活圈。

（1）打通北京延伸到周边县市的重要通道，消除城镇“断头路”，水泥路村村通。

（2）以大数据、互联网、云计算等新技术为创新手段，加快提升交通信息化水平。

（3）着力提高交通系统效率和效益，着力解决群众关心的交通民生热点、难点问题，提供更丰富、更优质、更安全的交通服务。

（4）在交通规划、设计、建设、运营和管理等各个阶段全面落实绿色低碳和人文关怀理念，全面提升交通的生态环境品质。

第四节 首都一小时美好生活圈交通基础设施与管理创新的策略重点

围绕首都一小时美好生活圈建设，做强交通支撑体系，以高效、便捷、智能为目标，以人为本全面打造高效、绿色、一体化的交通运输服务。在交通设施的区域布局方面，促进交通设施与生活组团、城市、地区的互动，形成网络化、多层次的交通体系。综合交通体系构建方面，以包括航空交通、铁路交通、公路交通等方式在内的立体交通方式全方位覆盖区域关键资源。在区域公共交通系统方面，以公交优先为原则，建设“一环、一线、六射”的区域轨道交通网络，促进人流集散的便利化。在物流运输系统方面，通过“区场链”立体化环首都物流供应保障带的构建，保证首都生活圈生产物资的供应。在服务管理模式创新方面，通过交通市场、交通投融资运输服务管理的改革，促进服务管理的效率提升。在智能化运输技术建设方面，通过互联网平台与智慧交通技术的运用，推进交通运输的现代化。

一、交通网络和枢纽建设重点

（一）促进城网互动、网络协同，优化生活圈交通设施布局

1. 构建七大交通主通道

从生活圈范围内跨城交通出行的现状来看，形成了“一核心多极点”的格局——以北京市为核心，廊坊、保定、天津、唐山、张家口、承德为六大交通发生极点，京南生活组团与京东生活组团与北京核心区之间有着较大的交通需求。同时，从生活圈跨城交通总量来看，北京、廊坊、天津、保定、唐山是生活圈范围中迁入、迁出量最高的五个城市，以首都核心区的主要交通流来自于南北交通廊道上的京南生活组团和东西交通廊道上的京东生活组团。

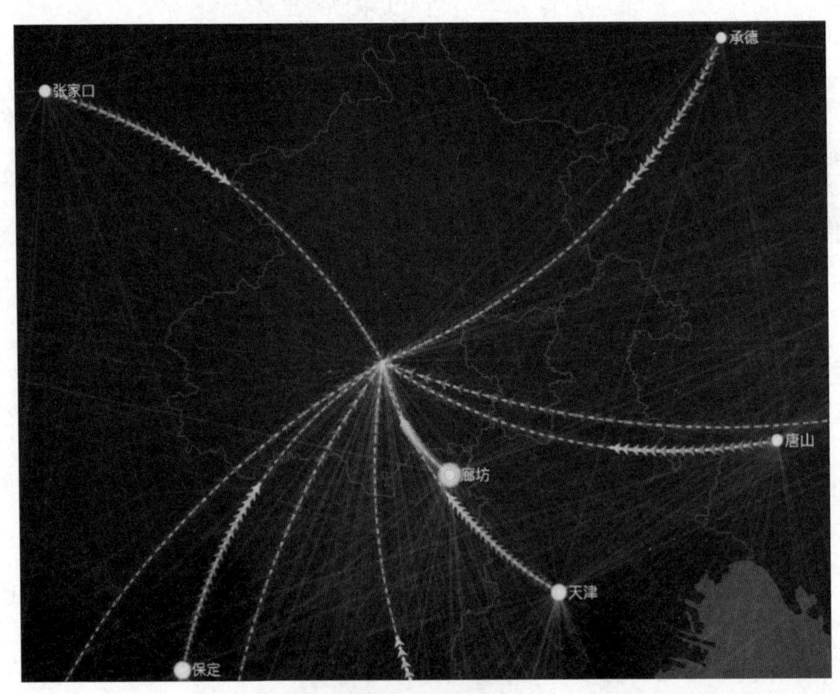

图 9-3 生活圈范围内跨城交通流（北京市）

资料来源：高德地图

表 9-4　生活圈跨城交通量

跨城指数	迁入量	迁出量	总量
北京	22	17	39
廊坊	14	14	28
天津	12	12	24
保定	8	10	18
唐山	5	5	10

数据来源：高德地图跨城指数[①]

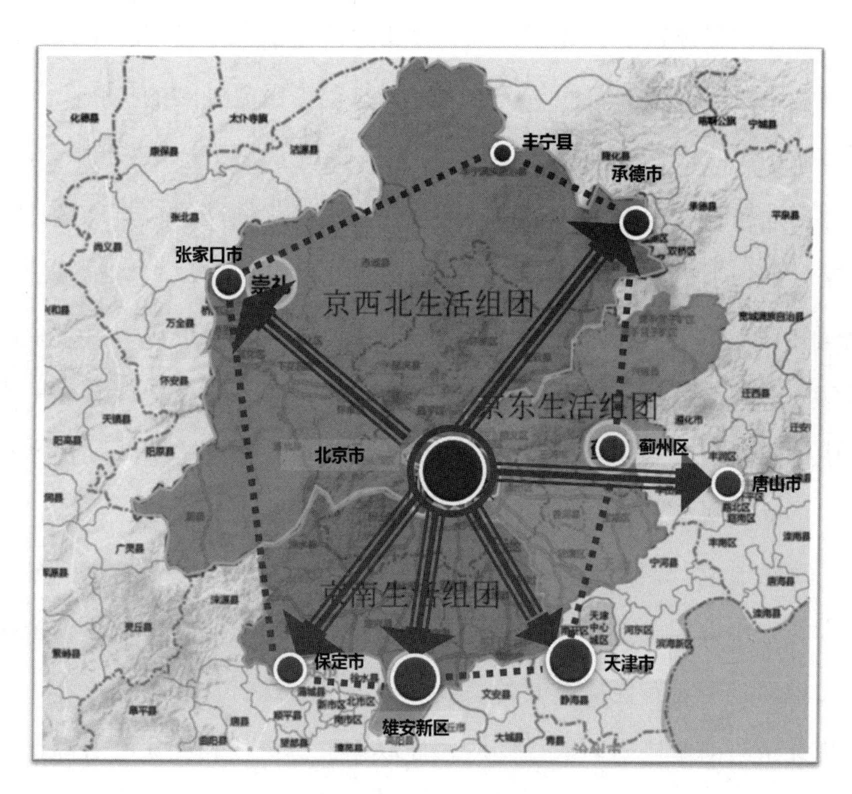

图 9-4　七大交通通道布局

资料来源：作者自绘

① 跨城指数：跨城指数越高，表示驾车跨城出行用户量占全国总驾车跨城出行用户量的比重越大。

在首都一小时美好生活圈中，北京、天津、唐山、廊坊、承德、张家口、保定、雄安新区均为重要的功能和交通节点城市，其产业、功能、人口、环境均能够对北京进行疏解和承接，因此应当重点疏通北京与周边城市的联系通道，在放射形的空间骨架下，强化北京与周边新城、卫星城的便捷联系，为京东、京南、京西北生活组团的建设提供关键性支撑。首都一小时美好生活圈具体应构建七大交通主通道。

京津双核通道。在北京市和天津市之间打造京津通道，可以疏通北京、廊坊、天津的空间与产业联系，推动市民通勤圈的扩张，形成区域一体化的核心支撑。依托现有京沪高速、京津塘高速、京津高速、京津高速东疆联络线等高速路网，强化京津城际铁路的轨道动脉，共同整合加强形成新动脉。天津具有良好的自然和人文风貌、雄厚的工业基础，廊坊市具有农业生产的历史底蕴、休闲观光资源丰富，京津方向的双核通道，有助于组织观光休闲、度假养生、文化旅游等一系列生活空间，并强化金融贸易、物流集散、科技制造等一系列生产空间，形成空间和功能上共兴的双核结构。

京雄通道。雄安新区当前保持良好的生态环境本底，白洋淀景区、京南花谷小镇等旅游业态成熟，未来也将会是承接非首都功能疏解的重要地区，需要有便捷高效的公共交通系统和综合交通枢纽支撑。为实现北京与河北雄安新区之间的快捷联系，应依托和优化既有高速公路通道（京开高速、京港澳高速），新增京雄高速、新机场高速，通过“1+4+1”模式（京雄城际、4 条高速公路、国道 230）建立区域便捷高效的交通廊道。

京唐通道。唐山工业基础雄厚，具有良好的产业氛围，秦皇岛是著名的休闲旅游目的地，京唐通道需要兼顾个性化公路交通的需求，也要重视物流集散的通达能力。北京市要对东北地区进行空间联系与通勤互动，需要首先疏通京唐方向的交通脉络，强化京哈高速 G1、京秦高速 G1N，形成联系唐山、秦皇岛之间的主要通道。

京保通道。保定是历史重镇，文化休闲资源丰富，依托华北平原的农耕条件，当前发展出了农业休闲、体育休闲等多类型的生活空间，可以丰富北京周边休闲旅游项目。此方向需要加强以公路和高铁为主导的通道建设，依托京港澳高速 G4、京昆高速 G5 联系保定、石家庄、邢台、邯郸等河北城市，形成北京联系华中、华南、西南广大地区的重要通道，为京津冀范围内的通勤和客货运联系发挥重大推动作用。

京张通道。张家口借助筹办冬奥会，加强与北京联系，促进体育产业与旅游产业、教育产业、创意产业互动发展，发展冰雪体育产业，延伸滑雪运动产业链，引导发展滑雪文化创意、专业训练、滑雪用具和设备制造等关联产业。打通京张通道，可以联系北京、张家口的高速公路以及京张高铁，打通北京向河北以及内蒙古的辐射轴线，疏通天津港的货运通道。

京承通道。承德有世界文化遗产和良好的自然环境，形成了京北第一草原景区兴隆山旅游景区、雾灵山养生谷项目、农夫山泉生产基地等旅游目的地，需要进一步完善公路网络加强与北京的交通对接，基于大广高速、京平高速以及成平高速等动脉，形成北京联系承德及蒙东和香河县东北地区的重要通道。

环京通道。以首都环线高速为依托，把张家口市、丰宁县、承德市、蓟州区、天津市中心城区、雄安新区、保定市等串联起来，完善一小时美好生活圈周边区域的高速公路网，改善区域交通条件。

表 9–5 七大交通通道规划

组团联系	功能联系	通道名称	交通结构	连接节点	骨干高速网络	现状
首都核心区生活组团——京南生活组团	休闲运动、优质农产品生产、农产品物流服务和居住服务等	京津通道	城际公交化轨道交通 + 高速公路	北京：亦庄 河北：安次区、广阳区	G2 京沪高速（已建） G3 京台高速（已建） S15 京津高速（已建）	已建
		京雄通道	区域高铁 + 高速公路	北京：大兴、北京新机场 河北：固安县、霸州市	G45 大广高速（已建） 新机场高速（在建）	在建
		京保通道	城际公交化轨道交通 + 高速公路	北京：房山 河北：涿州市、高碑店市、涞水县	G4 京港澳高速（已建） G5 京昆高速（已建）	已建
首都核心区生活组团——京东生活组团	通勤居住、养老居住、康养运动、旅游休闲和物流服务等	京唐通道	城际公交化轨道交通 + 高速公路	北京：通州 天津：蓟州区 河北：三河、大厂、香河	G1 京哈高速（已建） G102 通燕高速（已建） $G1_N$ 京秦高速（在建）	在建
首都核心区生活组团——京西北生活组团	生态旅游功能，延伸发展体育运动、休闲度假、生态农产品供给、养老服务等	京张通道	区域高铁 + 高速公路	北京：昌平、延庆 河北：怀来县	G6 京藏高速（已建） G7 京新高速（已建） S26 昌谷高速（已建）	已建
		京承通道	高速公路	北京：顺义、怀柔、密云、平谷、首都机场 河北：滦平县	G45 大广高速（已建） G101 京密高速（已建） S32 京平高速（已建） S12 机场高速（已建） S51 机场第二高速（已建）	已建
京南、京东、京西北生活组团	环京周边各组团空间之间的联系	环京通道	高速公路	天津：蓟州区、和平区 河北：张家口、丰宁、承德、雄安新区、保定	G95 首都环线高速（已建） 蓟承高速（规划） 津蓟高速（已建） 荣乌高速（已建） 京昆高速（已建）	在建

资料来源：经作者整理绘制

2. 构建“两核两副多节点”的交通枢纽格局

北京及周边区域的城区、镇区、乡村是一个有机整体，通过“生活圈”规划，加强圈内各空间之间的紧密联系，突出区域、局域交通网络对于功能和功能中心的支撑作用。在区域层次，通过建设航空港、铁路枢纽、干线公路等立体化交通网络，打造空陆网络一体化的综合交通枢纽；在功能组团及城市节点之间，强化以大运量公共交通对大都市空间的引导和支撑能力，建立以城际铁路和高速公路为骨干的“开放型、网络化”区域交通；在城市内部及社区尺度上，依托轨道交通站点、公交枢纽等空间，建设慢行交通引导的社区服务网络。首都一小时美好生活圈具体应构建“两核两副多节点”的交通枢纽格局。

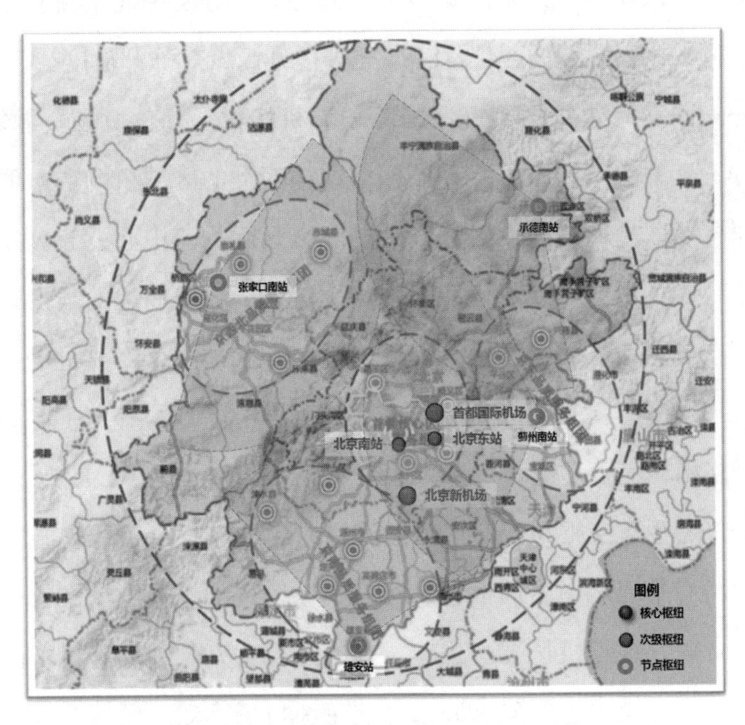

图 9–5 “两核两副多节点”交通枢纽网络

资料来源：作者自绘

①将北京首都机场和大兴机场打造为两大核心交通枢纽

围绕全球城市功能与国家战略，强化北京作为京津冀区域门户和国家枢纽地位，结合“生活圈”规划，形成凝聚城市群核心功能的空间布局。以核心航空枢纽为牵引，结合多模式换乘与便捷联运，实现多级交通网络的匹配与无缝衔接，以优质高效的立体化运输网络满足通勤出行和物流配给的需要，寻求资源利用和环境效益的最大化，以构建优质生活圈。

——构建国际一流的航空枢纽。从区域整体效应出发，以市场需求为导向，功能定位为突破口，夯实首都国际机场枢纽地位，加快增强北京大型机场服务能力和辐射范围，形成“双枢纽”的运营格局，显著提升北京航空枢纽国际竞争力。同时，充分发挥北京新机场处于京津冀区域核心位置的区位优势，充分提升区域对外开放度。

——联动周边机场，打造国际一流机场群。优化机场资源配置，形成分工互补、市场腹地互补、网络结构互补的区域机场群，增强天津滨海机场区域枢纽作用，建设我国北方国际物流中心；充分发挥石家庄正定机场低成本和货运能力强的优势，增强对周边的集聚辐射能力，打造华北地区航空货运及快件集散中心，提升京津冀机场群整体运营管理水平，提升北京两场的国际竞争力，同时，有利于提高枢纽航线网络结构完善和航班衔接。

——着手航空枢纽配套集疏运设施的建设。加强机场与轨道交通、高速公路等集疏运网络的衔接，建设集中统一的终端管制区，优化区域空域资源，统筹机场配套运输设施的运行。充分利用新机场的战略优势，建立区域内主要节点城市与北京新机场高效、便捷的快速轨道交通联系，构建这些城市对外开放的国际门户，使新机场成为京津冀的机场，加速区域的国际化进程。

②将北京南站、北京东站打造为次级交通枢纽

轨道交通对城市的发展具有基础性和先导性作用，中心城市作为全国的综合运输枢纽，对加快形成便捷、通畅、高效、安全的综合运输体系至关重要。打造以高速铁路、城际铁路为核心模式的区域城际交通网络，实现与天津、雄安等中心城市之间半小时内可达。

——打造都市圈轨道交通复合走廊。轨道交通时效性高、运力较强、运行稳定，可以担当区域交通的核心力量，在各个轨道交通站点设置公共交通枢纽，配置城市地铁、公交等次级公共交通设施，形成多尺度的衔接。在京津冀既有规划的城际铁路通道内，增加市郊铁路的功能，在客流密集地区预留车站和越线条件，打造都市圈轨道交通复合走廊。注重轨道交通的互联互通和融合发展。按照建设“轨道上的京津冀”的要求，加强不同层次轨道交通网络的融合，加强跨区域高等级道路的对接，形成大容量、高效率并重的城市客运走廊。

——推进交通土地一体化规划。在进行轨道交通枢纽车站选址时，尽量将城际铁路车站设置在城市中心区，并与城市重要功能区相结合，使乘客到达车站之后通过公共汽车、步行等绿色交通方式能够到达目的地，从源头上减轻道路交通压力，同时也提高土地的集约使用。加强轨道站点与周边用地衔接，发挥轨道交通对周边用地的引导作用，适当提高轨道站点和枢纽周边用地容积率。出台相关鼓励政策，保障轨道站点换乘设施用地，促进站点出入口、通道与周边建筑形成便捷有效的连接。在功能和产业配置方面，尽可能配置生产性服务业态，吸引城际职住的高技能人才，服务当地的特色产业，促进区域协同发展。

③将雄安、张家口、承德、蓟州等多个周边地区的高铁站打造为节点交通枢纽

探索与高密度超大城市可持续发展相适应的空间结构。优化城镇村体系和多级别、多中心体系。依托区域轨道网络、市域轨道快线，强化蓟州、廊坊等区域节点功能。

——强化北京向南发展联系华中的交通动脉，强化向东北发展带动传统工业区转型的功能轴带。强化京津一体化发展轴，需要在轴线上发展节点城市，因此，雄安新区、张家口市、承德市、蓟州区等不同层次的城市可以当作功能节点进行重点打造，形成节点型交通枢纽。

——推动旅客联程联运发展，有效提升一体化客运服务水平。联程联运是提升综合运输效率的关键，可通过打造一体化综合交通枢纽、构建区域综合交通信息平台、构建全环节的出行规划信息服务平台等，提高不同交通方式之间的一体化衔接效率，为旅客提供从出发地到目的地的全过程、全环节、门到门的出行服务。

——做好“最初/最后一公里”慢行接驳通道建设。在综合设置社区行政管理、文体教育、康体医疗、福利关怀、商业服务网点等各类公共服务设施的同时，做好“最初/最后一公里”慢行接驳通道建设，有序高效地将共享单车融入“B+R”（自行车+换乘）服务体系，高质量地满足居民的短途交通需求。对镇、村、社区内的次干路、支路规划设计将遵循慢行优先的路权分配原则，采取分隔、保护和引导措施，保障慢行交通的安全性。突出以人为本的价值取向，营造宜居环境，切实提升交通服务、空间品质和文化内涵。

表 9-6　交通枢纽网络规划

组团空间	服务中心	枢纽等级	枢纽名称	现状
京东	蓟州、平谷、兴隆等	国家级	北京首都机场	已建
京南	房山、高碑店、涿州、涞水、定兴、易县、霸州等		北京大兴新机场	在建
核心区	北京城六区	区域级	北京南站	已建
			北京东站	在建
京南	房山、高碑店、涿州、涞水、定兴、易县、霸州等	省级	雄安	在建
京西北	张家口主城区、崇礼、赤城、怀来等		张家口	已建
			承德	已建
京东	蓟州、平谷、兴隆等		蓟州	规划

资料来源：经作者整理绘制

（二）促进生活圈空间融合发展，构建互联互通的高效综合交通运输体系

面向超大城市发展挑战，要求适度超前加强交通设施布局适应交通需求快速增长。确立以轨道交通为主体的出行结构，缓解重点发展片区和关键走廊交通压力，评估和提升更新项目周边交通设施承载能力，实现生活圈重要节点全覆盖。

1. 以民航、高铁、高速为主体，构建品质高、速度快的综合交通快速网络。

推进运输机场功能建设，加强北京大兴机场与北京首都国际机场的联动配合，优化完善航线网络，推进国内国际、客运货运、干线支线、运输通用协调发展。强化高速铁路、城际铁路互联互通，加快高速铁路网建设，拓展区域连接线，扩大高速铁路覆盖范围，通过时空压缩来影响空间结构，实现生活圈范围内客货运输的高效可达。完善高速公路及配套设施网络，加快推进地区环线、并行线、联络线等组

成的国家高速公路网建设，有序发展地方高速公路，加强高速公路与地方各等级公路的衔接。

2. 以普速铁路、普通国道等为主体，构建效率高、能力强的综合交通干线网络。

完善普速铁路网络布局，增强区际铁路运输能力，扩大路网覆盖面。同时，实施既有铁路复线和电气化改造，提升路网质量。加快普通国道提质改造，基本消除无铺装路面，全面提升北京及周边地区的交通保障能力和服务水平。

3. 以普通省道、农村公路、支线铁路等为主体，构建通达深、惠及广的综合交通基础网络。

加强普通省道提质改造，积极推进普通省道提级、城镇过境段改造和城市群城际路段等扩容工程，加强与城市干道衔接，提高拥挤路段通行能力。推进农村公路建设，加强县乡村公路改造，进一步完善农村公路网络。加强农村公路养护，完善安全防护设施，保障农村地区基本出行条件。加快支线铁路发展，强化与产业园区、物流园区、口岸等有效衔接，增强对干线铁路网的支撑作用。

二、轨道交通建设重点

北京与天津、雄安、保定、张家口以及承德等周边区域次中心城市相互联系的通道中，需要将高铁网络、城市轨道交通网络、公交网络等硬件、软件设施进行互通，形成以多层级轨道交通为主导的区域公共交通体系。基于此，首都一小时美好生活圈应采用公交优先的战略思路，建设“一环一线六射”的区域轨道交通网络，在大运力、综合性的交通枢纽方面进行强化和提升。在建设中，需要重点考虑以下几个要素：缓解高强度开发、高密度建设的城市中心区交通压力，支持新城发展，提前布局次中心的设施网络，优先覆盖大客流活力强的区域交通节点，关注城轨对城市尺度的影响等。

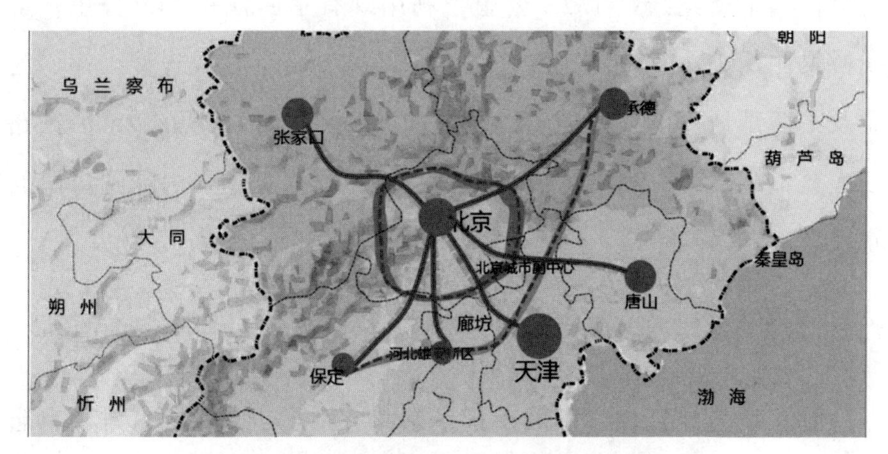

图 9–6　“一环一线六射”区域轨道交通网络

资料来源：京津冀协同发展交通一体化规划，经作者整理绘制

（一）一环：北京城际轨道大一环

因为北京的中心城区就业、住房、交通压力较大，大量人口与产业有外迁需求，因此公共交通将显现出环城布局的需求。规划建设高铁大一环，即“涿州—大兴新机场—廊坊—香河—平谷—密云—怀来—涿州”的铁路环线，可以有效整合联通北京市域范围以及河北省域范围众多人口和产业密布节点城市。

（二）一线：承德—天津—雄安—保定

承德—天津—雄安—保定一线为北京东部、南部门户，主要由津承高铁和津保高铁沿线连接而成。津承高铁从津蓟铁路接入，可以通往北部的赤峰，也可通过张唐铁路，绕过较繁忙的北京铁路线。该铁路起自天津市，途经宝坻、蓟州、遵化至承德市，线路全长约

253公里，其中新建线约170公里。津保高铁连接天津市至河北省保定市，由津霸客运专线和霸徐铁路两段组成，线路自天津西站高速车场引出，经河北霸州、雄安、徐水区至保定站。该铁路总长157.8公里，其中新建线路132.9公里，利用既有京广铁路24.9公里，全线桥梁比约为44%。依托这一条高铁线路，将会建成连接天津、河北及中西部地区的便捷通道，还横向连通了京广、京九、京沪铁路三大繁忙干线，有利于加快京津冀一体化，并且加强内陆到口岸的联系。

（三）六射：京张、京津、京承、京保、京雄、京唐六条射线高铁

沿北京向外延伸，形成京张、京津、京承、京保、京雄、京唐六条射线高铁，各高铁的两端点均需配备无缝对接的城市轨道交通体系，每一个站点均为次级公共交通枢纽，形成以轨道交通为主导的便捷化公共交通网络。

1. 京津城际

京津城际铁路是一条连接北京市与天津市的城际铁路。京津城际铁路拉近了北京、天津两个特大型城市的距离，拓展各类生产要素、资源配置的空间，对两大城市经济社会发展产生了积极影响，深刻改变了两地人民的工作和生活观念，方便了百姓的沟通交流。当前为提高京津之间的交通互通能力，继续规划开建了京津第二城际铁路。京滨城际铁路又称京津第二城际铁路，是服务于环渤海及京津冀地区的一条具有重要意义的城际快速铁路。起点位于北京站，终点位于天津市滨海新区滨海站。京滨城际铁路建成通车后，北京直达天津滨海新区只需大约1小时。同时，京滨城际铁路也将作为区域铁路网的组成

部分，通过向承德方向延伸，实现与京沈客运专线的衔接，形成天津与东北方向联系的一条新通道。在双高铁线的影响和带动下，需要对新老高铁枢纽进行串联互通，既要强化城际的通勤时效也要强化自身的通达能力，将区域与内部的公共交通网络进行串联，则能够从多尺度上，带动城市的发展。

2. 京雄高铁

京雄城际铁路是北京与雄安新区之间新建的一条城际铁路，该铁路起自京九铁路李营站，经北京大兴区、北京新机场、霸州市，终至雄安新区，正线全长 92.4 公里，总投资约 335.3 亿元。京雄城际铁路是承载千年大计运输任务、支撑国家战略的重要干线，对于促进京津冀协同发展和支撑建设雄安国家级新区具有重要意义。

3. 京唐城际

京唐城际铁路是一条服务于环渤海及京津冀地区、具有重要意义的城际高速铁路。铁路起点位于北京站，终点位于河北省唐山市唐山站，线路长 148.74 千米，最高设计时速为 350 千米。其中桥梁长度约 130.7 公里，占线路总长的 84.58%。

4. 京保城际

京保城际，即京石客运专线北京—保定段，是中国“四纵四横”客运专线网络中京广客运专线的组成部份，正线全长 293 公里，设计速度 350 公里 / 小时，初期运营最高速度 310 公里 / 小时，投资估算总额为 438.7 亿元。保定东站是北京铁路局管辖下的一等站，在京广高铁、津保高铁的基础上，规划引入京雄城际和京石城际铁路，将成为首都一小时美好生活圈的重要交通节点，对于北京交通流的承接、雄安新区建设的支撑、京石交通廊道的贯通和京南生活组团的打造具有重要的意义。

5. 京张高铁

京张高铁，又名京兰客运专线京张段、京昆客运专线京张段。京张高铁建成后，不仅将成为世界上第一条设计时速 350 公里 / 小时的耐高寒、大风沙高速铁路，而且从张家口到北京的时间将缩短至一小时。京张高铁将成为联动北京、延庆、张家口冬奥会三赛区的有力交通工具，不仅能够有力保障 2022 年冬奥会的顺利举办，更将带动北京科技、金融和人才优势与张家口市优良的生态和旅游资源互补，促进京张两地的联动发展。

6. 京承高铁

京承高铁，即北京至沈阳铁路客运专线京承段，是《中长期铁路网规划》"四纵四横"客运专线主骨架京哈高速铁路的重要组成部分。在京沈高铁线路中，京承段是连通北京的第一门户，其他城市为区域交通级别的联系层次。京沈高铁开通后，便捷、舒适、安全、准时的交通不仅能吸引更多的旅客进入承德，还可以吸引更多的高端人群来承德居住、度假、开展政务和商务活动。同时，有助于依托高铁客运站建立区域旅游集散中心，提供便利的换乘运输条件，推动区域旅游业跨越发展。

表 9–7 区域轨道交通规划

	组团空间	交通节点	主要线路	现状
一环	京南、京东、京西北生活组团	涿州、大兴新机场、廊坊、香河、平谷、密云、怀来		规划
一线	京西北－京东－京南生活组团	承德、天津、雄安、保定		规划

续表

	组团空间	交通节点	主要线路	现状
六射	京南生活组团	天津	京津城际	已建
			京滨城际	在建
	京南生活组团	雄安	京雄高铁	已建
	京东生活组团	唐山	京唐城际	在建
	京南生活组团	保定	京石城际	在建
	京西北生活组团	张家口	京张高铁	在建
市郊线	京东生活组团	通州	城市副中心线（S1 线）	已建
	京西北生活组团	延庆	S2 线	已建
	京西北生活组团	怀柔 – 密云	怀柔 – 密云线（S5 线）	已建
	京东生活组团	蓟州	京蓟城际	规划

（数据来源：京津冀协同发展交通一体化规划，经作者整理绘制）

三、物流网络建设重点

物流运输业是融合仓储、信息等产业的复合型现代服务业，是生活圈构建过程中的基础性、战略性产业。随着流通体系变革，共享、融合、开放成为时代发展趋势，应采用绿色安全的生活圈物资集疏策略，紧抓“京津冀协同发展”和“一带一路”建设等重大发展机遇，为首都城市战略定位提供物资支持与保障。

（一）打造“两环、多节点、多层次”的环首都物流带

推动现代物流服务模式创新，加强物流基础平台建设。通过“两环、多节点、多层次”环首都物流带的构建，规划“外集内配”的绿色物流仓配模式，增强物流枢纽辐射带动能力，打造适应生活圈范围内中转、采购、配送等贸易业务要求的区域物流体系，构建覆盖北京及周边、服务京津冀、辐射全国的物流服务网络。

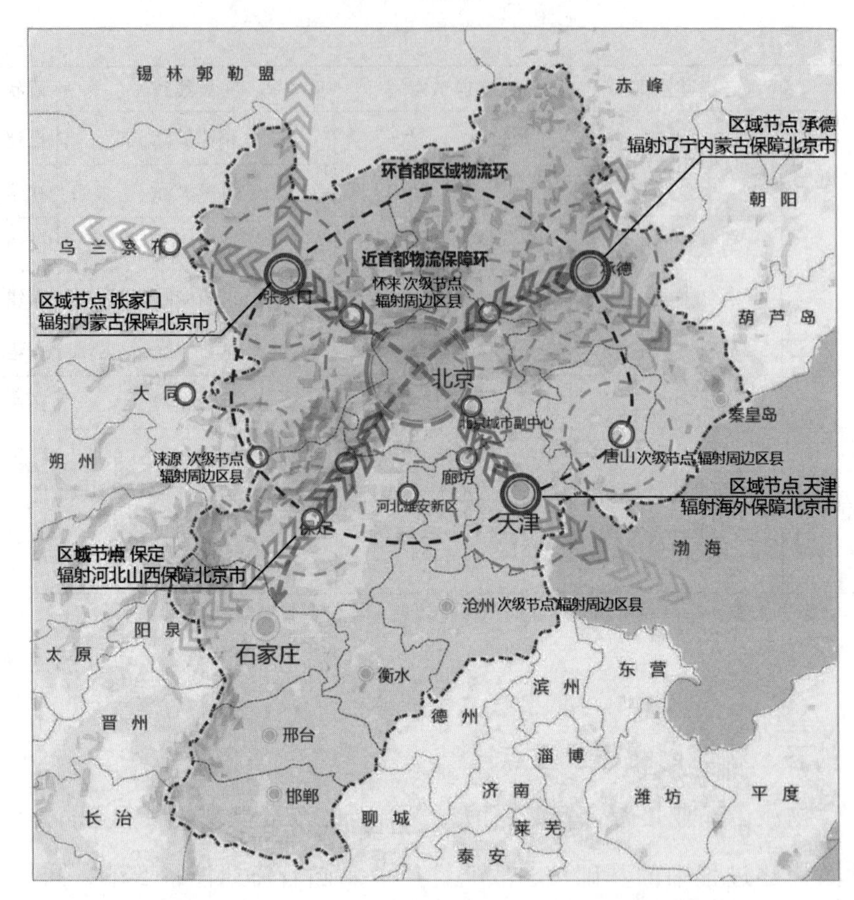

图 9–7　“两环、多节点、多层次”环首都物流保障带

资料来源：作者自绘

1. 两环：近首都物流保障环、环首都区域物流环

在廊坊、涿州等地，建设物流园区和配送中心，以确保首都地区的物资保障，形成近首都物流保障环。在北京向外交通辐射重要轴线上，选择承德、张家口、天津、保定等城市，建设若干物流枢纽，形成服务生活圈及周边的区域物流带，首先疏通各自交通物流的基础设施，进而带动提升物流产业层次，形成能够服务各自周边城市区域的集散能力。依托环北京的铁路和高速网络，打造高效便捷的物流环线，

以最低成本、最快速度在华北平原的广泛腹地提供物流服务，为北京提供强有力的物流支撑。

2. 多节点

在整体空间结构下，唐山、怀来、涞源等可以依托自身区位与空间要素着眼培育地区级流通节点城市，分别制定流通节点城市发展规划，服务北京市的物流保障。下辖区县可以根据自身功能基础，合理布局大宗商品交易市场、重要商品和物资储备中心、物流（快递）园区、多式联运中心、公路港、区域配送中心、快件分拨中心和其他物流场站等设施，促进区域分工协作和错位发展，汇聚商流、物流、资金流和信息流。

3. 多层次

立足京津冀协同发展、服务首都城市的战略视角，推动“一小时生活圈”范围内物流一体化。在打通承接津冀企业多式联运物流通道的同时，引导物流设施优化布局调整，着力打造“物流园区 + 物流中转场地 + 末端配送网点 / 链条”的多层次生活圈物流网络，形成全覆盖、高品质的“区场链”立体化环首都物流供应保障带。

表 9–8 物流保障带规划

	组团联系	保障带	服务范围	现状
两环	首都核心区生活组团 京南、京东、京西北生活组团	近首都物流保障环 环首都区域物流环	保障首都物流供给 协调区域物流服务	在建 规划
区域节点	京南生活组团 京西北生活组团	天津 保定 张家口 承德	辐射海外市场 辐射山西、河北 辐射内蒙古 辐射辽宁、内蒙古	在建 在建 在建 在建

续表

	组团联系	保障带	服务范围	现状
次级节点	京西北生活组团 京南生活组团 京东生活组团	怀来 涞源 唐山	服务周边区县	规划 规划 在建

资料来源：经作者整理绘制

（二）推动区域物流一体化

结合现代物流发展政策创新，构建交通物流融合发展新体系，推动区域物流一体化发展。根据国家发展改革委《营造良好市场环境推动交通物流融合发展实施方案》的要求，以提质、降本、增效为导向，以融合联动为核心，充分发挥企业的市场主体作用，打通制约物流运输发展链条的关键瓶颈，加强现代信息技术应用，推动交通物流一体化、集装化、网络化、社会化、智能化发展，保障生活圈范围内居民生活生产物资充沛、高效供应。

1. 落实供应链一体化服务

依托北京市发展良好的供应链管理基础，强化与“生活圈”区域的经济联系，融入供应链各个环节，大力发展供应链各个功能中心（结算、信息、创新、控制和组织中心）。一是发挥物流业对高端创新资源配置的支撑作用，推动物流业与科技创新产业联动发展，增强对中关村国家自主创新示范区供应链一体化服务能力。二是提升物流业对高端制造业转型升级的服务能力，鼓励具有供应链设计、咨询管理能力的专业物流企业，助力高精尖产品实现“在北京制造”到“由北京创造”转型。三是搭建供应链管理信息平台，鼓励传统运输、仓储企业向供应链上下游延伸服务，完善与上下游企业紧密配套、有效衔接的仓储配送设施，提供物流、金融以及信息等的综合化集成服务。

2. 加强物流标准化推广

物流标准化是物流管理现代化的必要前提，是整个物流系统功能发挥和各环节有效衔接及运作质量的根本保证，是降低物流成本、提高经济效益和消除国际贸易技术壁垒的重要手段。一是支持物流标准化托盘管理公共信息服务平台建设，探索开展物流服务标准化的认证试点。二是采用多种模式实现物流各环节设施设备的标准化升级改造，实现标准化物流装备的普及应用。三是提升标准化物流装备运营管理与服务水平，鼓励集成利用移动互联网、物联网等现代信息技术，实现对标准化托盘、周转箱等物流集装单元的跟踪管理，逐步实现上下游交接货现场免验收。

3. 优化物流基地功能差异化布局

进一步明确功能定位，优化物流基地的规划布局，可以有效提高基地资源利用效率和管理水平。一是将顺义空港基地打造为北京内外贸及国际电子商务中心，加快完善国际物流及快递类包裹集散功能。二是将通州马驹桥物流基地打造为口岸合作中心，与天津口岸经营主体通过项目资金互投，突出承接朝阳口岸功能。三是将大兴京南物流基地打造成为京津冀一体化的重要物流枢纽，着力发挥生活圈区域联动功能。四是将平谷马坊物流基地打造为国内贸易与跨境电子商务融合发展的创新示范区，以"口岸＋冷链＋交易"为核心，建设保障首都、协同津冀的"特色口岸"型商贸流通节点。

（三）推动创新发展，提升服务品质

鼓励现代物流产业技术创新，提升物流信息化和物流技术应用水平，推动服务品质的提升。有针对性的提升物流仓储、运输类企业的自动化、智能化水平，进一步普及对物流追踪与货物管理、智能调度与高效储运等技术的运用。

1. 推动“互联网 +”物流创新

随着“互联网 +”高效物流的兴起，大数据、信息技术和供应链管理不断在物流业得到广泛运用，要发挥新技术引领的经营管理创新在物流业转型升级中的关键作用，为物流业发展注入新活力。第一，鼓励物流信息服务平台建设，促进车、货、仓储服务等信息的高效匹配，重点推进生活圈区域物流公共平台的应用建设。第二，鼓励物流业态创新，满足“互联网 +”应用创新的物流需求。第三，鼓励电子商务和快递末端网点建设，推广末端共同配送模式，提高末端网点综合服务功能。

2. 提升城市冷链配送水平

加强冷链基础设施建设，加快冷链物流装备与技术升级，鼓励冷链配送模式多元化和创新发展，支持上下游高效衔接的全程冷链物流服务。第一，强化冷链行业的信息化应用，鼓励建设食品冷链物流全程可追溯的公共服务平台。第二，加快冷链宅配的推广，开展城市冷链共配应用试点，推进一站式冷链物流服务。第三，加快培育第三方冷链物流企业，打造一批高起点、高效率、具有国际竞争力的核心冷链物流企业。

3. 完善 1 小时鲜活农产品物流圈

伴随着居民生活水平的不断提高，消费者对鲜活农产品的需求日益增长，迫切需要建立更加完善、便捷、高效、安全的消费品物流配送体系。第一，建设“1 小时生活圈”协调联动机制，支持企业在北京周边地区建设蔬菜、肉蛋等农副产品生产、加工和分拨基地。第二，鼓励京津冀三地企业共建、共享农产品生产基地和冷链物流设施。第三，加强农产品产销对接体系建设，重点推进农超对接、农产品基地直销。

四、交通服务管理优化重点

（一）推进生活圈交通一体化建设

推动生活圈交通一体化先行发展。充分认识交通促进区域一体化的龙头作用，完善“四纵四横一环”综合交通骨架网络布局，加快推进京雄高铁、石衡沧港城际铁路、首都地区环线高速公路、北京新机场等重大项目。深入推进京津冀城乡客运一体化和津冀港口协同发展。高起点、高标准、高质量谋划雄安新区交通运输发展蓝图，优先保障对外骨干通道重点项目建设。加快打通区域间“断头公路”，接通已具备条件的跨区域间轨道交通线路，弥补区域间交通联系薄弱“交通白区”，加快交通设施的区域服务均等化进程。设立生活圈区域交通一体化发展基金，对区域交通基础设施建设予以资金支持，尤其是轨道交通，可设立生活圈轨道交通发展专项基金，促进区域轨道交通大力发展。

深化区域交通管理体制改革，加快一体化进程。以规划为先导，完善区域综合交通规划，加快编制专项规划和主题规划，制定地方实施规划，统筹安排区域交通设施与服务体系；加快推广普及生活圈交通“一卡通”，实现异地充值、异地通用的区域交通深度联合；推动机场、港口、高铁枢纽等关键交通设施的区域一体化服务能力，进一步完善区域间接驳交通系统；建立生活圈区域交通协调机构，加快形成统筹、议事决策及行业一体化管理的新机制；加快生活圈区域交通运输行业的统一标准与管理体系，为交通管理一体化提供法规保障。

（二）推动生活圈交通智能化管理

强化交通大数据监测反馈和开放共享。建立大数据监测系统，完善道路流量、车辆运行、路口监测等的传感和传输体系，建立基于城市数字化地图的流量监测、信号诱导、车牌识别等交通感知系统，实现交通信息感知的网络化、数字化和可视化。建设覆盖“生活圈”范围内的重点交通基础设施的骨干通信网络，实施数据接入工程，汇聚陆、空、铁各类交通数据，打造交通云数据资源中心。建设交通大数据技术支撑平台，汇聚整合行业数据资源，强化综合交通大数据管理，深化交通大数据融合、挖掘和应用。同时，强化交通运输行政主管部门各层级（纵向）和辖区范围内的各相关部门（横向）的信息交换与共享，推进交通信息资源分级、分类向社会开放。

拓展交通智慧化服务功能。建设基于互联网的交通信息系统，依托交通感知网络、移动互联网终端，实时提供道路实况信息，构建一体化、多模式、覆盖全出行链的出行信息服务体系。以“数据融合、车路协同”为核心技术，推进智慧路口建设。对车联网等智能化技术应用进行推广，提高基础设施、运输工具、运行信息等要素资源的在线化水平，全面支撑故障预警、运行维护、交通协调控制以及运营调度等工作的智能化。基于平台服务理念（Platform as a Service，PaaS），完善出租汽车信息服务平台，实现跨平台的信息互通，强化对出租车、网约车、租赁车等各类车辆和驾驶员的集约化管理。以公交一体化智能车载信息系统的完善升级为基础，实现运营管理所需数据的采集精准化、常态化和动态化，为科学调度、安全监管和应急处置提供支撑。

专栏 9-2	平台即服务（PaaS）
打造一体化公共交通智能管理平台，通过平台服务器对车辆的出行、运维、调度等提供实时的服务。基于公交数据大脑，为公共交通部门融合世界领先的互联网架构和能力，将分散的 DT 数据技术整合成统一的、有机的新型互联网公共出行平台，辅助公共交通部门共享世界领先的数字化资源配套。 第一，支持不同交通感知数据流的快速接入，提供高并发、高吞吐量数据的实时接收和分发能力； 第二，基于虚拟化技术实现基础交通资源的管理与调度，解决复杂系统的运维保障问题； 第三，提供基于大规模交通感知数据的透明化并行计算接口及集群计算环境； 第四，实现多源海量交通感知数据和相关业务数据的融合管理，提供数据共享与集成的服务接口。	

（三）推动生活圈交通精细化管理

打造精细化交通管理体系，以“精、准、细、严”为基本原则，运用程序化、标准化、数据化和信息化手段，最大限度降低交通运行成本，保证交通运行质量效率，提高生活圈范围内的交通管理水平。针对周末、节假日等出行高峰时段，推行精细化运营。在交通供给上，在“热门”进出京方向增开旅游专线满足居民出行；在交通需求上，提倡公共交通出行，缓解道路拥堵压力；在交通运营上，推广 ETC、智能泊车系统以提升交通设施的使用效能。

参考文献

1. 北京市城市规划设计研究院城市所弘都院团队:《"京张生活圈"自由畅想》,《北京规划建设》, 2016 年。

2. 柴彦威、张雪、孙道胜:《基于时空间行为的城市生活圈规划研究——以北京市为例》,《城市规划学刊》, 2015 年。

3. 和泉润、王郁:《日本区域开发政策的变迁》,《国外城市规划》, 2004 年。

4. 湛东升、张晓平:《世界宜居城市建设经验及其对北京的启示》,《国际城市规划》, 2016 年。

5. 李枝坚:《城镇密集地区宜居城乡空间策略初探——以共建大珠江三角洲多元优质生活圈为例》, 中国城市规划学会:《生态文明视角下的城乡规划——2008 中国城市规划年会论文集》,《中国城市规划学会: 中国城市规划学会》, 2008 年。

6. 邵源、李贵才、宋家骅、赵一斌:《大珠三角构建优质生活圈的"优质交通系统"发展策略》,《城市规划学刊》, 2010 年。

7. 温春阳:《构建大珠三角宜居城镇群, 共创多元优质生活圈》,. 2009GHMT 第 7 届两岸四地工程师(台北)论坛。

8. 吴秋晴:《生活圈构建视角下特大城市社区动态规划探索》,

《上海城市规划》，2015年。

9. 徐涵、李枝坚、姚江春、程红宁：《打造“优质生活圈”，建构大珠三角宜居城镇群》，《城市规划》，2008年。

10. 肖作鹏、柴彦威、张艳：《国内外生活圈规划研究与规划实践进展述评》，《规划师》，2014年。

11. 杨开忠：《构建“美丽生活圈域”》，《北京日报》，2017年。

12. 朱一荣：《韩国住区规划的发展及其启示》，《国际城市规划》，2009年。

13. 张文忠、湛东升：《“国际一流的和谐宜居之都”的内涵及评价指标》，《城市发展研究》，2017年。

14. GREATER LONDON AUTHORITY. The London Plan : The Spatial Development Strategy for Greater London. 2017

15. Ministry of Land, Infrastructure and Transport. White Paper on National Capital Region Development, 2006

16. RPA. The Fourth Regional Plan[EB/OL].

17. 冯建超：《日本首都圈城市功能分类研究》，吉林大学，2009年。

18. 国土交通省：《平成28年度首都圏整備に関する年次報告》。

19. 高慧智、张京祥、胡嘉佩：《网络化空间组织：日本首都圈的功能疏散经验及其对北京的启示》，《国际城市规划》，2015年。

20. 湛东升、张晓平：《世界宜居城市建设经验及其对北京的启示》，《国际城市规划》，2016年。

21. 冷炳荣、王真、钱紫华、李鹏：《国内外大都市区规划实践及对重庆大都市区规划的启示》，《国际城市规划》，2016年。

22. 李枝坚:《城镇密集地区宜居城乡空间策略初探——以共建大珠江三角洲多元优质生活圈为例》，中国城市规划学会:《生态文明视角下的城乡规划——2008 中国城市规划年会论文集》，中国城市规划学会:《中国城市规划学会》，2008 年。

23. 刘剑锋、冯爱军、王静、贺鹏、邓进:《北京市郊轨道交通发展策略》,《城市交通》，2014 年。

24. 刘晓惠、李常华:《郊野公园发展的模式与策略选择》,《中国园林》，2009 年。

25. 钱喆、吴翱翔、张海霞:《世界级城市交通发展战略演变综述及启示》,《城市交通》，2015 年。

26. 任荣荣:《都市圈住房市场发展：日本的经验与启示》,《宏观经济研究》，2017 年。

27. 田莉、桑劲、邓文静:《转型视角下的伦敦城市发展与城市规划》,《国际城市规划》，2013 年。

28. 温雅:《日、英、美都市圈住房规划体系特征及其启示》,《规划师》，2014 年。

29. 吴唯佳、唐燕、向俊波、于涛方:《特大型城市发展和功能演进规律研究——伦敦、东京、纽约的国际案例比较》,《上海城市规划》，2014 年。

30. 吴必虎:《大城市环城游憩带（ReBAM）研究——以上海市为例》,《地理科学》，2001 年。

31. 于长明、张天尧:《世界城市游憩空间规划经验及对北京的启示》,《规划师》，2015 年。

32. 游宁龙、沈振江、马妍、邹晖:《日本首都圈整备开发和规划制度的变迁及其影响——以广域规划为例》,《城乡规划》,2017年。

33. 吴承忠、韩光辉:《国外大都市郊区旅游空间模型研究》,《城市问题》,2003年。

34. 张壮云:《东京城市公共交通优先体系的经验及借鉴》,《国际城市规划》,2008年。

35. 张沛、王超深:《出行时耗约束下的大都市区空间尺度研究——基于国内外典型案例比较》,《国际城市规划》,2017年。

36. 张敏:《全球城市公共服务设施的公平供给和规划配置方法研究——以纽约、伦敦、东京为例》,《国际城市规划》,2017年。

37. 张军扩:《东京都市圈的发展模式、治理经验及启示》,《中国经济时报》,2016年。

38.《首都圏メガロポリス構想——21世紀の首都像と圏域づくり戦略》,東京:《東京都都市整備局》,2001。

39.《東京の都市づくりビジョン(改定)——魅力とにぎわいを備えた環境先進都市の創造》,東京:《東京都都市整備局》,2009。

40.「業務核都市」の現状と今後[R]. 東京:国土交通省国土計画局,2006

41. 有田浩之:《業務核都市におけるオフィス立地の変化と実態》,首都大学東京院,2017。

42. 太田勝敏:《"シンポジウム:大都市圏の空間構造の変化と交通の課題."》,《地域学研究》,1987。

43. Kageyama T, Nishikido N, Kobayashi T, Kurokawa Y, Kaneko T, Kabuto M. Long commuting time, extensive overtime, and sympathodominant state assessed in terms of short-term heart rate

variability among male white-collar workers in the Tokyo megalopolis. Industrial health. [J] 1998(36):209-17. [7] Hatta, T. and Ohkawara, T., 1994. Housing and the journey to work in the Tokyo Metropolitan area. In Housing markets in the United States and Japan [J] University of Chicago Press: 87-132.

44. Urban Development in Tokyo 2009 [R]. 東京：東京都都市整備局，2009

45. Urban Development in Tokyo 2011 [R]. 東京：東京都都市整備局，2011

46. Urban Development in Tokyo 2018 [R]. 東京：東京都都市整備局，2018

47. 2018 財務情報アニュアルレポート [R]. 東京：小田急電鉄ホーム，2019

48. VSA-itama-1710. さいたま市周辺における人口集中地区（DID）の推移（1960 年 ~ 2010）[DB/OL]. https://upload.wikimedia.org/wikipedia/commons/3/35/Densely_Inhabited_District_of_Saitama-shi_1960-.gif, 2014.5.29/2019.8.28

49. 毛利雄一、森尾淳：《東京都市圏 50 年の変遷と展望 ~ データが語る都市の変遷と未来 ~》，一般財団法人計量計画研究所，2014。

50. Siebert, Loren. GIS-based visualization of Tokyo's urban history. [J]. Social Science History, 2000(24): 538-574.

51. 游宁龙、沈振江、马妍等：《日本首都圈整备开发和规划制度的变迁及其影响——以广域规划为例》，《城乡规划》，2017 年。

52. 曹康、陶娅:《东京近代城市规划：从明治维新到大正民主》,《国际城市规划》, 2008 年。

53. 王宏新:《物流园区：规划·开发·运营》, 清华大学出版社 2014。

54. 国家发展和改革委员会:《国家发展改革委关于培育发展现代化都市圈的指导意见》, 2019 年。

55. 人民日报:《日媒：东京 2040 年将变成”超老龄城市”》, http://world.people.com.cn/n/2014/0117/c1002-24154305.html，2014。

56. Tokyo Metropolitan Government. Tokyo’s history, geography, and population. [EB/OL]. https://www.metro.tokyo.lg.jp/ENGLISH/ABOUT/HISTORY/history03.htm，2018.12.31/2019.12.4

57. VSA-itama-1710. さいたま市周辺における人口集中地区（DID）の推移（1960 年 ~ 2010）[DB/OL]. https://upload.wikimedia.org/wikipedia/commons/3/35/Densely_Inhabited_District_of_Saitama-shi_1960-.gif, 2014.5.29/2019.8.28

58. Capital of Food: Ten Years of London Leadership. [R]. London:Greater London Authority,2016.

59. Are We Ready For The Boom? Housing Older Londoners. [R]. London: Future of London,2018.

60. UK Food Security Assessment: Detailed Analysis. [R]. London: Department for Environment, Food and Rural Affairs,2010

61. London’s Tourism Strategy 2025 Draft Conclusions. [R]. London: London & Partners.

62. The Draft London Food Strategy -- Healthy And Sustainable Food

For London. [R]. London: Greater London Authority,2018.

63. The London Plan: The Spatial Development Strategy For London Consolidated With Alterations Since 2011. [R]. London: Greater London Authority,2016

64. Mayor of London. London Plan Chapter Six: London's Transport Policy 6.13 Parking. [EB/OL]. https://www.london.gov.uk/what-we-do/planning/london-plan/current-london-plan/london-plan-chapter-six-londons-transport/pol-27

65. Mayor;s Transport Strategy. [R]. London: Transport for London,2018.

66. The history of transport systems in the UK. [R]. London: Government Office for Science

67. Mayor's Transport Strategy: Supporting Evidence -- Challenges and Opportunities for London's Transport Network to 2041. [R]. London: Transport for London,2017.

68. Travel in London Report 6. [R]. London: Transport for London,2013.

69. Outer London Commission Third Report. [R]. London: Greater London Authority,2014.

70. 侯波：《京津冀城市绿道系统规划研究》。北京交通大学硕士论文，2008。

71. 河北省人民政府：《河北省环京津休闲旅游产业带发展规划（2008—2020）》，2008 年。

72. 中国城市规划设计研究院：《首都经济圈发展规划》，2012。

73. 中国城市规划设计研究院:《北京清华城市规划设计研究院等》,《环首都绿色经济圈总体规划》, 2011。

74. 赵建彤:《当代北京旅游空间研究》, 清华大学博士论文, 2014。

75. 河北省人民政府:《河北省现代农业发展"十三五"规划》2016。

76. 河北省发展和改革委员会:《河北省特色小镇规划布局方案》, 2018。

77. 广东省住房和城乡建设厅, 香港特别行政区政府环境局, 澳门特别行政区政府运输工务司:《共建优质生活圈专项规划》, 2012。

78. 肖作鹏、柴彦威、张艳:《国内外生活圈规划研究与规划实践进展述评》,《规划师》, 2014。

79. 柴彦威、张雪、孙道胜:《基于时空间行为的城市生活圈规划研究——以北京市为例》,《城市规划学刊》, 2015 年。

80. 各区县人民政府:《各区县发展规划、十三五规划等相关资料》。

81.《京津冀协同发展规划纲要》。

82.《环京一小时鲜活农产品流通圈规划》。

83.《北京市旅游业发展"十三五"规划》。

84.《北京市延庆区旅游业发展"十三五"规划》。

85.《北京市昌平区旅游业发展"十三五"规划》。

86.《北京市门头沟区旅游业发展"十三五"规划》。

87.《天津市旅游业发展"十三五"规划》。

88.《天津市体育发展"十三五"规划》。

89.《天津市体育产业发展规划(2015–2025)》。

90.《天津市文化产业发展“十三五”规划》。

91.《河北省健康医疗产业“十三五”发展规划》。

92.《河北省旅游业发展“十三五”发展规划》。

93.《河北省人民政府关于进一步加快旅游业实现跨越发展的若干意见》。

94.《河北省旅游高质量发展规划（2018–2025年）》。

95.《河北省环京津休闲旅游产业带发展规划（2008–2020）》。

96.《保定市国民经济和社会发展“十三五”规划》。

97.《张家口国民经济和社会发展“十三五”规划》。

98.《张家口市旅游业发展“十三五”规划》。

99.《张家口市全域旅游发展规划（2018—2035年）》。

100.《廊坊市旅游业发展“十三五”规划》。

101.《承德市旅游业发展“十三五”规划》。

102.《保定市“十三五”老龄事业发展和养老体系建设规划》。

103. GREATER LONDON AUTHORITY. The London Plan：The Spatial Development Strategy for Greater London. 2017

104. RPA. The Fourth Regional Plan[EB/OL].

105. Ministry of Land，Infrastructure and Transport. White Paper on National Capital Region Development，2006

106. 冯建超：《日本首都圈城市功能分类研究》，吉林大学，2009。

107. 冷炳荣、王真、钱紫华、李鹏：《国内外大都市区规划实践及对重庆大都市区规划的启示》，《国际城市规划》，2016年。

108. 毛新雅、彭希哲：《伦敦都市区与城市群人口城市化的空间路径及其启示》,《北京社会科学》, 2013 年。

109. 王德、吴德刚、张冠增:《东京城市转型发展与规划应对》,《国际城市规划》, 2013 年。

110. 高慧智、张京祥、胡嘉佩:《网络化空间组织：日本首都圈的功能疏散经验及其对北京的启示》,《国际城市规划》, 2015 年。

111. 李国庆:《东京圈多中心结构及其对京津冀发展的启示》,《东北亚学刊》, 2017 年。

112. 游宁龙、沈振江、马妍、邹晖:《日本首都圈整备开发和规划制度的变迁及其影响——以广域规划为例》,《城乡规划》, 2017 年。

113. 吴唯佳、唐燕、向俊波、于涛方:《特大型城市发展和功能演进规律研究——伦敦、东京、纽约的国际案例比较》,《上海城市规划》, 2014 年。

114. 覃成林、刘佩婷:《行政等级、公共服务与城市人口偏态分布》,《经济与管理研究》2016 年第 37 期。

115. 郭小聪、代凯:《供需结构失衡：基本公共服务均等化进程中的突出问题》,《中山大学学报》2012 年第 4 期。

116. 李燕凌、杨日映、陈麒羽:《城乡基本公共服务均等化的功能、困境与路径选择》,《湘潭大学学报》2016 年第 6 期。

117. 田艳平:《国外城市公共服务均等化的研究领域及进展》,《中南财经政法大学学报》2014 年第 1 期。

118. 王赫奕、王义保:《基本公共服务领域的供给侧改革》,《重庆社会科学》2016 年第 10 期。

119. 赵峰、张凡、张捷:《基于完善大都市区公共服务提供的行政区划调整动力因素分析》,《学术论坛》2014 年第 8 期。

120. 许恒周、赵一航、田浩辰：《京津冀城市圈公共服务资源配置与人口城镇化协调效率研究》,《中国人口·资源与环境》2018 年第 3 期。

121. 刘敏：《人口流动新形势下的公共服务问题识别与对策研究》,《宏观经济研究》2019 年第 5 期。

122. 柴彦威、张雪、孙道胜：《基于时空间行为的城市生活圈规划研究——以北京市为例》,《城市规划学刊》, 2015 年。

123. 郭程轩：《城市生态休闲带开发与规划研究》,《华南师范大学》, 2004 年。

124. 郭栩东、武春友：《休闲游憩绿道建设的理论与启示——以广东珠三角九城市为例》,《生态经济》, 2011 年。

125. 何昉、锁秀、高阳、黄志楠：《探索中国绿道的规划建设途径 以珠三角区域绿道规划为例》,《风景园林》, 2010 年。

126. 黎新：《巴黎地区环形绿带规划》,《国外城市规划》, 1989 年。

127. 李琪、叶亚飞：《浅论城市生态规划》,《城市建设理论研究》, 2013 年。

128. 李仁杰、杨紫英、孙桂平、郭风华：《大城市环城游憩带成熟度评价体系与北京市实证分析》,《地理研究》, 2010 年。

129. 刘军会、马苏、高吉喜、邹长新、王晶晶、刘志强、王丽霞：《区域尺度生态保护红线划定——以京津冀地区为例》,《中国环境科学》, 2018 年。

130. 刘少和、梁明珠：《粤港澳大湾区城市群休闲游憩带结构研究》,《华南理工大学学报（社会科学版）》, 2017 年。

131. 秦学:《现代都市游憩空间结构与规划研究——以宁波市为例》，中南林学院，2006 年。

132.《全国生态保护“十三五”规划纲要》,《农村实用技术》，2018 年。

133. 邵源、李贵才、宋家骅、赵一斌:《大珠三角构建优质生活圈的“优质交通系统”发展策略》,《城市规划学刊》，2010 年。

134. 斯坦纳．F.:《生命的景观——景观规划的生态学途径》，周兴年等译，中国建筑工业出版社，2004 年。

135. 苏平、党宁、吴必虎:《北京环城游憩带旅游地类型与空间结构特征》,《地理研究》，2004 年。

136. 文萍、吕斌、赵鹏军:《国外大城市绿带规划与实施效果——以伦敦、东京、首尔为例》,《国际城市规划》，2015 年。

137. 吴必虎:《大城市环城游憩带（ReBAM）研究：以上海市为例》,《地理科学》，2001 年。

138. 吴承忠、韩光辉:《国外大都市郊区旅游空间模型研究》,《城市问题》，2003 年。

139. 谢鹏飞:《伦敦新城规划建设研究（1898—1978）——兼论伦敦新城建设的经验、教训和对北京的启示》，北京大学博士学位论文，2009。

140. 杨涛:《可持续与系统性：拉萨八廓街保护实践中的街区保护方法探索》,《城市发展研究》，2015 年。

141. 张虹鸥、岑倩华:《国外城市开放空间的研究进展》,《城市规划学刊》，2007 年。

142. 张建:《都市休闲空间的整合与调控研究》，华东师范大学，2006。

143. 章建豪、汤海孺、张建栋：《区域城乡统筹视角下的生态景观概念规划探索——以杭州市“三江两岸”生态景观概念规划为例》，《城市规划》，2015。

144. 赵利卫：《城市休闲空间系统的建构》，北京工业大学，2002。

145. 赵媛、徐玮：《近 10 年来我国环城游憩带（ReBAM）研究进展》，《经济地理》，2008 年。

146. Amati M，Yokohari M.The Establishment of the London Greenbelt:Reaching Consensus over Purchasing Land [J]. Journal of Planning History，2007，6（4）：311–337.

147. Amati M.Green Belts: A Twentieth Century Planning Experiment [M] //Amati M.Urban Green Belts in the Twenty–firs Century. Aldershot，Hampshire:Ashgate Publishing，2008:1–17.

148. Area [M] //Amati M. Urban Green Belts in the Twenty–first Century. Aldershot，Hampshire: Ashgate Publishing，2008:37–57.

149. Arthur C. Nelson，A Unifying View of Greenbelt Influences on Regional.

150. Baur J W R，Tynon J F，G ó mez E. Attitudes about urban nature parks: A case study of users and nonusers in Portland，Oregon [J]. Landscape and Urban Planning，2013（117）：100–111.

151. Bendt P，Barthel S，Colding J. Civic greening and environmental learning in public — access community gardens in Berlin [J]. Landscape and Urban Planning，2013（1）：18–30.

152. Drake L, Lawson L J. Validating verdancy or vacancy? The relationship of community gardens and vacant lands in the US [J]. Cities, 2014 (40): 133–142.

153. Environment Department U.K. Planning Policy Guidance 2: Green belts [Z]. 1995.

154. G ó mez F, Tamarit N, Jabaloyes J. Green zones, bioclimatics studies and human comfort in the future development of urban planning [J]. Landscape and Urban Planning, 2001 (3):151–161.

155. Grahn P, Stigsdotter UK. The relation between perceived sensory dimensions of urban green space and stress restoration [J]. Landscape and Urban Planning, 2010 (3): 264–275.

156. Jun M J, Hur J W. Commuting Costs of "Leap–frog" Newtown Development in Seoul [J]. Cities, 2001, 18 (3): 151–158.

157. Kemperman A, Timmermans H. Green spaces in the direct living environment and social contacts of the aging population [J]. Landscape and Urban Planning, 2014 (129): 44–54.

158. Kim J, Kim T K.Issues with Green Belt Reform in the Seoul Metropolitan

159. Land Values and Implications for Regional Planning Policy [J]. Growth and Change, 1985 (4): 43–44.

160. Marco Amati.Temporal Changes and Local Variations in the Functions of London's Green Belt [J]. Landscape and Urban Planning, 2005 (5): 1–3.

161. Mazumdar S, Mazumdar S. Immigrant home gardens: Places

of religion, culture, ecology, and family [J]. Landscape and Urban Planning, 2012 (3) : 258–265.

162. Munton R.London's Green Belt:Containment in Practice [M]. London: George Allen & Unwin, 1983.

163. Natural England, Campaign to Protect Rural England. Green Belts: A Greener Future [R/OL]. 2010 [2012–08–15]. http://www.cpre.org.uk/resources/housing–and–planning/green–belts/item/1956–green–belts–a–greener–future.

164. Scott–D. Exploring time patterns in people's use of a metropolitan park district. Leisure–Sciences, 1997, 19 (3) : 159–174.

165. Shaul E.Cohen. Greenbelts in London and Jerusalem [J]. Geographical Review, 1994 (1) : 73–89.

166. Ward Thompson C, R oe J, Aspinall P, et al. More green space is linked to less stress in deprived communities: Evidence from salivary cortisol patterns [J]. Landscape and Urban Planning, 2012 (3) : 221–229.

167. Watanabe T, Amati M, Endo K, et al. The Abandonment of Tokyo's Green Belt and the Search for a New Discourse of Preservation in Tokyo's Suburbs [M] // Amati M. Urban Green Belts in the Twenty–first Century. Aldershot, Hampshire: Ashgate Publishing, 2008: 21–36.

168. Wolch J R, Byrne J, Newell J P. Urban green space, public health, and environmental justice: The challenge of making cities "just green enough" [J]. Landscape and Urban Planning, 2014 (125) : 234–244.

169. Wu Bihu. Formation and spatial structure of ReBAM: a case

study of Shanghai City. A presentation to the International Conference on Urban Tourism. Zhuhai, Guangdong Province, China. Standup Presentation.1999.

170.《北京城市总体规划（2016 年 -2035 年）》,《批复生态涵养区是总体规划最大亮点》，2017 年 10 月 9 日，http://jxlydcxh.m.icoc.in/nd.jsp?id=764。

171. 北京人均绿地面积 16.2 平方米 相比 2012 年提高了 37% [EB/OL]. 2017 年 10 月 13 日，https://www.sohu.com/a/197908360_412594。

172.《北京统计年鉴 2017 北京市统计局》，http://nj.tjj.beijing.gov.cn/nj/main/2017-tjnj/zk/indexch.htm。

173.《北京与东京的公园有什么不同》，2016 年 5 月 22 日，http://inews.ifeng.com/mip/49089729/news.shtml

174.《国家级自然保护区名录 - 中华人民共和国中央人民政府》，2012 年 4 月 18 日，http://www.gov.cn/test/2012-04/18/content_2116472.htm。

175.《国家森林公园完整名单截至年底》，2020 年 2 月 29 日，https://wenku.baidu.com/view/81ba1d40c9d376eeaeaad1f34693daef5ff7131c.html。

176.《国家数据 - 国家统计局》，https://data.stats.gov.cn/easyquery.htm?cn=E0103。

177.《中国国家地质公园名录　各省市国家级地质公园名单》，https://www.maigoo.com/goomai/167143.html。

178.《珠江三角洲绿道网总体规划纲要》，https://doc.mbalib.com/view/8d6b55f05780f5258933427d95264429.html

179. 张喆、郑猛:《市郊铁路——城市发展及新城建设的引航——伦敦市郊铁路发展对北京的启示》，《2016 年中国城市交通规划年会论文集》，2016。

180.《2017 年北京市交通发展年度报告》，2018 年 8 月 21 日。https://www.docin.com/p-2128545306.html。

181.《北京市“十三五”时期物流业发展规划》，2019 年 5 月 13 日，http://sw.beijing.gov.cn/zwxx/fzgh/ndgh/201607/t20160701_70597.html。

182.《部分上班族通勤现状调查：出站及市内路程耗时长 - 新华网》，2018 年 9 月 18 日，http://www.xinhuanet.com/fortune/2018-09/18/c_1123444151.htm。

183.《菜鸟绿色联盟 2018 年拟投 1000 万升级绿色包装 未来快递绿色包装是趋势》，2018 年 3 月 1 日，https://www.sohu.com/a/224664568_114835。

184.《从七个关键词看河北雄安新区总体规划——中国城市规划设计研究院院长杨保军谈雄安新区规划新理念—新华网》，2019 年 5 月 14 日，http://www.xinhuanet.com/2019-01/17/c_1124003091.htm。

185.《工程案例—济南精电电气设备有限公司》，http://www.jnjddq.com/photo/photo-81-684.html。

186.《关于北京市运输结构调整的几点建议》，2018 年 9 月 29 日，http://www.bjtrc.org.cn/Show/index/cid/3/id/392.html。

187.《轨道上的都市圈——都市圈综合交通体系视角下的市郊铁路》，2018 年 12 月 14 日，https://www.cfldcn.com/research/urbaninsight/2018/12/14/2192.html。

188. 河北一条城际铁路正在建设，全程 148 公里，连接唐山与北京，2019 年 2 月 19 日，https://www.sohu.com/a/295611603_120046620。

189. 教科书级典范！日本东京都市圈市域（郊）铁路特点及启示，2019 年 6 月 20 日，https://www.sohu.com/a/321902473_281835。

190. 今年有望新建三高铁，津通往西北华东又多新通道 – 人民网，2017 年 2 月 9 日，https://www.sohu.com/a/125804451_114731。

191.《京津冀协同规划纲要》，2019 年 5 月 14 日，http://hzjl.tj.gov.cn/upload/files/2018/11/,《京津冀协同规划纲要》doc。

192.《〈京津冀协同发展交通一体化规划〉解读》，2017 年 5 月 4 日．http://www.fx361.com/page/2017/0504/1690794.shtml。

193.《“十三五”现代综合交通运输体系发展规划》，2019 年 5 月 13 日。

194. 首次曝光！张家口京张高铁沙盘模型，2018 年 10 月 23 日，https://www.sohu.com/a/270777541_99962426。

195. 雄安新区“京雄城际铁路”正式动工了，2018 年 5 月 6 日，https://www.sohu.com/a/230649277_100056164。

196.《粤港澳大湾区发展规划纲要》，2019 年 5 月 14 日，https://www.bayarea.gov.hk/filemanager/sc/share/pdf/Outline_Development_Plan.pdf。

197. 这条超级高铁线路 2020 年通车，横跨四大城市群，未来将连接，https://dy.163.com/article/D890S0HP0524QK0I.html。

198.《中国主要城市轨道交通占公共交通运量分析》，2016 年 1 月 28 日，https://www.sohu.com/a/56910455_115559。